한국산업인력관리공단 검정
검정연월일 : 1994.1.19
검정번호 : 제94-012호

항 공 전 자

저자 최 병 수
      최 태 원
      김 성 욱

도서출판 청 연

추천하는 글

현대 과학의 발달은 하루가 다르게 빠른 속도로 진행되고 있음을 실감합니다. 특히, 최첨단 기술의 집합체라고 할 수 있는 항공 산업의 발달은 항공 기술 분야에 종사하고 있는 기술자는 물론, 이 분야를 전공하고자 하는 젊은이들에게 더 많은 관심과 끝없는 도전을 요구하고 있습니다. 최근의 국내 항공산업은 복수 민간 항공을 중심으로 세계시장에서 급신장하고 있고 항공기 제작 분야도 점차 확대되고 있는 것은 반가운 일이며, 또한 항공 전문 인력을 양성하는 대학, 군, 전문 교육 기관과 학원의 증가 추세는 고무적인 현상이라 하겠습니다.

이런 추세에 맞추어 항공 기술직에 종사하는 사람이나 새로이 입문하고자 하는 사람이 참고하여 공부할 만한 교재가 그리 흔치 않다는 것은 매우 안타까운 일이었습니다. 현재 시중이나 학교, 학원 등에서 교재로 나와있는 항공 관련 서적들이 있기는 하나, 단편적이고 부분적인 것이 많아 새로운 항공 전문지식을 체계적으로 공부하기에는 부적합한 실정입니다.

사실, 항공기술 전문 서적은 관련 학교, 학회, 단체, 기업체 등에서 관심을 갖고 끝없는 개발을 하는 것이 바람직스럽지만, 아직까지는 기대에 못 미치고 있는 상황입니다.

다행이도 젊은이들이 여러 가지 어려운 여건임에도 항공 기술 서적 발간에 뜻을 두고 열심을 다하고 있는 것을 볼 때 크게 다행이라 하겠습니다. 이번에 출간되는 항공 종사자 교재 시리즈는 지금까지 보아왔던 것과는 대조적으로, 시대적인 요구에 맞게 최신의 연구 자료를 바탕으로 첨단 복합 소재에서부터 첨단 전자 장비에 이르기까지, 또한 기초적인 내용에서부터 현재 항공기에 적용된 첨단 기술의 예를 망라한 방대한 내용을 싣고 있습니다.

따라서 현재 항공 분야에 종사하는 사람과 앞으로 입문하고자 하는 사람들에게 새로운 항공 기술 지식을 제공하는 좋은 지침서로서 뿐만 아니라, 국가에서 실시하는 항공 종사자 자격 시험의 수험 참고서로도 손색이 없다고 보아 이를 추천하는 바입니다.

이번에 발간되는 항공 종사자 교재 시리즈가 더욱 노력해서 최신 기술을 계속 소개하는 전문 서적의 길잡이가 되길 바랍니다.

교통부 항공국 항공기술과장 이 우 종

머 리 말

 최근들어 항공수송 및 항공제작 분야에서의 눈부신 발달과 함께 항공분야에 큰 관심을 갖게 되었다. 특히, 첨단 항공전자의 적응과 더불어 새로운 설계방식, 신소재의 사용은 항공기 자체의 안정성을 증가시키고 여러가지 성능관리 면에서도 편리함을 도모하게 되었고 항공기술이 더한층 발전할 수 있는 전환점을 마련했다. 이러한 획기적인 항공기술이 계속 적용될 수 있는 것은 항공기를 운용하는 종사자의 부단한 노력으로 계속해서 신기술을 흡수하기 때문이라고 말할 수 있다.

 초기의 항공기는 간단하고, 복잡하지 않은 구조였으나 현재 제작되고 있는 항공기의 모든 분야에 디지털공학과 첨단 컴퓨터공학이 적용되어 이를 정비하고 서비스하는 종사자에게는 끝없는 연구 노력이 크게 요구된다. 항공전자 분야는 첨단 항공기술을 선도할 만큼 중요한 것으로 항공전자를 모르고서는 항공기를 이해할 수 없는 시점에까지 이르렀다고 본다. 이러한 중요성에 발맞추어 입문서 및 참고서적이 충분하지 못한 것은 필요성을 느끼는 사람에게는 참으로 불행한 일이다.

 저자도 이 분야에서 근무하면서 필요한 참고서적의 필요성을 크게 느껴왔고, 그동안 실무에서 얻은 경험과 항공선진국에서 수집한 자료를 바탕으로 항공전자를 꾸며 보았다. 항공전자에 입문하기 위해서는 전기부분도 기본적으로 이해되어야 하므로 처음 1,2장에서는 전기를 중심으로 설명하였다. 그리고, 3장에서부터 12장가지는 기초 전자부분에서, 항공기 성능 관리 시스템에 이르기까지 기초적인 설명에서부터 실제 운용 및 앞으로 사용이 예상되는 시스템에 이르기까지 자세히 설명하였다.

 처음 입문하는 사람을 위한 입문서로서 그리고, 현재 이 분야에 종사하는 사람을 위한 적합한 참고서가 되도록 노력했으나, 한권에 모든 내용을 골고루 소개하는 것이 쉬운 일은 아니었다. 처음 접하면서 새로운 내용에 다소 어렵다고 생각되겠지만 거듭 반복해서 노력하면 항공전자에 자신감을 갖고 스스로 문제를 해결할 수 있으리라고 본다.

 저자는 이번에 발간되는 것으로 만족하지 않고 앞으로 2년에 한번씩 정기적으로, 새로운 내용을 계속 추가하면서 새로운 요구에 맞게 개정할 것을 다짐한다. 아무튼, 항공분야에 새롭게 입문하는 사람에게는 좋은 입문서가 되고, 항공 종사자시험 및 기능사 시험에 응시하는 독자에게는 좋은 수험 참고서가 되길 바란다.

저 자

목   차

제1장 전기공학

제2장 항공기 전기 장비

제3장 전자 기초 지식

제4장 논리 회로

제5장 통신 장치(Communication System)

제6장 착륙 및 유도 보조 장치

제7장 자장 항법 장치(Independent Position Determining)

제8장 무선 원조 항법 장치((Dependent Position Determining)

제9장 자동 비행 조종 장치(AFCS)

제10장 오토랜드 시스템(Autoland System)

제1장 전기 공학

1-1. 전기 및 자기

1) 전하

실크(silk)나 모직물(Fabric) 또는 모피(Fur)로 문지른 유리 막대가 다른 물질을 끌어당기거나 스쳤을 때 소리나 스파크를 낸다는 것은 예전부터 알려져 있었다. 전기에는 2종류의 전기가 있다. 실크로 문지른 유리막대로 실로 매단 작은 공에 전기를 통하게 하고, 여기에 실크로 문지른 유리 막대를 가까이 하면 작은 공은 발발하지만, 문지른 유리 막대를 가까이 하면 작은 공은 끌려 온다. 프랭클린은 위의 2가리 전기에 부호를 붙였다. 실크로 문지른 유리막대의 전기를 「 + 」라고 지정하고 전류의 방향도 「 + 」전기가 흐르는 방향이라 지정하였다.

그로부터 약 100년 후에 전자가 발견되었는데, 프랭클린에 의하면 전자의 전하는 「 − 」가 되므로 전선이나 진공관 속의 전류를 고려하면 전자의 이동방향과 전류의 방향은 반대가 된다(이것은 전자의 이동에 의한 것임이 밝혀졌다).

2) 전하의 단위

대전된 2개의 물체 사이에 작용하는 힘을 최초로 측정한 사람은 쿨롱이다. 쿨롱이 측정한 것에 의하면 2개의 대전체 Q_1, Q_2 사이에 작용하는 힘 F 는 그들의 거리를 R이라 하고, K를 비례 상수라 했을 때.

$$F = K \frac{Q_1 \times Q_2}{R^2} \quad \text{--------------------(1-1)}$$

가 된다.

전하(Electrical Charge)의 단위를 쿨롱(C), 길이의 단위를 미터(m), 힘의 단위를 뉴톤(N)이라고 하면, 진공 중에서는

$$F = 9 \times 10^9 \frac{Q_1 \times Q_2}{R^2} \text{ [N]} \quad \text{----------------(1-2)}$$

이 된다.

3) 전기장(Electric Field)

앞에서 설명한 것과 같이 식(1-2)에서 $Q_2 = 1C$라고 하면 Q_2가 받는 힘은 같다.

$$F = 9 \times 10^9 \frac{Q_1}{R^2} \text{ [N]} \ ------------------(1-3)$$

만약 Q_1이 없다면 Q_2에는 아무런 힘도 작용하지 않는다.

Q_1이 R미터 떨어진 곳에 있을 때, Q_2가 힘을 받는지 생각해 보면, Q_1주위(전하의 주위)가 특수한 상태에 있으므로 Q_2가 힘을 받게 된다. 이때, 전하 주위의 특수한 상태에 있는 공간을 전기장이라고 한다.

전기장은 크기(+1의 전하가 받는 힘의 크기) 및 방향(+1의 전하가 받는 힘의 방향)을 갖는 양이다. 그림 1-1의 경우에 크기는 식(1-4)와 같다.

$$F = 9 \times 10^9 \frac{Q_1}{R^2} \text{ [N/C]} \ -----------------(1-4)$$

그리고, 방향은 오른쪽이다. (Q_1이「－」전하라면 왼쪽이다.)

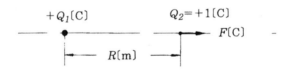

그림 1-1 전기장(Electric Field)의 세기

4) 전위와 전압

그림 1-2에서와 같이 $Q_2 = 1C$가 Q_1에서 떨어져 있을 때는 식(1-4)으로부터 전기장의 세기가 0이 되므로, Q_2에는 힘이 작용하지 않는다. Q_1이 Q_2에서 r미터 지점인 점 B에서는 다음과 같은 힘을 받는다.

$$9 \times 10^9 \frac{Q_1}{r^2} \text{ [N]}$$

따라서 R미터의 점 A까지 Q_2를 접근 시키려면

$$\int_{\infty}^{R} 9 \times 10^9 \frac{Q_1}{r^2} (-dr) = 9 \times 10^9 \frac{Q_1}{R} \text{[J/C]} \ -----(1-5)$$

만큼의 에너지가 필요하다. 이 에너지는 Q_1에서 R의 거리에 있는 Q_2에 축적된 것으로, 필요한 경우는 Q_2에서 얻을 수 있다. 이때, 식(1-5)의 값을 A점의 전위(Electrical Potential)라고 부른다. 다시 말해서 전위란 그 점에 +1의 전하를 놓은 경우, 그 전하가 무한의 원점가지 이동할 때 외부에 대해 형성할 수 있는 에너지이다. 전위의 단위는 식(1-5)에 있듯이 (J/C)이고 이것이 볼트(V)라고 부른다. 이 단위를 사용하면 전기장(Electric Field)의 세기를 나타내는 식(1-4)의 단위는 다음과 같다.

$$\frac{뉴톤(N)}{쿨롱(C)} = \frac{뉴톤 \times 미터(N \times m)}{쿨롱 \times 미터(C \times m)} = \frac{주울(J)}{쿨롱 \times 미터(C \times m)} = \frac{볼트(V)}{미터(m)}$$

전위의 단위가 정해졌으므로, 이것을 이용하면 「A(V)의 전위에 있는 +1C의 전하는 A(J)의 에너지를 갖는다.」라고 말할 수 있다.

그림1-2에서 B점과 A점의 전위차는 다음 식으로 나타낸다.

$$9 \times 10^9 \left(\frac{Q_1}{R} - \frac{Q_1}{r} \right) [V] ---------------(1-6)$$

이것을 B점과 A점의 전압이라고 한다. 다시 말해서 「B점과 A점 사이의 전압이란 +1C의 전하가 B점과 A점에서 갖는 에너지의 차이다.」

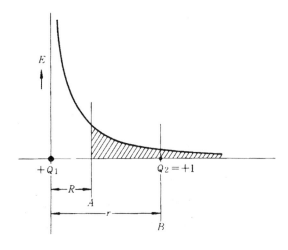

그림 1-2 전위와 전압

5) 콘덴서(Condenser)

2장의 금속판, 또는 얇은 금속판을 서로 전기적으로 절연해서 접근시켜, 전학 축적되도록 한 것을 콘덴서(Condenser)라고 부른다.

콘덴서에 축적된 전하 Q는 두판 사이에 가해진 전압 V에 비례하고, C를 비례 상수라고 하면 다음과 같이 된다.

$$Q = CV$$

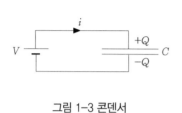

그림 1-3 콘덴서

C는 콘덴서의 모양과 두판 사이의 절연 재료에 의해 정해지는 콘덴서 특유의 값으로서 콘덴서의 정전 용량(Capacitance)이라고 한다. 정전 용량의 단위는 V를 1볼트라 하고, Q가 1쿨롱이 되는 경우를 단위로 하여 패러드(Farad)라고 부르고 다음과 같이 나타낸다.

$$Q(Coulomb) = C(Farad) \times V(Volt) --------------(1-7)$$

콘덴서의 두판 사이에 가해진 전압이 변화하면 축적되어 있는 전하가 변하게되므로, 콘덴서 두판에 연결된 전선에 전하가 흐른다. 단위 시간에 전선의 한 점을 지나는 전하는 콘덴서에 축적되어 있던 전하의 비율과 같기 때문에, 전하의 흐름(전류) i 는 다음과 같이 된다.

$$i = \frac{dQ}{dt} = C\frac{dV}{dt} -------------------(1-8)$$

즉 콘덴서에는 두판에 가해지는 전압의 변화 비율에 비례하여 전류가 흐른다.

6) 움직이고 있는 전하

지금까지는 정지해 있는 전하에 대해 살펴보았는데, 이번에는 움직이고 있는 전하에 대해서 생각해 보자. 전하가 운동을 하기 시작하면 여러가지 현상이 나타난다. 전하의 운동, 즉 전류에 의한 첫번째 현상은 전류의 주변에 자기 현상이 생기는 것이다.

또 전류의 크기가 변화했을 때는 전자 유도라고 불리운다. 한편 전기 저항은 어떤 물질 속에 전류가 흐르면 발열 작용을 하고, 전해액 속을 전류가 흐르면 화학작용을 한다.

전류의 단위는 어떤 단면을 1초(S)간에 통과하는 전하로 결정된다. 1초(S)간에 1쿨롱(C)의 전하가 통과할 때의 전류 크기를 단위로 하여, 이것을 1암페어라고 한다.

1개의 전자의 전하는 1.6×10^{-19}C이므로, 1A의 전류가 어떤 전선 속에 흐르고 있을 때는 그 도선의 단면을 매초 6.25×10^{18}개의 전자가 통과하고 있는 것이 된다.

7) 전기 저항과 전력

금속과 같이 전기가 흐르기 쉬운 재료로 만든 도선의 경우에는 도선 양단에 전위차(전압)가 있으면 전류가 흐른다. 19세기 초반, 오옴(Ω)은 도선에 흐르는 전류의 크기 I 는 1개의 도선에서는 도선 양단 전압 V에 비례한다는 것을 발견했다. g를 비례 상수라고 하면 다음과 같다.

$$I = gV \quad \text{---------------------------(1-9)}$$

g 는 도선의 전기가 통하기 쉬운 정도를 나타내는 양으로서 컨덕턴스(Conductance)라고 한다. 단위는 V가 I 볼트일 때, I 가 1A가 되게 하는 전기의 흐르는 정도를 1모(M)라고 부른다.

$$g = \frac{1}{R} \quad \text{---------------------------(1-10)}$$

이라 하면, 식(1-9)는 다음과 같이 된다.

$$I = \frac{V}{R} \quad \text{---------------------------(1-11)}$$

R은 도선에 전기가 흐르기 어려운 정도를 나타내는 양이며 전기 저항이라고 한다. 전기 저항의 단위는 Ω을 사용하는데, 이것은 도선의 양단에 1(V)의 전압을 가했을 경우, 1(A)의 전류를 흐르게 할 수 있는 전기이다.

식(1-11)을 다시 써 보면 다음과 같이 된다.

$$V = IR \quad \text{---------------------------(1-12)}$$

이 식(그림 1-4)은 다음과 같이 정리할 수
있다.

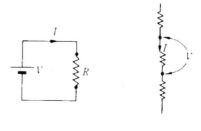

그림 1-4 오옴의 법칙

    ① 전기 저항 R이 도체에 전류 I 를 흐르게
       하려면, 양단에 V=IR인 전압을 가할
       필요가 있다.
    ② 전기 저항이 R인 도체에 전류 I가
       흐르고 있다면, 양단에 V=IR인 전압이
       발생하고 있다.

전위차가 V (V)인 두점 사이에 I (A)인 전류가 흐르고 있다는 것은 1(C)당 V (J)인
에너지를 가진 전하가 매초 I (C)을 통과하여 2점 사이에서 에너지를 잃어버린다는
것이다. 즉, 2점 사이에서 매초 다음과 같은 에너지가 손실된다.(그림 1-5)

$$V(J)／C×I(C) ／ 초(t) = VI(J) ／ 초(t)------(1-13)$$

이 에너지는 전원(전지)에서 발생된다. 매초 1(J)인 에너지의 발생, 또는 소비되는
일을 1와트(Watt)라고 한다. 따라서 위의 예에서는 다음과 같이 된다.

$$VI(J/초) = VI(W)--------------------(1-14)$$

이것을 전력(Power)이라고 부른다.

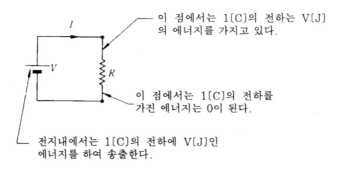

이 점에서는 1〔C〕의 전하는 V〔J〕
의 에너지를 가지고 있다.

이 점에서는 1〔C〕의 전하를
가진 에너지는 0이 된다.

전지내에서는 1〔C〕의 전하에 V〔J〕인
에너지를 하여 송출한다.

그림 1-5 전하가 가지고 있는 에너지

8) 직류 전기 회로

그림 1-6에서와 같이 2개이 저항 R_1 및 R_2가 직렬로 연결되어 있고, 이것이 전압 V인 전지에 연결되어 전류 I 가 흐를때, 식(1-12)을 이용하면

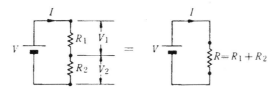

그림 1-6 직렬 회로(Serial Circuit)

$$V_1 = IR_1$$
$$V_2 = IR_2$$
$$V = V_1 + V_2$$

이므로

$$V = IR_1 + IR_2$$
$$= I(R_1 + R_2)$$
$$= IR$$

이때, $R = R_1 + R_2$ -------------------(1-15)

즉, 이 경우는 $R=R_1+R_2$인 저항이, 1개가 연결된 것과 같은 전류가 흐른다. 또, 그림 1-7과 같이 R_1 및 R_2가 병렬로 연결된 경우,

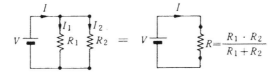

그림 1-7 병렬 회로(Parallel Circuit)

$$I_1 = \frac{V}{R_1}$$

$$I_2 = \frac{V}{R_2}$$

$$I_1 = I_1 + I_2$$

이므로,

$$\frac{V}{R_1} + \frac{V}{R_2} = \frac{V}{R}$$

와 같이, 1개의 저항 R이 연결된 것과 같은 전류가 흐른다. 위 식에서

$$\frac{1}{R_1} + \frac{1}{R_2} = \frac{1}{R} \ \text{--------------(1--16)}$$

또는,

$$R = \frac{R_1 R_2}{R_1 + R_2} \ \text{--------------(1--17)}$$

로 R를 구할 수 있다.

9) 자기장(Magnetic Field)

지구상에서 현재 사용되고 있는 나침반은 항상 남북을 가르킨다. 이것은 지구 전체가 하나의 커다란 자석이므로 북극 근처에서는 N극이 있고, 남극 근처에는 S극이 있어, 방위를 나타내는 자석의 N극은 지구의 S극에 끌리고, S극은 지국의 N극에 끌리기 때문이다.

그림 1-9에서와 같이, 수평으로 놓인 평판 위에 자석을 놓고 평판에 직각으로 아래서 위로 전류를 흘리면 그때까지 남북을 가리키고 있던 자석이 전선을 중심으로 하여 원주를 따라 그림과 같은 방향이 된다. 전선의 북쪽에 놓인 자석은 N극이 서쪽을 가리키고 동쪽에 있는 것은북남쪽에 있는 것은 동, 그리고 서쪽에 있는것은 남쪽을 가리킨다. 이때, 전류 주위(자석의 경우도 같음)의 공간은 특수한 상태가 되어 자석에 힘을 미치게 되는데, 이 공간을 자기장이라고 한다.

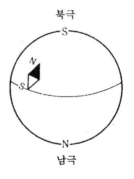

그림 1-8 지표면의 자기장

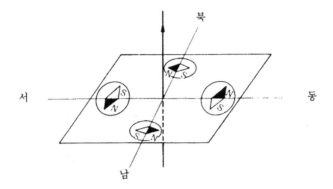

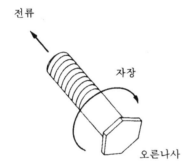

그림 1-10 전류와 자장의 관계

자기장(Magnetic Field)에서는 자석의 N극이 가리키는 방향을 자기장 방향이라 한다. 그러므로 그림 1-9에서는 전류에 의해 생기는 자장 방향이 전선의 북쪽에서는 서를, 동쪽에서는 북을, 남쪽에서는 동을, 서쪽에서는 남을 가리키게 된다. 전류에 의해 생기는 자기장은 그 방향과 전류의 방향과의 관계는 그림 1-10에서와 같이 오른나사를 돌릴 경우, 나사의 진행 방향이 전류의 방향이라면 돌리는 방향은 자기장의 방향이 된다.

다음 그림 1-11에서와 같이 긴 직선 형태의 전류 i_1(A)가 흐르고, 이것에 평행으로 놓인 길이 1 인 전선에 전류 i_2(A)가 흐르고 있을 때, 그림처럼 전류 i_1 및 i_2의 방향이 같은 경우는 2개의 전선이 서로

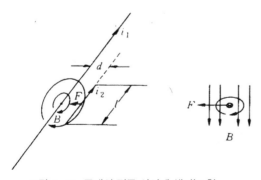

그림 1-11 두개의 전류 사이에 생기는 힘

끌리는 힘이 발생한다. 이 힘 F는 2개의 전선 사이의 간격을 d라 했을 때, 다음과
같다.

$$F = \frac{2l}{d}\, i_1 , \, i_2 \times 10^{-7} \text{----------------(1-17)}$$

i_1, i_2 : [A]
d, l : [m]
F : [N]

이 식을 다시 나타내면, 다음과 같이 된다.

$$F = \frac{2i_1 \times 10^{-7}}{d} \times 1\, i^2 \text{------------------(1-18)}$$

이것은 전기장(Electric Field)에 놓은 전하가 받는 힘이 식인 식(1-3)과 같이
생각하여, 자기장 내에 놓은 전류 $l\,i_2$가 자기장으로부터 힘을 받는다.
이때

$$B = \frac{2i_1}{d} \times 10^{-7} \text{---------------------(1-18')}$$

이것을 이점의 자속 밀도(Flux Density)라고 부른다. 이 경우 1m²에 B개의 자속이
통하고 있다고 생각할 수 있다. 자속 밀도의 단위는 1m²에 1개의 자속이 통하고 있는
경우를 단위로 하여 이것을 Wb/m² (Weber/m²)라고 나타낸다. 1Wb/m²의 1만분의
1을 가우스(Gauss)라고 부른다.

$$1Wb/m^2 = 10^4 \text{ [Gauss]----------------(1-19)}$$

지금까지 설명에서는 B와 i_2는 직각이었는데, B와 i_2의 각도가 θ일 경우에는 다음과
같이 된다. (그림 1-12)

$$F = Bi_2 l\sin\theta \text{--------------------(1-20)}$$

이 힘이 방향은 B와 i_2를 포함한 평면에 직각인 방향이다. 또 힘의 방향은 그림
1-11에서와 같이 i_2에 의해 생기는 자장의 방향이 B의 방향과 반대가 되는 방향이다.

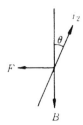

그림 1-12
자기장 속에 있는 전류에 발생하는 힘

10) 전자 유도(Electromagnetic Induction)

그림 1-13에 표시한 것처럼, 자석 M을 검류계 G가 연결된 코일 C 근처에서 움직였을 때, G의 바늘이 흔들려 코일에 전류가 흘렀다는 것을 나타낸다.

C의 바늘이 움직이는 것과 M의 관계를 살펴보면 다음과 같다.

① G는 M이 움직일 때만 흔들린다.
② M이 C에 가까이 갈 때와 멀어질때 G의 진동은 반대가 된다.
③ M을 빨리 움직이면 G는 많이 흔들린다.

이와 같이 코일을 관통하는 자속이 변화하여 코일에 전류가 흐르는 현상을 전자 유도(Electromagnetic Indduction)라고 부른다.

위의 예에서는 C를 고정하고 M을 움직였으나, M을 고정하고, C를 움직여도 마찬가지이다. 다시 말해서 C를 관통하는 자속수가 변화하면 코일에 전류가 흐르게 된다.

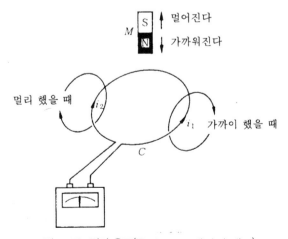

그림 1-13 전자 유도(Electromagnetic Induction)

전자 유도에 의해 코일에 발생하는 전압은, 코일을 관통하는 자속의 변화 ΔN (Wb)가 시간 Δt 초 사이에 생겼다고 했을 때 다음과 같이 된다.

$$V = \frac{\Delta N}{\Delta t} \ (V) \ ------------------(1-21)$$

코일의 감은 횟수가 n회라면 다음과 같이 나타낸다.

$$V = n \ \frac{\Delta N}{\Delta t} \ (V) \ ------------------(1-22)$$

이것을 전자 유도에서는 패러데이 법칙(Faraday's Law)이라고 한다.

전자 유도에 의해 발생하는 전압 방향은 전압에 의해 흐르는 전류가 코일을 관통하고 있는 자속의 변화를 방해하려는 방향이 된다.(그림 1-13) 이것은 렌즈의 법칙(Lenz's Law)이라고 부른다. 위의 예에서는 자석이 코일에 가까이 가면, 코일을 관통하는 자속이 증가하므로 이 증가를 방해하려는 자속이 생기도록 전류를 흐르게 하는 방향으로 전압이 발생한다.

11) 코일(Coil)

식(1-18)에서 알 수 있듯이, 전류가 흐르고 있는 전선 주위에 생기는 자속은 전류 크기에 비례한다. 전류가 변화하면 그 주위의 자속이 변화하므로 코일에는 전압 V가 발생한다. 이 전압의 크기는 자속이 변화하는 속도, 즉 전류 i가 변화하는 빠르기에 비례한다. 따라서 L을 비례 상수라고 하면 다음과 같이 된다.

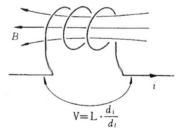

$$V = L \cdot \frac{d_i}{d_t}$$

그림 1-14 인덕턴스의 의미

$$V = L \cdot \frac{di}{dt} \ ------------------(1-23)$$

L은 코일의 크기, 감은 회수, 코일 주변의 재료 등에 의해 정해지는 코일 값으로, 코일의 자기 인덕턴스(Inductance)라고 부른다.

인덕턴스의 단위는 전류가 매초 1(A)의 비율로 변화할 경우, 1(V)이 전압이 생기는 인덕턴스를 사용하여 이것을 1헨리(Henry)라고 부른다.

1-2. 교류 회로

1) 교류 전압과 전류의 관계

일반적으로 교류 전압(전류의 경우도 같음)이라고 하는 것은 그림 1-15와 같이 여러가지 파형이 있지만, 우리들이 가정에서 사용하고 있는 전력이나 항공기에서 교류 전력으로 이용하는 것은 그림 1-15 (a)의 ④와 같은 정현파(Sine WaVE)가 사용된다.

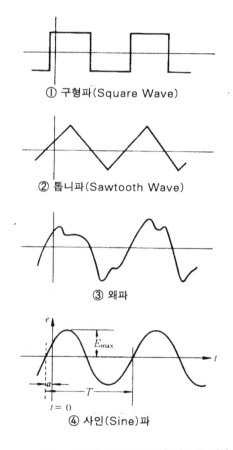

① 구형파(Square Wave)

② 톱니파(Sawtooth Wave)

③ 왜파

④ 사인(Sine)파

그림 1-15 (a) 여러 가지 파형의 교류 전압

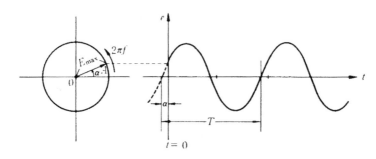

그림 1-15 (b) 사인파 교류 전압

정현파 교류에서는 최대값 E_{max}, 전압 변화이 반복이 1번 완료되는 시간 T, 및 파형이 일어나는 시각과 시간의 계측을 시작한 시각과의 차(위상차) α가 정해지면, 파형은 완전히 결정된다. 어떤 시각 t 에서의 전압의 값(순시값) e 는 다음과 같은 식으로 나타낸다.

이 식은은 그림 1-15(b)에서와 같이 길이가 E_{max}, 시간 t = 0에서 횡축과의 각도가 α인 위치에서 출발하여, 0을 중심으로 하여 각속도 2πf로 회전하고 있는 벡터 OA의 선단을 종축에 투영함으로서 얻어진다. 따라서 교류 전압을 벡터 OA로 대표할 수 있다.

$$e = E_{max} \sin(2\pi\frac{1}{T}t+\alpha) \ --------------------(1-24)$$

T는 파형 변화가 1회 완료되는 시간으로서 주기라고 한다. 1/T는 1초간에 반복되는 파형의 수로, 주파수라고 하고 주파수의 단위는 1초 사이에 1번의 파형 변화가 반복되어질 때를 헤르쯔(HZ ; Hertz)라고 한다.

주파수를 f 라고 하면 순시값 식(1-24)은 다음과 같이 고쳐 쓸 수 있다.

$$e = E_{max} \, sin(2\pi ft+\alpha) \ --------------------(1-25)$$

보통 교류 전력의 경우는 어떤 하나의 계통에서 주파수가 일정하므로, 교류 전압은 E_{max} 및 α만으로 정해진다. 이 경우에는 회전하는 벡터를 고려하지 않고서도, 그림 1-16(a)와 같이 E_{max}, αE로 E와 I의 관계를 생각해 볼 수 있다. E는 최대값이 E_{max} 위상각이 α_e이고, I는 최대치가 I_{max}, 위상각이 I이며, 주파수는 둘다 f이다. 따라서 이것을 정현파로 나타내면 그림 1-16(b)와 같이 된다.

그림 1-16(a)와 같이 백터로 정현파(전압, 전류 등)을 나타내는 것을 벡터 표시라고 한다.

2) 교류 전압, 전류의 크기의 표시법

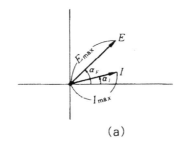

(a)

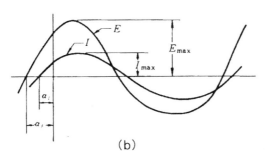

(b)

그림 1-16 사인파 전압, 전류의 벡터 표시

교류 전압(전류도 같음)은 시시각각 그 크기와 방향이 변하므로, 그 크기를 나타내는 방법으로는 다음의 3가지가 있다.

A. 순시값(Instantaneous ValVE)

식(1-25)에서와 같이 어떤 순간의 전압값으로서 그림 1-17처럼 단자 ①을 기준으로 한 단자 ②의 전위가 ①에 대해 다음과 같이 나타낸다.

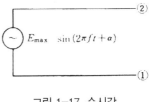

그림 1-17 순시값

$$e = E_{max} \, sin(2\pi ft + \alpha)$$

단자 ②를 기준으로 하면, ①의 전위는 ②에 대해 다음과 같이 나타낸다.

$$e = -E_{max} \, sin(2\pi ft + \alpha)$$

B. 평균값(AVErage Value)

그림 1-18에서와 같이, 평균값은 반사이클 사이의 정현파 면적 aSd와 같은 면적이 되는 사각형 abcd의 높이이다. 정현파 전압일 경우는 평균값 Ea는 다음과 같이 된다.

$$E_\alpha = \frac{2}{\pi} E_{max} \fallingdotseq 0.637\ E_{max} \quad ------------(1-26)$$

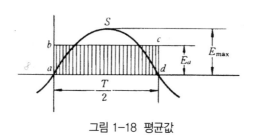

그림 1-18 평균값

C. 실효값(EffectiVE Value)

그림 1-19에서처럼, 같은 값의 저항 R을 직류 전원에 연결했을 경우, R에서 소비되는 전력이 교류 전원에 연결했을 때와 같이 되는 직류 전압 E를 실효값이라고 한다. 정현과 교류에서는 다음과 같이 된다.

$$E_\alpha = \frac{1}{\sqrt{2}} E_{max} \fallingdotseq 0.707\ E_{max} \quad --------------(1-27)$$

보통 교류 전압, 전류를 나타낼 때는 실효값을 사용한다. 그러므로 100V의 교류 전압이라고 할 경우는 최대값이 100× 2≒141V 인 교류 전압을 말한다.

그림 1-19 실효값

3) 교류 전원에 연결된 저항

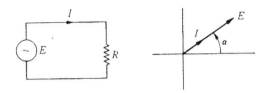

그림 1-20 저항 회로의 전압과 전류

전압 E(최대값은 √2E이다) 주파수 f Hz인 교류 전원에 저항 R〔 Ω 〕을 연결했을 때, 흐르는 전류 I 의 순간값 i 는

$$i = \frac{\sqrt{2}Esin(2\pi ft+\alpha)}{R} ----------------(1-28)$$

$$= \frac{\sqrt{2}E}{R} \ sin(2\pi ft+\alpha)$$

가 된다. √2E/R은 전류의 최대값이므로, 실효값을 I라고 하면

$$i = \sqrt{2}Isin(2\pi ft+\alpha) ---------------(1-29)$$

가 되어, 전압과 전류의 관계는 모두 실효값을 써서 다음과 같이 된다.

$$I = \frac{E}{R} -----------------------(1-30)$$

또 R에서 소비되는 전력 P는 다음과 같이 된다.

$$P = \frac{1}{T}\int_0^T edit = \frac{E^2}{R} -----------(1-31)$$

따라서, 저항만을 연결한 경우에 실효값을 사용하면 직류일 때와 같이 된다.

4) 교류 전원에 연결된 콘덴서

1-1의 5)에서 설명했듯이, 콘덴서에 흐르는 전류는 단자에 가해진 전압의 변화하는

속도에 비례하여 i, e, c 사이에는 다음과 같은 관계가 있다.

$$i = C \frac{de}{dt}$$

여기서

$$e = \sqrt{2}E sin(2\pi ft + \alpha)$$

이라고 하면 다음과 같이 된다.

$$i = 2\pi fc \ \sqrt{2}E sin(2\pi ft + \alpha + \frac{\pi}{2}) \quad -----(1-32)$$

$2\pi fc \ \sqrt{2}E$ 는 전류의 최대값이므로, 실효값을 I 라고 하면

$$I = 2\pi fCE$$

$$= \frac{E}{\frac{1}{2\pi fc}} \quad ------------------(1-33)$$

위와 같이 된다. 이것은 직료 회로에서의 오옴의 법칙

$$I = \frac{V}{R}$$

에 해당하는 식으로, 직류 회로에서 R에 상당하는

$$\frac{1}{2\pi fc} \quad ---------------------(1-34)$$

을 콘덴서의 임피던스(Impedance)라고 부른다.

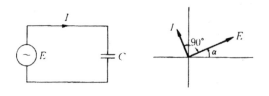

그림 1-21 콘덴서 회로의 전압과 전류

 이것은 교류 전압이 가해진 경우에, 전류가 흐르기 힘든 정도를 나타내는 양이다. 단위는 저항과 마찬가지로 오옴(Ω)을 사용한다.

 전류의 순시값을 나타내는 식은 식(1-23)에서 알 수 있듯이 전류의 위상은 전압의 위상보다 90° 앞서 있고, I와 E와의 관계는 그림 1-21과 같이 된다.

 그리고 콘덴서에서 소비되는 전력 P를 계산하면 다음과 같다.

$$P = \frac{1}{T} \int_0^T eidt$$

$$= 0 \qquad \text{----------------}(1\text{-}36)$$

 즉 교류 전원에 콘덴서가 연결된 경우에 전류는 흐르지만, 전력은 소비되지 않는다. 이와 같이 교류 회로에서 전압과 전류 사이의 위상차가 90°인 경우는 전력이 소비되지 않는다.

5) 교류 전원에 연결된 코일

 코일이 경우에는 전류가 변화하는 빠르기에 비례하는 전압 e_e가 코일이 양단자 사이에 발생한다. 코일의 인덕턴스를 L 헨리(Henry)라고 하면,

$$e_e = L\frac{di}{dt}$$

이다. 이 전압이 전원 전압과 같아져 평형 상태가 되므로,

$$e = ee = L\frac{di}{dt}$$

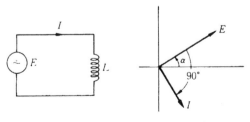

그림 1-22 인덕턱스 회로의 전압과 전류

따라서,

$$i = \frac{1}{L} \int e \, dt$$

$$= \frac{\sqrt{2}E}{2\pi f L} \sin(2\pi f t + \alpha - \frac{\pi}{2}) \quad ---------------(1\text{-}36)$$

$\sqrt{2}E/2\pi fL$ 은 전류의 최대값이므로, 실효값 I 는 다음과 같이 된다.

$$I = \frac{E}{2\pi f L} \quad -------------------------------(1\text{-}37)$$

$2\pi fL$은 교류 전원에 연결된 코일의 전류가 흐르기 어려운 정도를 나타내는 양이며, 직류 회로의 저항에 해당하는 것이다. 이것을 코일의 임피던스(Impedence)라고 부른다.

식(1-36)에서 알 수 있듯이, 전류의 위상은 전압보다 90° 뒤진다. 전압과 전류의 위상 관계는 그림 1-22에서와 같다. 소비 전력은 E와 I의 위상차가 90°이므로 0이다.

6) 교류 회로에서의 R, C, L의 정리

	R(Ω)	C(F)	L(H)
임피던스	R(Ω)	$\frac{1}{2\pi fc}$ (Ω)	$2\pi L$(Ω)
전류의 크기	$\frac{E}{R}$(A)	$\frac{E}{\frac{1}{2\pi fc}}$ (A)	$\frac{E}{2\pi fL}$ (A)
전류의 위상	전압과 동상	전압보다 90°앞섬	전압보다 90°뒤짐
소비 전력	$\frac{E^2}{R}$	0	0

7) R, C, L 및 f 의 단위

배 수	기 호			
	R(Ω)	C(F)	L(H)	f (H)
10^{-9}(Dico)	–	pf	–	–
10^{-6}(Micro)	$\mu\Omega$	μF	μH	–
10^{-3}(Mili)	mλ	mf	mH	–
1(Uni)	Ω	–	H	Hz
10^{3}(Kilo)	KΩ	–	–	KHz
10^{6}(Mega)	MΩ	–	–	MHz
10^{9}(Giga)	–	–	–	GHz

8) R과 C의 직렬 회로

그림 1–23에서와 같이 저항 R과 콘덴서 C 를 직렬로 연결한 것을 전압 E, 주파수 f 인 교류 전원에 연결했을 때, 전류 I가 흐른다고 하면
 ① R의 양끝에 발생하는 전압 ER의 크기는 RI이고 위상은 I와 동상이다.
 ② C의 양끝에 발생하는 전압 EC의 크기는 $\dfrac{1}{2\pi fc} \times 1$로, 위상은 전류 보다 90° 뒤진다.
 ③ ER와 EC의 백터합은 E이다.
 따라서 E, ER, EC의 크기의 관계는,

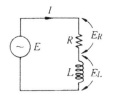
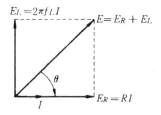

그림 1–23 R, C 직렬 회로

$$E = \sqrt{E_R^2 + E_C^2}$$

$$= \sqrt{RI^2 + \left(\frac{1}{2\pi fc}\, I\right)^2}$$

$$= I\sqrt{R^2 + \left(\frac{1}{2\pi fc}\right)^2}$$

이므로, 전류는 다음과 같이 나타낼수 있다.

$$I = \frac{E}{\sqrt{R^2 + \left(\frac{1}{2\pi fc}\right)^2}} \quad \text{----------------(1-38)}$$

$\sqrt{R^2 + \left(\frac{1}{2\pi fc}\right)^2}$ 는, 직류 회로에서의 저항에 해당하는 값이며, 교류 회로에서의 전류가 흐르기 어려운 정도를 나타내는 값이다. 이것을 RC 직렬회로의 임피던스라고 한다.

E와 I 의 위상 관계는

$$\theta = \tan^{-1}\frac{\frac{1}{2\pi fc}}{R} \quad \text{------------------(1-39)}$$

만큼의 전류 위상이 전압 위상보다 앞선다.

또 RC 직렬 회로의 소비 전력은 R안에서만 소비되므로 다음과 같이 된다.

$$P = I^2R$$

$$= \frac{E^2}{\sqrt{R^2 + \left(\frac{1}{2\pi fc}\right)^2}}\,R$$

$$= E\frac{E}{\sqrt{R^2 + \left(\frac{1}{2\pi fc}\right)^2}}\,\frac{R}{\sqrt{R^2 + \left(\frac{1}{2\pi fc}\right)}}$$

$$= EI\cos\theta \quad \text{-------------(1-40)}$$

cosθ는 이 전기 회로(이 경우는 RC 직렬 회로)의 역률(Power Factor)이라고 한다. 앞에서 설명한 C 또는 L의 경우에서는 θ가 90°가 되어, cos90°=0이므로 전력이 0이 되었다.

9) R과 L의 직렬 회로

그림 1-24를 참조로 하여, 앞에서 설명한 RC 직렬 회로의 경우와 같이 생각해 볼 수 있다.

전류 I가 흘렀다고 하면

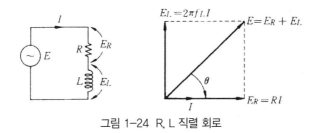

그림 1-24 R, L 직렬 회로

① R의 양단에 발생하는 전압 ER의 크기가 RI이며, 위상은 I와 동상이다.
② L의 양단에 발생하는 전압 EL이 크기는 2πfLI이며, 위상은 전류보다 90° 앞선다.
③ ER과 EL의 벡터합은 E이다.
따라서 E, ER, EL의 크기 관계는 다음과 같이 전류를 구할 수 있다.

$$E = \sqrt{E_R^2 + E_L^2}$$

$$= \sqrt{(RI)^2 + (2\pi fLI)^2}$$

$$= I\sqrt{R^2 + (2\pi fLI)^2}$$

에서

$$I = \frac{E}{\sqrt{R^2 + (2\pi fL)^2}} \qquad \text{--------(1-41)}$$

I와 E의 위치 관계는

$$\theta = \tan^{-1}\frac{2\pi fL}{R} \qquad \text{----------------(1-42)}$$

2만큼 전류의 위상이 전압보다 뒤진다. 또 전력은 R안에서만 소비되므로,

$$P = I^2R$$

$$= \left(\frac{E}{\sqrt{R^2+(2\pi fL)^2}}\right)^2 \cdot R$$

$$= E\frac{E}{\sqrt{R^2+(2\pi fL)^2}}\ \frac{R}{\sqrt{R^2+(2\pi fL)}}$$

$$= EI\cos\theta \qquad \text{------------------------(1-43)}$$

cosθ는 RL의 직렬 회로의 일률이다.

10) RCL 직렬 회로 (그림 1-25)

전류 I 가 흘렀다고 하면
① R의 양단에 발생하는 전압 E 의 크기는 RI로, 위상은 I와 동상이다.
② C의 양단에 발생하는 전압 E 의 크기는 I/2πfc로, 위상은 I보다 뒤진다.
③ L의 양단에 발생하는 전압 E 의 크기는 2πfLI이고, 위상은 전류보다 90° 앞선다.
④ E는 E , E , E 을 합한 값이다.

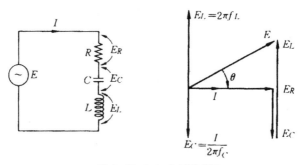

그림 1-25 R. L. C 직렬 회로

따라서

$$E = \sqrt{E_R^2 + (E_L - E_C)^2}$$

$$= \sqrt{(RI)^2 + \left(2\pi fLI - \frac{I}{2\pi fc}\right)^2}$$

$$= I\sqrt{R^2 + \left(2\pi fL - \frac{I}{2\pi fc}\right)^2}$$

에서 전류는

$$I = \frac{E}{\sqrt{R^2 + \left(2\pi fL - \frac{I}{2\pi fc}\right)^2}} \quad \text{--------(1-44)}$$

로 구해진다. I와 E의 위상 관계는

$$\theta = \tan^{-1}\frac{2\pi fL - \frac{1}{2\pi fc}}{R} \quad \text{------------(1-45)}$$

만큼 전류의 위상이 전압보다 뒤진다.

$$2\pi fL < \frac{1}{2\pi fL}$$

이면, 전류 위상이 전압보다 앞선다.

 여기서 식 (1-44)을 써서 RCL 직렬 회로의 특징에 대해 설명한다. 전압크기를 일정하게 하고 주파수를 바꾸어,

$$2\pi f_0 L = \frac{1}{2\pi f_0 L} \quad \text{-------------------(1-46)}$$

즉,

$$f_0 = \frac{1}{2\pi\sqrt{LC}} \quad \text{-------------------(1-46')}$$

이라고 하면 전류는

$$I = \frac{E}{R} \quad \text{------------------------(1-47)}$$

가 되어, 전압과 동상이 된다. 또 R이 작은 경우에는 I가 커진다. 이것을 이용하여
특정한 주파수의 전압만을 선택할 수 있다. 라디오나 TV 방송국 선택에 사용된다.

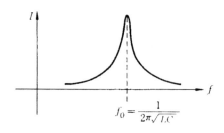

그림 1-26 직렬 공진

11) 평형 3상 교류

3상 교류는 위상이 다른 3개의 단상 교류를 한조로 한 전기방식이다. 특히 3개의
단상 교류 전압의 크기가 같고, 위상이 서로 120°씩 차이나는 것을 평형 3상 교류라고
한다. 일반적으로 널리 사용되는 평형 3상 교류에는 그림 1-27과 같은 2개의
형식(Type)이 있다.
그림 1-27 (a)를 성형 결선(Star Connection), 또는 Y결선 (Y-Connection)
(b)를 델타 결선(Delta Connection 또는 △-Connection이라고 부른다.

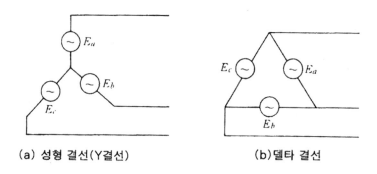

(a) 성형 결선(Y결선)   (b)델타 결선

그림 1-27 3상 교류 전원

12) 평형 Y결선 회로

평형 Y결선 회로에서는 세개의 전압 Ea, Eb, Ec, 전류 Ia, I b,, Ic등의 벡터 표시가 그림 1-28과 같이 된다. Ea, Eb, Ec를 상전압, Vab, Vbc, Vca를 선간 전압, Ia, I b,, Ic를 상전류, Aa, Ab, Ac를 선전류라고 부른다.

평형 Y결선에서는 그림에서도 알 수 있듯이,

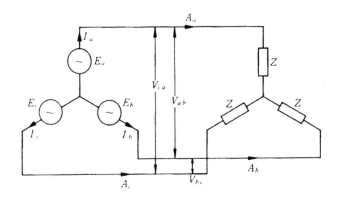

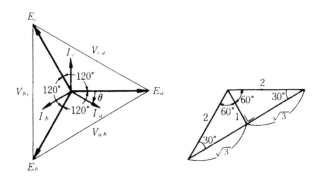

그림 1-28 평형 Y결선 회로

$$\text{선간 전압} = \sqrt{3} \ \text{상 전압} \ \text{------------------(1-48)}$$
$$\text{선전류} = \text{상전류} \ \text{----------------------(1-49)}$$

가 된다. 전력 P는

$$P = \text{EaIacos}\theta + \text{EbIbcos}\theta + \text{EcIccos}\theta$$

이지만, 평형 Y연결일 경우는

$$|E_a| = |E_b| = |E_c| = E$$
$$|I_a| = |I_b| = |I_c| = A$$
$$|V_{ab}| = |V_{bc}| = |V_{ca}| = V$$

이므로, 다음이 된다.

$$P = 3EA\cos\theta$$

$$= 3\frac{V}{\sqrt{3}}A\cos\theta$$

$$= \sqrt{3}\,VA\cos\theta$$

$$= \sqrt{3} \times 선간\ 전압 \times 선전류 \times 역률 ----(1-50)$$

13) 평형 ⊿결선 회로

평형 ⊿결선 회로의 전압, 전류의 벡터 표시는 그림 1-29와 같이 된다. 선전류와 상전류의 관계는 다음과 같다.

$$A_a = I_a - I_c$$
$$A_b = I_b - I_a$$
$$A_{aa}a = I_{aa}c - I_{aa}b$$

상전압과 선간 전압의 관계는 다음과 같다.

$$E_a = V_{ab}$$
$$E_b = V_{bc}$$
$$E_c = V_{ca}$$

그림 1-29에서 알 수 있듯이 다음과 같이 된다.

선간 전압 = 상전압 --------------------(1-51)

선간 전압 = 3 상전압 ------------------(1-52)

또, 전력은

$$P = E_aI_a\cos\theta + E_bI_b\cos\theta + E_cI_c\cos\theta$$

이지만

$$|E_a| = |E_b| = |E_{acac}| = V$$
$$|I_a| = |I_b| = |I_c| = I$$
$$|A_a| = |A_b| = |A_c| = A$$

이므로, 다음이 된다.

$$P = 2VI\cos\theta$$

$$= 3V\frac{A}{\sqrt{3}} \cos\theta$$

$$= \sqrt{3} \times 선전류 \times 선간\ 전압 \times 역률$$

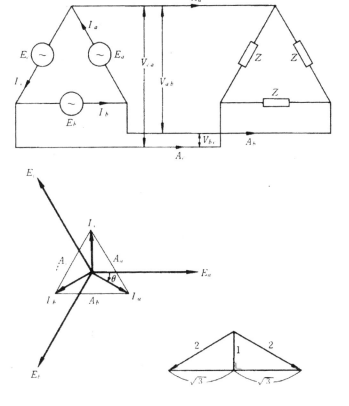

그림 1-29 평형 ⊿결선 회로

14) 평형 3상 교류 회로의 정리

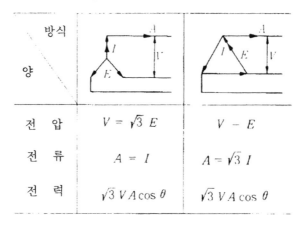

방식 양		
전 압	$V = \sqrt{3}\ E$	$V - E$
전 류	$A = I$	$A = \sqrt{3}\ I$
전 력	$\sqrt{3}\ V A \cos \theta$	$\sqrt{3}\ V A \cos \theta$

1-3. 전자 회로

1) 도체, 반도체 및 절연체

그림 1-30은 구리, 실리콘 및 다이아몬드의 결정을 나타낸 것이다. 동에서는 각 원소에 1개의 가전자(가장 바깥 궤도에 있는 전자)가 있는데, 이것들은 원자 전체에 공유되어 있어 자유롭게 금속 내를 움직일 수 있으므로 동선의 양단에 약간의 전압만 가해져도 전자(가전자)가 움직여 전류가 흐르게 된다. 이것이 도체의 모습이다.

다음으로 실리콘에서는 4개의 가전자가 있으며, 이것들은 옆의 원자와 공유되어 있기는 하지만, 원자끼리의 결속력이 그다지 강하지 않으므로, 빛이나 열 등에 의해 에너지가 가해지면, 결속력이 끊겨 실리콘 내를 움직이게 된다. 이 때문에 실리콘에서는 동만큼은 아니더라도 어느 정도의 전류가 흐른다. 또 온도가 높아지면

동　　　　　　실리콘　　　　　　다이아몬드

그림 1-30 도체, 반도체, 절연체

전류가 흐르기 쉽게 되는데(금속에서는 온도가 높아지면 전류가 흐르기 어렵게 된다) 이것이 반도체이다.

　다이아몬드에서는 실리콘과 마찬가지로 4개의 가전자가 있으나, 이것이 원자에 강하게 결속되어 있으므로, 이동할 수가 없어 전류는 흐르지 않으며 이것이 절연체이다.

2) p형 반도체와 n형 반도체

　그림 1-31은 실리콘에 붕소를 약간 혼합할 경우의 원자 상태를 나타낸 것이다. 붕소에는 3개의 가전자가 있는데, 실리콘(Si)과 붕소(B)가 가전자를 공유하게 되면 전자가 1개 부족하여, 여기에 다른 곳에서 전자가 들어오기 쉬운 상태가 된다. 이 경우에는 전자가 1개 부족한 곳이 옆의 전자에 의해 채워지므로, 부족한 곳(정공이라고 함)이 옆으로 이동한 것이 되어 전류가 흐른다.

　또 실리콘에 소량의 인(P)를 섞었을 때는 인이 5개의 가전자를 가지고 있어, 가전자를 공유하는 구조에서는 1개의 전자가 남게 되므로, 그 전자는 움직이기 쉽다. 그 때문에 순수한 실리콘보다 전류가 흐르기 쉽게 된다. 이 경우는 전류가 흐르는 원인이 전자에 의한 것으로 n형 반도체라고 부른다.

　P형 반도체나 n형 반도체는 가해진 불순물의 농도가 짙어지면 정공 또는 과잉 전자의 수가 늘어 전류가 흐르기 쉬워진다.

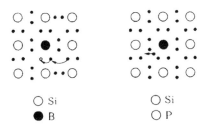

그림 1-31 p형 반도체와 n형 반도체

3) 다이오드(Diode)

　p형 반도체와 n형 반도체를 접합할 경우를 생각해 보자. 그림 1-32(a)에서와 같이 전원이 연결되지 않으면, n형 및 p형 내에는 각기 전자, 정공이 질서정연하게 분포되어

있다.

한편, 그림 1-32(b)에서처럼 n형을 전원의 (+)에, p형을 (−)에 연결하면 전자, 정공은 각각 전원에 가까운 쪽으로 끌려가, pn 접합면은 전자도 정공도 없는 상태가 되어 전류가 흐르지 않는다. 그러나, 그림 1-32(c)에서와 같이 n형을 전원의 (−)에, p형을 전원의 (+)에 연결시키면 전자, 정공이 각각 전원에 의해 반발되어, pn 접합면 쪽으로 이동해서 전류가 흐른다. 이와 같이 p형 반도체와 n형 반도체를 접합한 것은 한쪽 방향으로만 전류를 흐르게 하는 성질을 갖는다. 이러한 성질을 이용한 소자가 다이오드(Diode)이다. 전류가 흐르는 방향을 순방향, 흐르지 않는 방향을 역방향이라고 부른다.

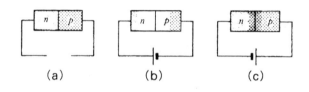

(a) (b) (c)

그림 1-32 다이오드(Diode)

4) 트랜지스터(Transistor)

그림 1-33에서와 같이 n_1, n_2의 중간에, 얇은 p형 반도체를 접합하면 pn_1접합면은 순방향 전압이 걸려 있으므로 전류 Ie가 흐르게 된다. 이때 n_1에서 주입된 전자는 대부분이 n_2로 가게 되어, 역방향으로 전압이 걸려 있는 pn_2 접합면에도 전류 Ic가 흐른다.

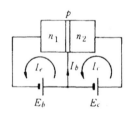

Ic는 Ib의 0.95∼0.998배 정도이고 항상 Ic〈 Ie이다. Ie와 Ic의 차 Ie − Ic만큼 p에 전류가 흐른다.

그림 1-33 트랜지스터

$$\alpha = \frac{I_c}{I_e} \text{ --------------------------(1-54)}$$

식(1-54)는 n_1p 접합면에 흐른 전류가 n_2p 접합면에 어느 정도 달하는가를 나타내는 값으로 전류 운송률이라 한다.

$$\beta = \frac{Ic}{Ib} \quad\text{------------------(1-55)}$$

식 (1-55)는 p에 주입된 전류의 몇 배의 전류가 n_2p 접합면에 흐르는가를 나타내는 값으로 전류 증폭율이라고 한다.

$$\frac{1}{a} = \frac{Ie}{Ic} = \frac{Ie + Ib}{Ic}$$

$$= 1 + \frac{Ib}{Ic} \quad\text{------------------(1-56)}$$

$$= 1 + \frac{1}{\beta}$$

이므로, α와 β와의 관계는 다음과 같다.

$$\beta = \frac{a}{1 - a}$$

$$= \frac{1}{1 - a} \quad\text{------------------(1-57)}$$

그림 1-34와 같이 연결하여 R을 조절하여 p에 1mA의 전류가 흐르면 트랜지스터의 β를 200이라고 했을 때, n_2에 흐르는 전류는

$$1mA \times 200 = 200mA$$

가 되어 입력 전류가 증폭된다.

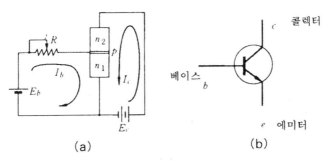

(a)   (b)

그림 1-34 트랜지스터의 접속(P형 트랜지스터

앞의 설명에서

n₁을 에미터(E)

n₂를 콜렉터(C)

p 를 베이스(B)

라고 부른다. 트랜지스터의 기호는 그림 1-34(b)에서와 같이 사용된다.

지금까지의 설명에서는 p형 반도체를 n형 반도체 사이에 접합한 것에 대해 생각해 보았는데, p형에 n형을 접합한 것도 같은 증폭작용을 한다. 이러한 트랜지스터는 그림 1-35(b)의 기호로 나타낸다. 구조가 npn인 트랜지스터를 p형 트랜지스터, pnp인 것을 n형 트랜지스터라고 부른다.

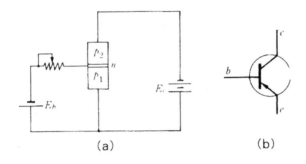

(a)   (b)

그림 1-35 트랜지스터의 연결(n형 트랜지스터)

5) 정전압 다이오드

p형 반도체와 n형 반도체를 접합한 것에 반대 방향의 전압을 가하면, 전압이 작을 때는 전류가 흐르지 않지만, 전압을 증가하면 어떤 전압에서 갑자기 전류가 흐르기

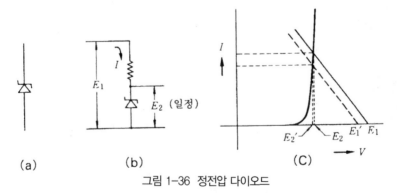

(a)   (b)   (C)

그림 1-36 정전압 다이오드

시작한다. 이것을 항복 현상(Breakdown)이하고 하며, 이때의 전압을 제너 전압(Zener Voltage)이라고 부른다.

제너 전압은 전류의 크기에 거의 관계가 없는 어떤 다이오드 특유의 일정한 전압이다. 이러한 것을 이용하여, 일정 전압을 얻을 수가 있다. 이와 같은 다잉드를 정전압 다이오드(또는 제너 다이오드)라고 부른다.

정전압 다이오드는 그림 1-36(a)의 기호로 나타낸다. 그림 (b)는 정전압 다이오드를 사용한 가장 간단한 정전압 회로이다. 그림 (c)에서 알 수 있듯이, 입력 전압이 변화하여 E_1에서 E_2' 가 되어도 출력 전압 E_2에서 E_2'로의 변화는 아주 적다.

6) 사이리스터(Thylistor)

사이리스터(Thyristor)에는 여러 종류가 있지만, 여기에서는 비교적 널리 사용되고 있는 단방향 3단자 사이리스터에 대해 설명한다.

단방향 3단지 사이리스터는 보통 SCR(Silicon Controled Rectifiler)이라고 한다. 구조는 그림 1-37(a)에서와 같이 pnpn의 4층으로 되어 있다.

그림 (c)처럼 전원 E_1에서 R_1을 통해 A-K간에 전압을 걸고 G-K간에 약간의 전류를 흘려주면 A-K간에는 전류가 흐르게 된다. 일단 A-K간에 전류가 흐르면 G-K간의 전류를 정지해도 E_1을 오픈(Open)하지 않는한 A-K간의 전류는 계속 흐른다.

SCR에서는 G-K간에 약간의 전류를 단시간 흘리기만 해도 A-K간에 큰전류가 흐르게 된다.

SCR의 기호는 그림 1-37(b)와 같이 나타낸다. 또 SCR의 응용 예는 다음 절에서 설명한다.

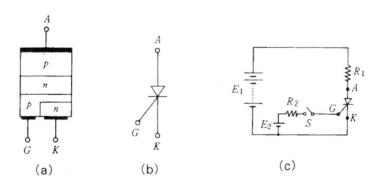

| (a) | (b) | (c) |

그림 1-37 사이리스터(Thyristor)

7) UJT(Uni-Junction Transistor)

UJT는 그림 1-38(a)에서와 같이 n형 반도체의 일부를 p형으로 한것이다. B_1, B_2, E는 각각 베이스 1, 베이스 2, 에미터라고 부른다.

B_1-B_2간에 전원 EB에서 R_2를 통해 전압을 가하면, B_1-E간의 전압은 V_B가 B_1-E간 및 B_2-E사이의 저항에 의해 분배되어 개개의 UJT 특유의 정수를 η(개방 전압비라고 부름)이라고 했을 때 다음과 같이 된다.

$$V_E = V_e\eta$$

$$\eta = \frac{R_{B1E}}{R_{B1E} + R_{B2E}} \quad ----------------(1-58)$$

한편, 전원 E_E로 부터 포텐시오미터(Potentiometer) P 및 R_1을 통해 전압을 가하여 P를 회전시키고 V_E를 0에서 상승시키면, V_E가 $V_B\eta$보다 작을 때는, E에 반대 방향이 전압이 걸리므로 E에는 전류가 흐르지 않는다. V_E를 더한층 놓여서 V_E가 $V_E\eta$보다 커지면, E에는 같은 방향의 전압이 가하게 되므로, $E-B_1$간은 단락 상태가 되어 R_2의 전류도 갑자기 증가한다. V_E가 $V_B\eta$보다 작을 경우에는 B_2-B_1에 흐르는 전류가 작으므로 V_B는 E_B와 거의 같게 된다. V_E가 $V_B\eta$보다 커지면 V_B는 거의 0에 가깝게 된다.

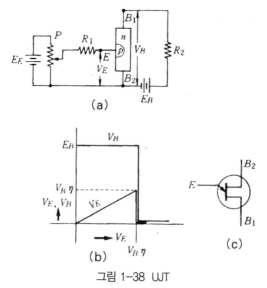

그림 1-38 UJT

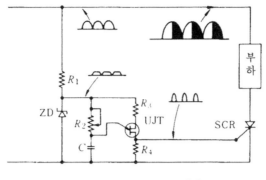

그림 1-39 사이리스터, UJT 응용 예

그림 1-39에 UJT 및 앞에서 설명한 SCR의 응용 예를 나타냈다. 파형이 정류된 전압은 R_1을 통하여 정전압 다이오드 ZD에 걸려 있으므로, ZD의 양단 전압이 일정하게 된다. 전압은 R_2를 통해 콘덴서 C를 충전하여 C의 전압이 일정한 값까지 올라가면 UJT가 트리거(Trigger)되어 UJT의 베이스 회로의 R_4 의 양단에 펄스 전압이 발생한다. 이 펄스 발생 시간은 R_2를 조절함으로서 교류 전압의 각 ½ 사이클 사이의 임의의 시간으로 조절할 수 있다. 이 펄스를 SCR의 게이트(Gate)에 공급함으로서 부하에 공급하는 큰 전력을 R_2에서 조절할 수 있게 된다.

8) 서미스터(Thermistor)

서미스터(Thermistor)는 여러 종류의 금속 산화물을 혼합하여 소결시킨

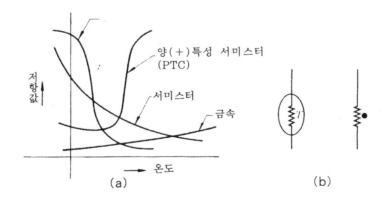

그림 1-40 서미스터(Thermistor)

저항체로서 온도 변화에 대해 저항값이 크게 변화하는 특징이 있다. 서미스터는 온도가 상승하면 저항값이 감소하는 것(−의 온도 특성)가 저항값이 증가하는 것(+의 온도 특성)이 있다.

단순히 서미스터라고 말할 때는 음(−)의 특성을 가진 서미스터를 말할 경우가 많다.

서미스터는 온도 변화에 대한 저항값의 변화가 크므로(수%/ ℃), 온도 측정, 자동 온도 조절장치, 온도 경보 장치 등에 많이 응용된다. 그림 1-40에 각종 서미스터의 온도 특성 및 기호를 나타냈다.

그림 1-41은 서미스터를 응용한 온도 경보 장치이다. 온도가 상승, 포텐시오미터(Potentiometer) R3(경보 발신 온도 조절)의 전압이 증가하면 정전압 다이오드 ZD는 도통 상태가 되고, 트랜지스터 TR도 도통 상태가 되면 R_2의 전압이 상승하여 SCR이 도통된다. SCR이 도통되면 콘덴서 C의 전하가 0이 되어 스피커 SP를 지나는 전류는 0이 된다. 전류가 정지하면 C는 R을 통해 충전되어 일정한 전압에 달하면 다시 SP로 전류가 흐른다. 이러한 것을 반복하기 때문에 SP에서는 부저(Buzer)와 같은 경보음이 나는 것이다.

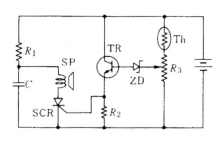

그림 1-41 서미스터 응용 예

9) CdS 광도전 소자

CdS(유화 카드뮴) 광도전 소자는 빛(가시광)에 민감한 소자로서, 빛의 세기가 증가하면, 저항값이 감소한다. 그림 1-42는 빛의 세기와 저항값과의 관계를 나타낸 예이다.

CdS 광도전 소자는 사용법이 비교적 간편하고 값이 저렴하므로 전등으 자동 점멸, 자동 밝기 조절, 밝기 측정, 카메라의 자동 노출 조절 등에 많이 사용된다. 그림 1-43은 광전 소자를 응용한 자동 점멸기의 예이다.

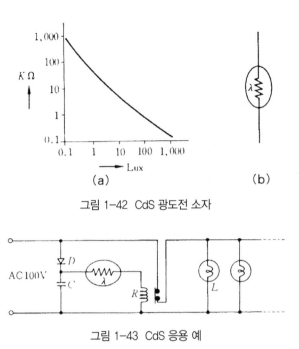

그림 1-42 CdS 광도전 소자

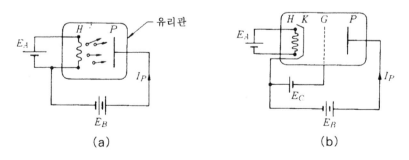

그림 1-43 CdS 응용 예

야간에는 어두우므로 CdS의 저항이 크고, 릴레이 R은 닫힌(Close) 상태이며 전등 L은 점등되어 있다. 날이 밝아져 오면 CdS의 저항이 작아져 릴레이 코일에 전류가 흐르게 되므로 릴레이 접점은 열리고(Open) L은 꺼진다.

10) 진공관(Diode Tube)

그림 1-44(a)에서와 같이, 유리관 내에 히터 H및 금속판 P를 봉입하여 유리관 내를

그림 1-44 진공관

진공으로 하여 히터를 전원 E_A로 가열하면, 히터의 표면으로 부터 전자가 방출된다.
H와 P 사이에 전원 EE로 P가 H에 흡인되어 PH간에 전류가 흐른다. E_B의 극성을
반대로 하면 전자는 P에 의해 반발되므로 전류는 흐르지 않는다. 이처럼, 히터와
금속판을 진공 유리관에 봉입한 것을 2극 진공관(Diode Tube)이라고 부르며, P를
플레이트(Plate : 또는 양극), H를 히터(Heater : 또는 음극)라 한다.

　위에서 설명한 것처럼, 2극관은 정류 작용(한 방향으로만 전류가 흐르는 성질)이
있어서, 정류관(Rectifier Tube)이라고 부르기도 한다.

　2극관은 앞에서 설명한 PN 접합에 해당한다. 그림 1-44(b)는 히터 H에 의해
전자가 방출되기 쉬운 금속 K를 가열하도록 음극을 개량하여 K와 P사이에 G를
넣어 K에서 방출시키고, P를 향해 전자가
흐르는 것을 조절하도록 한것으로서 3극
진공관(Triodes)이라고 부른다.

　또 히터 H에 의해 K를 가열시켰을 때,
K로부터 전자가 방출되는 구조를 갖는 음극을
방열형 음극이라고 부르며, 이같은 음극을 가진
진공관을 방열관이라고 한다. 이에 대해 그림
1-44(a)와 같은 음극을 직열형 음극이라 하고,
직열형 음극을 가진 진공관을 직열관이라 한다.

　3극관에서는 E_B, E_c, I_p의 관계가 그림
1-45와 같이 된 E_B를 일정하게 하고 E_C를
ΔE_C만큼 변화시켰을 때, I_P가 ΔI_P만큼
변화했다고 하면

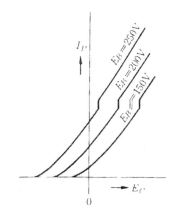

그림 1-45 Ec-Ip 특성

$$g_m \frac{\Delta I_P}{\Delta E_C} \ \text{--------------------(1-59)}$$

　이것을 상호 컨덕턴스(gm)라고 한다. 이것은 E_C가 변화한 경우, I_P가 얼마만큼
변화되었는지를 나타내는 양이다.

　또 E_C를 일정하게 하고 E_B를 ΔE_B만큼 변화시켰을 때, I_P가 ΔI_P만큼 변화되었다고
하면, 다음과 같이 나타내며, 양극 저항이라고 한다.

$$r_p = \frac{\Delta E_B}{\Delta I_P} \ \text{------------------(1-60)}$$

한편, E_B를 ΔE_B만큼 증가(또는 감소)시켰기 때문에, I_p가 ΔI_p만큼 증가(또는 감소)한다. I_p의 변화분이 상쇄되어 E_C를 ΔE_C만큼 감소(또는 증가)시키게 되면 다음과 같이 나타난다.

$$u = \frac{\Delta E_B}{\Delta E_C} \ \text{-----------------}(1-61)$$

이것을 증폭율(Amplification)이라고 한다.(ΔEB와 ΔEC는 증감을 할 때는 반드시 반대이므로 항상 양이 된다.)

gm, rp및 u사이에는 다음과 같은 관계가 있다.

$$u = g_m r_p \ \text{------------------}(1-62)$$

진공관에는 지금까지 설명한 2극관과 3극관 이외에도, 특성을 개량하거나 특수한 특성을 가진 4극관, 5극관, 7극관, 빔관(Beam Tube) 그리고 이것들을 조합한 복합관 등이 있다.

11) 증폭기(Amplifier)

그림 1-46은 트랜지스터 1개를 사용하고, 작은 전압 e_i를 e_0의 크기로 확대하여 부하 L에 공급하는 장치이다.

트랜지스터 TR의 베이스에는 전원 전압 E_B를 R_1및 R_2로 분압하여 일정한 전류 i_b를 흐르게 한다. 이것은 입력 신호 e_i가 음이 된 경우, TR이 컷 오프(Cut of)되어, 출력 e_0이 찌그러지지 않게 하는 것으로, 바이어스 전류(Bias Current)라고 부른다.

콜렉터(Collector)는 R_3을 통해 전원에 연결되어 있다. 에미터(Emitter)에 연결된 R4는 온도 변화 등에 의해 TR에 흐르는 전류가 변화했을 경우, 에미터의

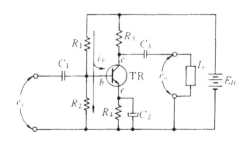

그림 1-46 증폭기(Amplifier)

전압을 변화시켜 자동적으로 영향을 줄이기 위한 저항이다. 콘덴서 C_1, C_2, C_3는 직류를 차단시키고, 교류 만을 통과시키는 것이다. 입력 전압 ei에 의해 C_1을 통해 베이스(Base)로 전류를 흐르게 하면, 콜렉터 전류는 크게 변화하여, 그 전류가 R_3를 지나므로 콜렉터의 전압은 입력 전압에 따라서 크게 변화된다. 콜렉터 전압의 변화분(신호 성분)은 C_3를 통해 부하 L에 공급된다. 이와 같이 입력 전압(또는 전류)에 따라 확대된 출력 전압(또는 전류)을 얻는 장치를 증폭기(Amplifier)라고 부른다.

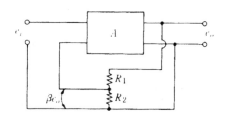

그림 1-47 부 귀환 증폭기(NegatiVE Feeback Amplifier)

그림 1-47은 증폭기의 성능을 개선하기 위해 고안된 것이다. A는 그림 1-46에서와 같은 증폭기로서 증폭도가 매우 큰 증폭기이다. A는 출력 일부는 R_1, R_2에서 분압되어, 입력측으로 돌아가 입력 전압을 상쇄시키도록 하는 극성으로 입력에 가해지므로 다음과 같이 된다.

$$e_0 = ei - e_0 \frac{R_2}{R_1 + R_2} \quad A \qquad \text{----------(1-63)}$$

여기서

$$\beta = \frac{R_2}{R_1 + R_2} \qquad \text{--------------------(1-64)}$$

라고 하면,

$$e_0 = ei - e_0 \frac{R_2}{R_1 + R_2} \quad A \qquad \text{----------(1-63)}$$

이므로,

$$e_0 = \frac{A}{1 + A\beta} e_i$$

$$= \frac{1}{\frac{1}{A} + \beta} e_i \qquad \text{-------------------(1-65)}$$

A는 매우 크기 때문에

$$e_0 \fallingdotseq \frac{1}{\beta}\, e_i$$

$$\fallingdotseq \frac{R_1 + R_2}{R_2}\, 2_i$$

가 되어, 증폭기는 A에 관계없이 R_1, R_2만으로 정해진다. A는 일반적으로 낮은 주파수 및 높은 주파수에서 저하되지만, 이와 같이 출력의 일부를 입력에 되돌리면 전체적으로서의 성능이 개선된다. 이와 같은 증폭기를 부귀환 증폭기(NegatiVE Feedback Amplifier)라고 부르며 널리 이용되고 있다.

12) 전원 회로

전원 회로에는 다음과 같은 것이 있다.
① 직류 전원 회로(직류 발전기 및 밧데리)
② 교류 전원 회로(교류 발전기)
③ 직류에서 교류를 얻는 회로(인버터)
④ 교류에서 직류를 얻는 회로(정류 회로)

여기서는 ④에 대해서 설명하고, ①~③에 대해서는 제2장에서 설명한다.

A. 단상 반파 정류 회로
(Single Phase Half WaVE Rectifier Circuit)

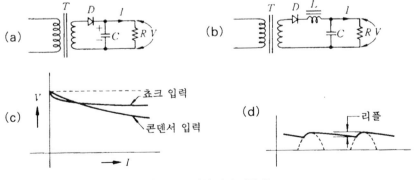

그림 1-48 단상 반파 정류 회로

그림 1-48은 단상 반파 정류 회로이다. 변압기 T의 2차 권서의 윗쪽 단자가 양(+)이고, 아래쪽 단자가 음(−)인 반 사이클(Half Cycle) 사이엣만 다이오드 D가 도통 상태가 되므로, 콘덴서 C는 윗쪽이 양(+), 아래쪽이 음(−)으로 충전된다. 반대로 반 사이클 사이는 C에 충전된 전하가 흐르기 때문에, 부하의 번압은 그림(d)에서와 같이 크기가 맥동하는 수직 전압이 된다. 맥동 성분은 리플(Ripple)이라고 부른다. 리플이 적은 쪽이 직류에서는 좋다.

이와 같이 단상 교류의 반 사이클 사이에서만 정류하여, 직류를 만들어내는 회로를 단상 반파 정류 회로하고 한다. 그림 (b)는 다이오드 D에서 정류된 것을 코일 L을 통하여 C를 충전하는 방식으로서 L이 있으므로 C를 충전할 때는 급격히 전압이 상승하지 않고, 또 D가 정지되어 있는 반 사이클 사이는 L에 축적된 전자 에너지가 방출되기 때문에 그림(c)에서와 같이 부하 전류가 증가되는 경우의 전압 강하는 그림(a)의 방식보다 적다. 그림(a)의 방식을 콘덴서 입력방식, 그림(b)를 쵸오크(Choke) 입력 방식이라고 부른다.

B. 단상 전파 정류 회로

(Single Phase Full WaVE Rectifier Circuit)

그림 1-49는 단상 전파 정류 회로이다. 이 예에서는 콘덴서 입력 방식인데, 쵸크 입력 방식으로도 할 수 있다.

그림의 (a)에서는 변압기 T의 2차 전압이 (+)[윗쪽이(+)이고 아래쪽이 (−)]인 사이클 사이는 D_1이 도통하여 D_2가 저지된다. (−)인 ½ 사이클에서는 D_2가 도통하고 D_1은 차단된다.따라서 콘덴서 C는 그림 (c)와 같이 변압기의 2차 전압이 (+),(−)인 전사이클에서 충전된다. 그 때문에 반파 정류일 때보다 리플이 작아진다.

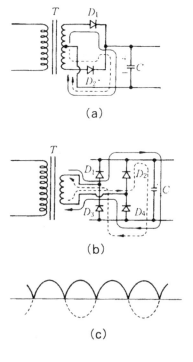

(a)

(b)

(c)

그림 1-49 단상 전파 정류 회로

이와 같이 단상 교류 전압의 (+),(−) 전사이클에서 정류되는 것을 단상 전파 정류 회로라고 부른다.

그림의 (b)의 방식에서는 (+)의 반사이클 사이에서 D_1, D_4가 도통, D_2, D_3가 차단되고, (−)의 반 사이클에서는 D_2, D_3가 도통, D_1, D_4가 차단 된다. 콘덴서 C는 (+), (−) 전 사이클에서 충전된다.

그림의 (a)에서는 변압기의 2차 권선은 (+)인 반 사이클 및 (−)인 반 사이클에서 분리되고, 2차 권선의 감은 횟수는 그림의 (b)에 비교하여 약 2배가 된다. 그림(b)에서 변압기의 2차 권선은 1개만 필요하지만, 정류기는 4개가 필요하다.

C. 3상 전파 정류 회로

3상 전파 정류 회로에서는 그림 1−50에서 처럼 6개의 정류기가 사용된다. 그림의 (a)에서는 a−b간의 선간 전압이 (+)인 반 사이클일 때와 (−)인 사이클일 때의 전류의 통로를 나타냈다. 마찬가지로 b−c간 및 c−a간의 전압 (+), (−) 전사이클에서 콘덴서 C가 충전되므로 직류 전력 전압은 리플이 매우 작아진다.

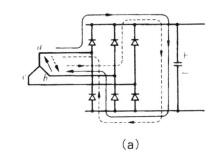

(a)

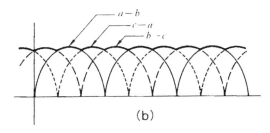

(b)

그림 1−50 3상 전파 정류 회로

13) 정전압 장치

일반적으로 전원 전압은 전원에 연결된 부하가 변동하면 변화한다. 대부분의 전기 기기에서는 전원 전압의 변동이 일정한 범위 내에 있을 때 정상으로 작동한다.

전원장치에 따라 전원 전압은 거의 일정하게 유지되나, 특정한 전기장치로 전압 변동의 허용 범위가 작을 때는 전압을 안정화시키는 장치가 필요하다. 그림 1-51은 정전압 장치의 예이다.

정전압 장치의 입력 전압 E_V는 어떤 범위내에서 변동해도 출력 전압 E_S는 일정하게 유지된다. 트랜지스터 TR_1은 R_1에 의해 베이스에 전류가 흐르므로 도통 상태가 되어, R_3의 양단에 전압이 발생한다. 트랜지스터 TR_2의 에미터는 R_2가 정전압 다이오드 ZD에 의해 일정한 전압으로 유지된다. R_3의 양단의 전압은 분압되어 TR_2의 베이스에 공급되므로, 이것이 에미터의 전압보다 높으면 i_2가 흘러, R_1에 의한 전압 강하가 발생하여 i_1은 감소하고 TR_1은 전류가 흐르기 어려워져서 E_S가 저하된다. 이같은 작동에 의해 E_V가 변화해도 E_S는 일정하게 유지된다.

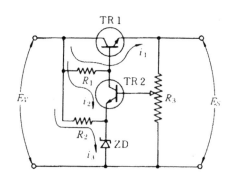

그림 1-51 정전압 전원 회로

1-4. 전기 계측기

1) 전기 계측기 일반

전기 계측기에는 많은 종류가 있고, 그 분류에도 여러 방법이 있다.
① 작동상의 분류
  ⓐ 지시계기

　　ⓑ 적산 계기
　　ⓒ 기록 계기
② 작동 원리에 의한 분류
　　ⓐ 가동 코일형
　　ⓑ 가동 철편형
　　ⓒ 전류력형
　　ⓓ 정류기형
　　ⓔ 열전형
　　ⓕ 열선형
　　ⓖ 유도형
　　ⓗ 진동형
　　ⓘ 디지탈 방식
③ 정확도상의 분류
　　ⓐ 0.2급 : 특수 정밀급
　　ⓑ 0.5급 : 정밀급
　　ⓒ 1.0급 : 준정밀급
　　ⓓ 1.5급 : 보통급
　　ⓔ 2.5급 : 준보통급
④ 구조상의 분류
　　ⓐ 수직형 : 지시면을 수직으로 해서 사용하는 것
　　ⓑ 경사형 : 지시면을 경사지게 하여 사용하는 것
　　ⓒ 수평형 : 지시면을 수평으로 하여 사용하는 것

　　계기류는 모두 제조시의 불안정한 온도 등의 환경 변화, 구조 재료의 시간 경과에 따른 변화 등에 의해 실제값에서 벗어난 값을 지시한다. 계기의 지시값을 M, 실제값을 T라고 하면

$$E = M - T \ ------------------(1-67)$$

를 오차라고 하고

$$E_0 = \frac{M - T}{T} \times 100 \ ------------------(1-68)$$

를 백분율 오차라고 부른다.

최대 눈금이 10A인 전류계로 2A의 눈금점을 시험한 결과, 실제값이 2.1A였다고 하면 다음과 같이 된다.

$$E_0 = \frac{2.0 - 2.1}{2.1} \times 100 \fallingdotseq -5\%$$

같은 전류계의 9A의 눈금점을 시험한 결과, 실제값이 9.1A인 경우는 다음과 같이 된다.

$$E_0 = \frac{9.0 - 9.1}{9.1} \times 100 \fallingdotseq -1\%$$

이와 같이 오차는 같아도 (이 예는 둘다 −0.1A), 시험점이 다를 때는 백분율 오차도 다르다. 실제의 계획에서는 지시값의 몇 퍼센트 정도의 오차가 있는지를 나타내는 백분율 오차가 의미가 있으나, 계기에는 구조상, 마찰 오차, 눈금 오차 및 해독 오차등이 어떤 눈금에서나 마찬가지로 생길 확률이 있으므로

$$e = \frac{지시값 - 실제값}{최대눈금} \times 100 \ ----------(1-69)$$

위의 식으로 계기의 정확함을 표시하고 있다. 이것을 허용차(Allowable Error)또는 허용 오차라고 부르며 널리 사용된다. 앞에서 설명한 계기의 분류(3)에서의 0.2급, 0.5급 등은 각각 허용 오차를 나타내는 것이다.

항공기에 사용되는 전기 계기로는, 지시형으로 가동 코일형(Movable Coil), 가동 철편형(Moving Core), 정류형 등이 널리 쓰인다.

2) 직류 전류계, 전압계

그림 1-52는 직류 전기 계기로서, 가장 널리 이용되는 가동 코일 전류계를 나타낸 것이다. 영구 자석 M 및 원주상의 연철심 A에 의해, 강한 방사형의 자장이 만들어져 있다. 이 공극 부분에는 단형의 가동 코일 C가 베어링 B_1, B_2에 의해 회전이 가능하게 지지된다. 코일 C에는 맴돌이 스프링 S_1, S_2에 의해 외부에서 전류가 들어온다. 그림 1-53과 같이 T_1에서 T_2로 전류가 흐르면, 코일의 우측 한변은 자장에서 힘 F_1을 받고, 좌측의 한 변은 힘 F_2를 받는다. 따라서 C는 회전하여, 스프링 S_1, S_2의 제어에

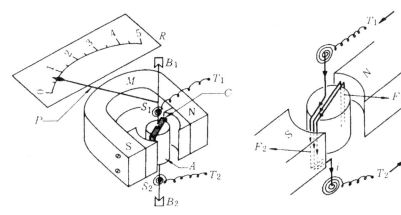

그림 1-52 가동 코일 직류 전류계   그림 1-53 가동 코일 직류 전류계

의하여, 일정한 각도까지 회전된 후 평형을 이룬다. S_1, S_2를 합친 스프링 상수를 K, C 에 발생하는 전자 토큐(Torque)의 계수를 T 라고 하면, 회전각 θ와 전류 i 와의 관계는

$$K\theta = Ti \text{ ---------------------(1-70)}$$

가 되어 평형하게 되므로 다음과 같이 된다.

$$i = \frac{K}{T}\theta \text{ ---------------------(1-71)}$$

그러므로 θ(눈금판의 눈금)에 의해 i 를 알 수 있다.

가동 코일형의 직류 전류계는 보통 최대 눈금값으로 수십A~mA 정도의 것이 있는데, 큰 전류를 측정할 때는 그림 1-54와 같이 저항 R_s를 계기와 병렬로 연결하여, 대부분의 전류를 Rs로 흘리고, 일부만을 계기에 흐르게 하여 측정한다. 이와 같은 장치를 분류기(Shunt)라고 부른다. 계기의 내부 저항을 Rm, 분류기의 저항 (①~②사이)을 R_s라고 하면, ①~②사이의 전압 강하는 계기에 대해서도 분류기에 대해서도 같은 값이므로,

$i_m R_m = i_s R_s$이고, 또

$\quad I_s = I - i_m$

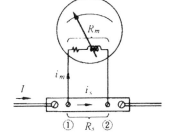

그림 1-54 분류기

이므로

$$i_mR_m = (I - i_m)R_s$$

따라서

$$I = \frac{R_s + R_m}{R_s} \ i_m \quad \text{----------------(1-72)}$$

이 된다. 이때,

$$n = \frac{R_s + R_m}{R_s}$$

$$= 1 + \frac{R_m}{R_s} \quad \text{-------------------(1-73)}$$

이라고 하면 다음과 같다.

$$I = ni_m \quad \text{----------------------(1-74)}$$

최대 눈금값 5mA, 내부 저항 10Ω인 직류 전류계에 분류기를 달아, 50A까지 측정할 수 있는 직류 전류계를 만들 경우,

$$n = \frac{50A}{5mA} = 10,000$$

이므로 식(1-73)에서

$$1 + \frac{10}{R_s} = 10,000$$

이 되어 다음과 같이 구해진다.

$$R_s = 1,000 \times 10^{-3}Ω$$

이 예에서 R_s의 양단(①~②사이)에는 최대 눈금값의 전류를 흘리면 50mV의 전압이 발생하도록 만들어져 있다.

가동 코일 직류 전류계는 직접 계기에 전압을 가하는 경우에, 수mV에서 수백mV까지의 최대 눈금을 지시하는 것이 많다. 큰 전압을 측정하려는 경우에는 그림 1-55와 같이 직렬로 저항 R을 연결시켜 측정한다.

최대 눈금값 1mV, 내부 저항 200Ω인 가동 코일 직류 전류계를 사용하여,

30V까지 측정 가능한 직류 전압계를 만드는 경우를 생각해 보면, 30V에서 1mA가 흐르도록 R_m+R의 값을 정하면 되기 때문에

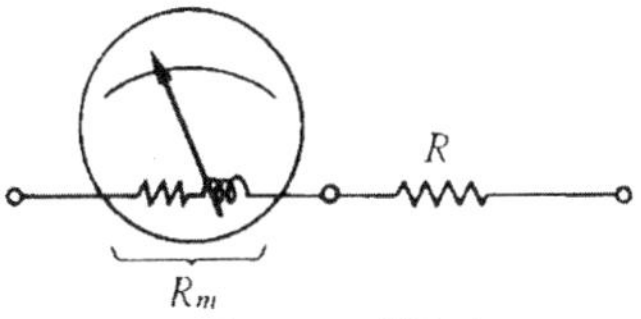

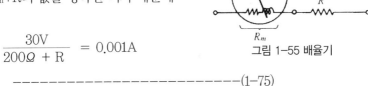

그림 1-55 배율기

$$\frac{30V}{200\Omega + R} = 0.001A \qquad (1-75)$$

로 부터 다음과 같이 구해진다.

$$R = 29{,}000\Omega$$

이같이 사용되는 직렬 저항을 배율기(Muliplier)라 부른다.

3) 교류 전류계, 전압계

그림 1-56은 교류용 계기로서 널리 이용되는 가동 철편형 계기의 작동 원리를 나타낸 것이다. 가동 철편 M, 지침 P 는 멤돌이 스프링에서 제어되는 축에 부착되어 있어 베어링 B1, B2에 의해 회전할 수 있도록 지지된다.

가동 철편 M 근처에는 고정 철편 F 가 있고 M과 F는 코일 C에 의해 자화되도록

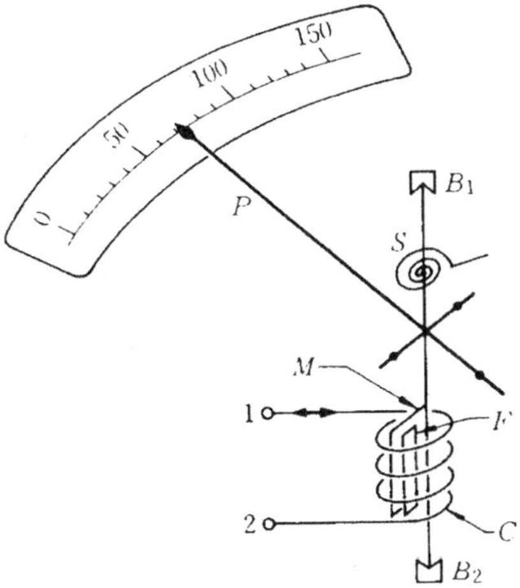

그림 1-56 가동 철편형 교류 전류계

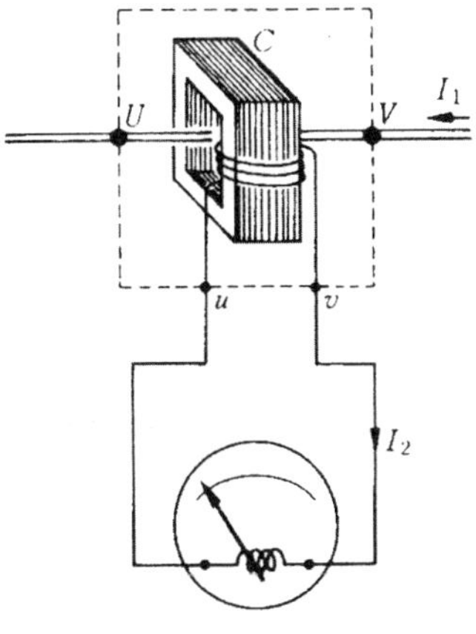

그림 1-57 전류 변성기

만들어져 있다.

교류 전류가 1에서 2로 흐르는 순간에는 M도 F도 윗쪽 S극, 아래쪽이 N극으로 자화되고, 전류가 2에서 1로 흐르는 순간에는 M도 F도 윗쪽이 N극, 아래쪽이 S극이 된다. 즉, M과 F가 반발해서 발생하는 토큐와 S의 제어 토큐가 평형이 될 때까지 회전한다. 따라서 지지축의 회전각(지침과 눈금판과의 관계 위치)에 의해 전류의 크기를 알 수 있게 된다. 눈금은 불평등 눈금이 된다.

가동 철편형 교류 전류계는 직접 코일에 전류를 흘러 측정할 수 있는 범위가 수mA에서 수십A이므로 큰 전류는 그림 1-57처럼 전류 변압기 (CT ; Current Transformer)를 사용하여 측정한다. 또, CT를 사용하면 계기 회로를 측정하려는 전선에서 절연이 가능하므로 편리하다. CT는 그림 1-57과 같이 1차 권선(U~V)은 1회에서 수회 감긴 굵은 도선이고, 2차 권선(u~v)은 많은 권수가 있는 비교적 가는 도선이다. 2차 회선에는 교류 전류계가 연결되어 있다. 1차 회선에 교류 전류 I_1가 흐르면 철심 C에 방향 및 크기가 변화하는 교번 자속이 생겨 2차 권선에 교류 전압이 발생한다. 그러므로 2차 권선에 연결된 교류 전류계에는 교류 전류 I_2가 흐른다.

1차 회선의 감은 회수를 N_1, 2차 회선의 감은 회수를 N_2라고 하면 다음과 같은 관계가 있다.

$$I_1 N_1 = I_2 N_2$$

그러므로,

$$I_1 = \overline{\frac{N_2}{N_1}} I_2 \ ------------------------(1-77)$$

가 되어, I 2 를 측정하여 I_1 을 알 수 있다.

[참고] 식 (1-76)이 정확히 성립하는 것은 CT의 2차 권선의 회로의 임피던스(Impedence)가 0일 경우이다. 2차 권선, 전류계 등의 임피던스가 클 때에는 오차가 생긴다. CT에는 2차 권선에 연결되 는 전류계 등의 합계 임피던스가 어느 정도까지 허용 가능한지(일정한 오차의 범위내에서)를 표시한다. 그것은 2차 권선의 전류 I_2와 u~v 사이의 전압의 곱으로 나타내며, CT의 로드(Load)라 부른다. 예를 들어 1차 전류 100A, 2차 전류 5A, 로드 10VA CT에서는 2차 권선에 연결된 기기(배선도 포함)의 임피던스의 합계가 다음 이하가 되어야 한다.

$$10VA \div 5A = 2V$$
$$2V \div 5A = 0.4\Omega$$

최대 눈금치 5A인 교류 전류계로 200A까지 측정하려면 CT는 200:5(1차 전류 200A, 2차 전류 5A)인 것을 사용해야 한다.

$$\frac{I_1}{I_2} \text{ ------------------------------------(1-78)}$$

이것을 전류비(Current Ratio)라고 한다.

CT를 쓸 때는 2차 권선이 항상

① 교류 전류계를 연결 또는

② 단락 하지 않으면 안된다.

CT의 2차 권서이 오픈(Open)되면

① 2차 회서에 큰 전압이 발생하여 위험하다.

② 철심의 여자손(철손)이 증대하여 CT가 과열된다.

③ 1차 권선에 의해 전압 강하가 증대된다.

이런 특성이 일반 변압기와 다르므로 사용시에는 특히 주의가 필요하다.

또 가동 철편형 교류계기로 교류 전압을 측정할 때는 그림 1-58(a)와 그림 1-56의 코일 C 에 해당하는 코일의 감은 횟수를 매우 많게 하여 적은 전류로 여자가 가능하도록 한 뒤, 코일과 직렬로 저항을 연결해서 한다.

보통 가동 철편형의 교류 전압계는 최대 눈금을 지시하는 전압에서 코일을 지나는 전류가 수십mA 이하가 되도록 만들어져 있다.

가동 코일형 직류 계기로 교류 전압을 측정할 때는 그림 1-58(a)와 같이 다이오드로 전파 정류를 하여 측정한다.

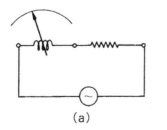
(a)

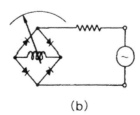
(b)

그림 1-58 교류 전압계

4) 저항의 측정

A. 전압 강하법

그림 1-59(a)의 방법에서는 전압계와 R에 흐르는 전류의 합계가 전류계의 지시값이 되므로 다음과 같이 나타난다.

$$\frac{V}{RV} + \frac{V}{R} = A \quad -------------------(1-79)$$

따라서 다음과 같다.

$$R = \frac{V}{A - \dfrac{V}{R_V}} \quad -------------------(1-80)$$

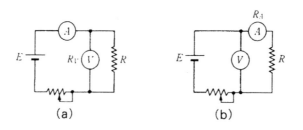

그림 1-59 전압계, 전류계에 의한 저항 계측

그림의 (b)의 방법에서는 전류계와 R의 직렬 회로에 전압 V가 걸리기 때문에

$$V = A(RA + R) \quad -------------------(1-81)$$

따라서

$$R = \frac{V}{A} - RA \quad -------------------(1-82)$$

로 구해진다.

그림의 (a)의 방법은 비교적 작은 저항(R≪RV)의 측정에 그림의 (b)의 방법에 적합하며, 이 때 (a), (b) 둘 다

$$R \fallingdotseq \frac{V}{A} \quad \text{------------------------------} (1-83)$$

로서 R을 구할 수 있다.

B. 오옴계 (Ohm Meter)

오옴계는 측정하려는 저항값을 지시기의 눈금판으로 직접 읽을 수 있으므로 편리하다. 이 측정 방법은 회로 시험기(Tester)등에 사용된다.

그림 1-60에 오옴계의 원리를 나타냈다. 가변 저항기 VR은 지시기(mA계 또는 uA계)의 가동 코일에 연결되어 분류기로서 사용된다. R은 측정하려는 저항 X와 비교하기 위한 저항값을 알 수 있는 저항이다. 단자 a, b를 단락하여 VR을 조절해서, 지시기가 0Ω 을 지시하게 하면

$$i_b = \frac{E}{R + r} \quad \text{---------------------------} (1-84)$$

또, a, b간에 X 를 연결하면

$$i_b = \frac{E}{R + r + X} \quad \text{----------------------} (1-85)$$

따라서

$$\frac{i_x}{i_0} = \frac{E}{R + r} \quad \text{------------------------} (1-86)$$

r ≪ R이 되도록 만들면 다음과 같이 된다.

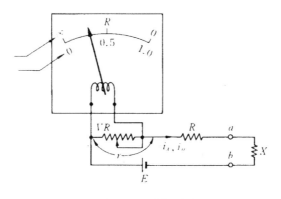

그림 1-60 오옴(Ω)계

$$\frac{i_x}{i_0} = \frac{R}{R + X} \quad \text{---------------------(1-87)}$$

가 되므로

$$X = 0.01R, \ 0.02R, \ \cdots\cdots \ 100R$$

로서 i_x / i_0가 구해지고, 이 눈금을 측정하여 지침의 위치에서 X를 읽을 수 있다. 눈금은 불평등이 된다.

C. 메가(Megger)

메가는 배선의 절연 저항, 전기 기기 절연 저항의 높은 저항을 측정하기 위한 것으로 100kΩ ~ 1,000MΩ 정도의 측정에 적합하다.

메가 지시기에는 2개의 가동 코일(Moving Corp) P와 C가 있고 가동 코일형 직류 전류계와 같이 맴돌이 스프링에서 전기가 공급된다. 그러나 메가에서는 맴돌이 스프링은 전기를 공급하는 것이 목적이고, 가동 코일의 제어용으로는 사용할 수 없는 매우 약한 스프링으로 되어 있다. 전원은 가버너 g에 의해 일정 속도가 유지되도록 만들어진 수동식의 직류 발전기로, 100~1,000V의 전압이 발생한다. 저항 X가 연결되어 있지 않을 때는 R을 통해 P코일로만 전류가 흐르므로 P코일이 전자적으로 중립 위치(P코일이 수직, 따라서 지시는 ∞를 지시함)에 정지한다.

또 X가 연결되면 C코일(자극면의 중앙에 와 있음)에 X의 크기에 따라 전류가 흘러 토큐가 발생하여 P코일의 토큐와 평형인 위치에서 정지한다. 이 위치에서 X의 값을 알 수 있다.

메가는 매우 큰 저항을 측정할 수 있도록 만들어져 있고, 단자판 B의 미소한 누설 전류로도 오차가 생겨 이것을 방지하기 위해 누설 전류 방지 장치 S로 B의 누설 전류를 모아 직류 발전기의 「－」단자로 흘려 보낸다.

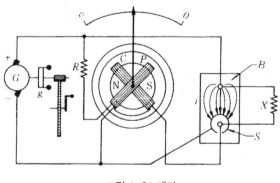

그림 1-61 메가

D. 휘스톤 브릿지(Wheatstone Bridge)

그림 1-62는 휘스톤 브릿지의 결선도이다. R을 조절하여 검류계 G가 0을 지시한다고 하면, A점의 전위 VA는 Z점의 전위를 0이라고 했을 때

$$VA = \frac{a}{a + X}\ E\ -----------------(1\text{-}88)$$

B점의 전위 VB는

$$VB = \frac{b}{b + X}\ E\ -----------------(1\text{-}89)$$

이므로

$$V_A = V_B\ -----------------(1\text{-}90)$$

로서

$$\frac{X}{a} = \frac{R}{b}\ -----------------(1\text{-}91)$$

따라서, 다음과 같이 된다.

$$X = \frac{a}{b}\ R\ -----------------(1\text{-}92)$$

이와 같이 저항치를 측정하는 장치를 휘스톤 브릿지(Wheatstone Brige)라고 부른다.

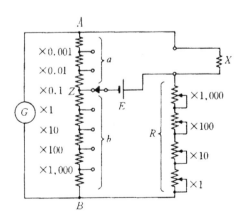

그림 1-62 휘스톤 브릿지

보통 휘스톤 브릿지에서는

$$\frac{a}{b} \text{ 는 } 1,000, \ 100, \ \cdots\cdots \ \frac{1}{1,000}$$

R은 1Ω의 스텝으로 9,999Ω까지 만들어진다.

휘스톤 브릿지는 전원 전압에 영향을 받지 않으므로 정확한 저항 측정을 할 수 있다.

5) 정전 용량, 인덕턴스 및 주파수의 측정

A. 직독식 C미터

그림 1-63은 직독식 용량계이다. 지시부 1-2사이의 임피던스를 CS의 임피던스에 비교하여, 매우 작으면 a-b 사이를 단락하는 경우의 전류 i0는

$$i_0 = E_w C_s$$

여기서, VR을 조정하여 지침이 ∞를 지시하도록 한다.

도, a-b 사이에 CX를 연결시킨 경우의 전류 i_x는 다음과 같다.

$$i_x = E_w \left(\frac{C_s C_x}{C_s + C_x} \right) \ \text{---------------------}(1\text{-}94)$$

그러므로, 다음과 같다.

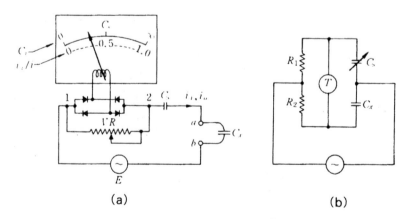

(a)   (b)

그림 1-63 정전 용량의 측정 회로

$$\frac{i_x}{i_b} = \frac{C_x}{C_s + C_x} \quad ------------------(1-95)$$

따라서, 미리 C_x와 i_x/i_0의 관계를 측정해 두면 지시값으로 부터 C_x를 알 수 있다.

B. 더스트 브릿지

그림 1-63은 더스트 브릿지(Dust Bridge)이다. C_s를 조절하여 수화기 T의 소리(Sound)가 적어지면,

$$\frac{C_x}{C_s} = \frac{R_1}{R_2} \quad ------------------(1-96)$$

의 관계가 있으므로, 다음 식으로 C_x를 구할 수 있다.

$$C_x = \frac{R_1}{R_2} C_s \quad ------------------(1-97)$$

C. 전압계에 의한 인덕턴스의 측정

철심이 들어 있는 비교적 큰 인덕턴스(Inductance)는 다음과 같이 측정할 수 있다. [그림 1-64 (a)] 저항값이 알려진 저항 R을, 측정하려는 L에 직렬로 연결하여 교류 전원에 연결한다. 1-2사이, 2-3사이, 2-3사이 및 1-3사이의 전압을 내부 저항이 큰 교류 전압계로 측정한다.

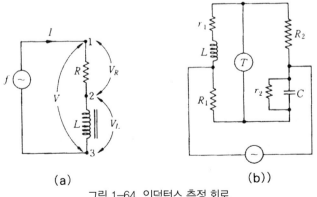

(a)   (b))

그림 1-64 인덕턴스 측정 회로

$$V^2 = V^2_R + V^2_L \quad ------------------(1-98)$$

이므로

$$V_L = \sqrt{V^2 - V^2_R}$$

즉,

$$2\pi f L I = \sqrt{V^2 - V^2_R} \quad ----------------(1-99)$$

여기서 전류 I는

$$I = \frac{V_R}{R} \quad ---------------------(1-100)$$

이므로, 다음과 같이 된다.

$$L = \frac{\sqrt{V^2 - V^2_R}}{2\pi f \dfrac{V_R}{R}} \quad ------------------(1-101)$$

D. 맥스웰 브릿지 (Maxwell Bridge)

그림 1-64(b)는 맥스웰 브릿지이다. 수화기의 소리가 적어지도록 R_1, R_2 및 C를 조절하면 다음과 같은 관계가 성립하므로 L을 구할 수 있다.

R_2는 L 의 저항 R_1을 보상하기 위한 것이다.

$$L = CR_1R_2 \quad ----------------------(1-102)$$

E. 주파수계

그림 1-65는 진동 편형 주파수계 (Vibrating Reed frequency Meter)를 나타낸 것이다. 다른 고유 진동수를 가진 몇개의 진동편 V는 철편 P에 붙어 있다. 철편은 판 스프링 S로 지지된다. P근처에는 측정하려고 하는 주파수의 교류 전압으로 여자된 전자석 M이

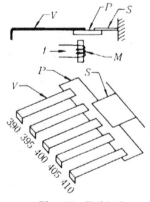

그림 1-65 주파수계

설치되어 있다. 따라서 M은 P를 교류 전파수 2배인 주파수로 흡인한다(흡인력은 M이 어떤 방향으로 자화되어도 발생하므로 2배가 된다). S는 강한 판 스프링이고, P의 진동 진폭은 매우 작으나, 이 진동과 고유 진동수가 같은 진동편은 크게 진동하므로, 진동편의 고유 진동수를 미리 정해두면, 진동편의 진폭 크기로 주파수를 알 수 있다.

그 외에도 다음과 같은 것이 있다.
① 디지탈형
② 유도형
③ 교차 코일형
④ 전압 평형형
⑤ 가동 철편형

6) 고주파 측정

A. 고주파 전압계

그림 1-66은 고주파 전압계의 예이다. 그림(a)의 예에서는 다이오드 D와 콘덴서 C로 직류로 바꾸어 직류 전압계 V로 측정하면 고주파 전압의 크기를 알 수 있다.

그림의 (b)의 예에서는 저항 R에 직렬로 열전대 T를 연결하여 R에 흐르는 고주파 전류를 측정하므로서 고주파 전압을 알 수 있는 것이다. 이러한 방식은 열전대(Thermocouple)를 작동시키기 때문에 입력 저항이 낮아진다.

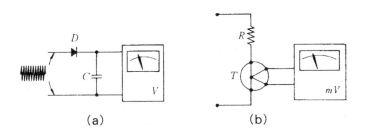

(a)   (b)

그림 1-66 고주파 전압계

B. 고주파 전류계

그림 1-67(a)의 고주파 전류계에서는 고주파 전류 I에 의해 가열되어 진열전대 T에 발생하는 열 기전력을 밀리볼트계로 측정하여, 고주파 전류의 크기를 알아낸다.

큰 고주파 전류를 측정할 경우에는 그림의 (b)와 같이 고주파용 변류기(Current Transformer) CT와 열전형 고주파 전류계를 연결하여 측정한다. 고주파용 변류기에서는 철손을 적게 하기 위해 페라이트 코어 등이 사용된다.

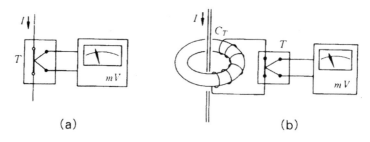

(a)   (b)

그림 1-67 고주파 전류계

C. 주파수의 측정

a. 흡수형 주파수계(Absorption Frequency Meter)

1-2의 10)에서 설명한 것처럼 L, C, R 직렬 회로에서는

$$f_0 = \frac{1}{2\pi\sqrt{LC}} \quad \text{------------------(1-103)}$$

이 되는 주파수에서 전류가 최대가 된다. 따라서, 그림 1-68에서와 같은 장치를 고주파 회로에 가져가 L에 의해 전자적으로 고주파 회로에 결합시키고, 가변 콘덴서 C를 조절해서 회로의 전류가 최대가 되는 점을 구하면 윗식에서 주파수를 알 수가 있다.

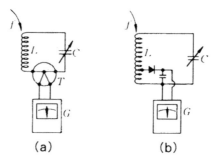

(a)   (b)

그림 1-68 흡수형 주파수계

b. 헤테로다인 주파수계
(Heterodyne Frequency Meter)

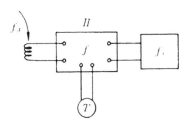

그림 1-69는 헤테로다인 주파수계의 구성을 나타낸 것이다. 측정하려고 하는 주파수 f_x는 L에 의해 결합되어져 헤테로다인 발진기(Heterodyne Oscillator) H의 발진 주파수 f와의 사이에 f_x-f가 생긴다. f를 f_x보다 낮은

그림 1-69 헤테로다인 주파수계

쪽에서 조정하여, 물결 주파수 fs와 제로 비트가 되었을 때의 f 를 f_1이라고 하면

$$f_x - f_1 = f_s \quad -------------(1\text{-}104)$$

또 f 를 fx보다 높은 쪽에서 근접시켜 f-fx가 fs와 제로 비트(Zero Bit)가 되는 f 를 f_2라고 하면

$$f_2 - f_x = f_s \quad ---------------(1\text{-}105)$$

이므로, 식 (1-104) 및 식 (1-105)에서 다음과 같이 구해진다.

$$f_x = \frac{f_1 + f_2}{2}$$

c. 주파수 카운터(Frequency Counter)

그림 1-70은 주파수 카운터의 원리를 나타낸 것이다. 주파수 카운터는 측정하려고 하는 주파수의 전원에 연결하는 것만으로, 주파수가 숫자로 표시되어지므로 매우 편리하다..

미지의 주파수 정압 f_x는 AL로 증폭되어 일정해진다. AL의 출력은 F에 들어가 펄스 전압으로 정형되어 게이트 G로 들어간다. 수정 발진기 O의 출력은 혼합(Mixer)되고 정형되어 셋트 회로 S로 들어간다. S의 출력은 게이트 G를 1초만 열므로 f_x는 G를 통과하여 10진 6자리의 카운터로 들어가 주파수를 계산한다. 게이트가 닫힌 뒤는 계산된 값이 래치회로에 의해 그대로 유지되어 10진수로 변환해서 표시한다. 이 동안에 커운터는 리셋트 회로로부터의 신호에 의해 0으로 돌아가 다시 주파수를 계산한다. 계산이 끝나면 래치 회로로 신호가 들어가 새로 계산된 결과를 가지고 표시한다. 이런 작동을 반복하므로 f_x가 변하면 자동적으로 표시도 변하게 된다.

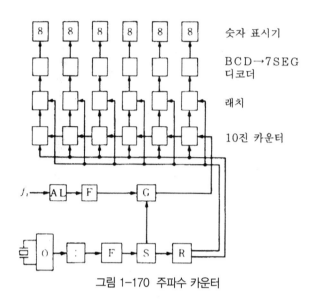

그림 1-170 주파수 카운터

7) 오실로스코프(Osilloscope)

오실로스코프는 전압이나 전류의 파형을 관측하는 장치로서, 기능면에서 다음의
2가지로 분류된다.
① 강제 동기 방식
② 트리거 동기 방식 (싱크로스코프)

강제 동기 방식의 것은 정현파 또는 펄스 등의
한개의 파(반사이클)보다 긴 범위의 관측은
가능하지만, 펄스의 올라감, 또는 내려가는 부분
등을 상세히 조사할 때에는 사용할 수 없다.
이와 같은 경우에는 트리거 방식을 사용하면
그림 1-71과 같이 펄스의 올라간 부분(내려간
부분도 가능)등의 한개의 사이클 속의 일부분을
크게 확대(시가축 방향으로)하여 자세히 관찰할
수 있다. 또, 트리거 방식에서는 관측 기간을
길게하면 강제 동기 방식과 마찬가지로, 많은
파형을 스코프상에 표시할 수 있다.

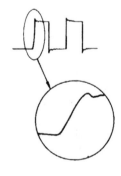

그림 1-71 파형의 일부분의 확대

A. 강제 동기형 오실로스코프

강제 동기 방식의 오실로스코프에서는 수직 편광판에 관측하려는 전압이 적당한 크기로 중복되어 가해지고, 수평 평향판에 관측하여는 전압파형에 동기(1사이클, 2사이클....로 동기)된 톱니파형(Sawtooth WaVE Form)의 전압이 가해지므로, 형광면에는 횡축을 시간축으로 한 전압파형이 그려진다.

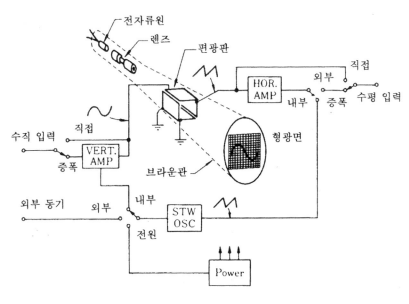

그림 1-72 오실로스코프

B. 트리거 동기형 오실로스코프(싱크로스코프)

싱크로스코프(Synchroscope)에서는 입력 전압이 증폭된 후, 일부가 동기펄스 발생회로 SYN으로 보내진다. 동기 펄스 발생회로에서는 입력 전압이 0에서 양(+), 또는 음(−)의 일정한 값에 달한 시점에서 동기 펄스(Trigger Pulse)를 발생시킨다. 이 크리거 펄스는 게이트 회로로 들어가고, 트리거 펄스가 들어온 뒤 일정한 시간(임의로 선택할 수 있음)에만 양이 되는 게이트 펄스를 발생시킨다. 소인 회로 Sweep OSC에서는 게이트 펄스의 폭과 같은 톱니파를 발생하여, 브라운관의 수평 편광판에 공급한다.

한편, 입력 증폭기 AMP에서 나온 전압은 지연 회로 Delay로 들어가 일정한 지체시간을 두고 수직 편향판에 공급된다. 지연회로에서는 트리거 펄스, 게이트 펄스 등을 발생시키기 위한 지체 시간 만큼 수직 편향 전압(VErtical Deflection Voltage)에 지체를 주어 스코프 상에서 알맞게 파형이 그려지게 된다.

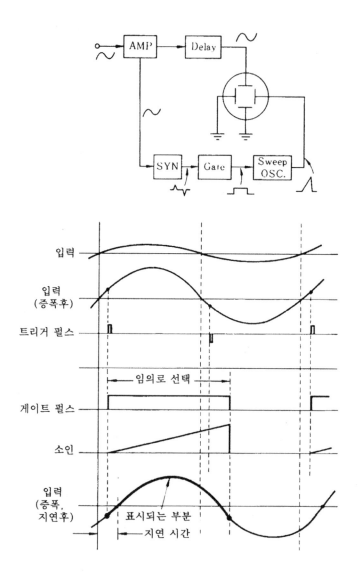

그림 1-73 싱크로스코프

제2장 항공기 전기 장비

2-1. 전원

1) 직류 전원의 구성

그림 2-1은 소형 단발 항공기의 직류 전원 계통이다. 엔진이 회전하고 있을 때는 구동되고 있는 발전기(GEN 또는 ALT)에서 메인 버스(Main Bus)로 직류 전력이 공급되고, 메인 버스에서 각종 부하로 분기된 회로에 의해 직류 전력이 공급된다. 메인 버스에는 밧데리 콘택터(BC:Battery Contactor)를 통해 밧데리가 연결되어 충전된다. 발전기가 고장난 경우나 항공기가 지상에 있어서 엔진이 정지되어 있을 때는 밧데리로부터 전력이 공급된다. 이와 같이 보통은 필요한 전력이 발전기에서 공급되고 동시에 밧데리는 충전이 되도록 되어 있고, 특별한 경우에만 밧데리에서 공급되도록 한 방식을 부동 밧데리(Floating Battery) 방식이라고 한다. 발전기의 출력 전압은 자동 전압 조절기에서 적당한 전압으로 조절되며, 그림(a)의 직류 발전기를 이용한 방식에서는 발전기의 고장 또는 엔진이 정지했을 때, 발전기의 출력 전압이 감소하거나 없어지면 밧데리에서 발전기로 전류가 역류되므로, 이것을

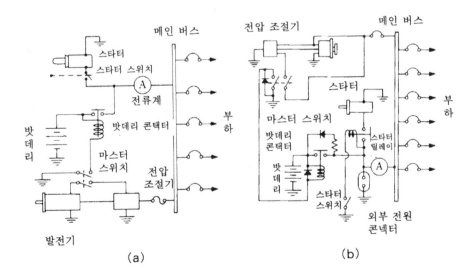

그림 2-1 직류 전원 계통(단발 항공기)

방지하기 위한 자동 전압 조절기(AVR, Automatic Voltage Regulator)에는
역전류 릴레이(ReVErse Current Relay)가 설치되어 있다. 그림(b)는 교류 발전기로
발전하여 정류기에서 직류로 바뀌고, 메인 버스로 직류를 공급하는 방식으로
정류기에서 역류가 방지되므로 역전류 릴레이가 필요없게 된다.

직류 전원을 구성하는 각각의 방식에 대해서는 다음 장에 설명하고, 대형항공기의
직류 전원에 대해서는 2-1의 5)를 참조하기 바란다.

2) 밧데리

전등, 전동기 등에 전류를 흘려 전지의 내부 물질이 변화된 것을 다른 전원으로
부터 전류를 흘려 다시 원래의 물질로 되돌아오도록 전류를 얻어 충전할 수 있는
전지를 2차 전지(Secondary Cells) 또는 밧데리(Battery)라고 부른다. 이에 대해
건전지와 같이 전류를 부하로 흘려서 내부 물질이 변화되어 버리면 원래의 상태로
돌아올 수 없는 전지를 1차전지(Primary Celly)라고 한다.

항공기용 전지에는 밧데리가 사용된다. 밧데리에는 몇가지 종류가 있으며 항공기에
사용되고 있는 것은 황산납 밧데리 또는 니켈-카드뮴 밧데리이다.

A. 황산납 밧데리(Lead-Acid Battery)

황산납 밧데리의 양극은 과산화납(PbO_2), 음극은 납(Pb)이고 전해액은
황산(H_2SO_4)이다. 양극판 및 음극판은 그림 2-2(a)와 같이 두개의 극판이 접촉되지
않게 격리판으로 격리되어 셀(Cell)안에 들어가 있다. 셀(Cell)에는 전해액이 비중
측정, 액면 조절등의 내부 점검을 위해 캡(Cap)이 있다. 이 캡은 충전시에 발생하는

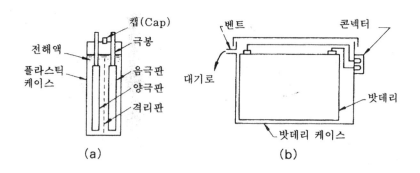

Fig.1-22 일정한 두께와 테이퍼된 코어 허니콤 단면

개스를 방출하고 전해액은 흐르지 않게 한다. 이 캡은 개스 방출 캡(Non Spill VEnt Cap)이라 한다.

황산납 밧데리의 단자 전압은 1개의 셀에서 약 2.0V이며 12V를 얻기 위해서는 6개를 직렬로 연결해야 한다. 그러나 황산납 밧데리의 경우는 필요한 갯수를 1개로 하여 만든 셀을 사용해서 구성한다.

황산납 밧데리를 항공기에 장착할 경우는 그림 2-2(b)와 같이 밧데리 케이스에 넣어 장착한다. 밧데리 케이스에는 충전시에 발생하는 캐스를 항공기 외부로 방출하는 벤트(VEnt), 밧데리 또는 밧데리에 연결된 굵은 전선을 쉽게 장탈할 수 있는 콘넥터(Quick Disconnect Device)등이 장착되어 있다.

황산납 밧데리의 내부에는 충전, 방전시에

방전

Pb + 2H₂SO₄ + PbO₂ ⇄ PbSO₄+2H₂O + PbSO₄
음극　　　　　　　　양극 충전 음극　　　　양극

충전이 진행되면 전해액의 비중은 커지며 비중을 측정하려면 밧데리가 어떤 충전 상태에 있는지를 알아야 한다. 보통 충전이 완료되었을 때의 비중을 측정하여 비중을 조절한다. 또 전해액의 비중은 온도에 의해 변화되므로 비중 측정을 할 때는 온도를 알아야 한다.

표 2-1, 2-2는 황산 비중의 온도 보정표 및 황산 제조시의 제조표이다. 황산납 밧데리를 어떤 전압 이하로 방출시키면 그 뒤로는 급격히 전압이 떨어져서 밧데리에 악영향을 미치는 것은 물론이고, 그 뒤에 얻어지는 전력량은 적다. 이런 나쁜 결과를 막기 위한 방출 한계 전압을 방전 중지 전압이라고 부른다.

어떤 밧데리를 완전히 충전한 뒤, 방전 중지 전압에 도달하기까지 공급되는 전류의 크기와 시간과의 곱을 암페어 용량이라고 한다. 예를 들어, 어떤 밧데리를 완전히 충전해서 5A인 전류를 10시간 공급하여 방전 중지 전압에 도달했다고 한다면 그 밧데리의 사용 용량은 다음과 같다.

5A × 10H = 50AH

즉, 50AH(Ampere Hour)가 된다.

암페어 용량은 같은 밧데리라도 흐르는 전류의 크기에 따라 변한다. 위의 예에서 5A인 전류를 10시간 공급할 수 있었으나, 이 밧데리로 50A를 1시간 공급할 수는

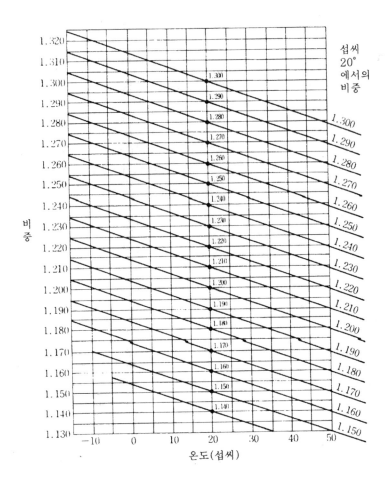

표 2-1 황산의 온도와 비중

없다. 일반적으로 방전 전류가 커지면 암페어 용량은 작아진다. 그림 2-3은 방전 전류와 암페어 용량과 관계를 나타내었다. 이와 같이 밧데리의 암페어 용량은 방전 전류에 의해 변하므로, 1시간, 5시간, 10시간 등으롤 방전 중지 전압에서 측정하여 암페어 용량을 정하고 그것을 1시간률, 5시간률, 10시간률의 암페어 용량이라고 한다.

또 암페어 용량은 온도에 의해서도 달라진다. 그림 2-3은 그 예이다.

밧데리라도 충전, 방전을 계속 반복하면 암페어 용량이 떨어져서 더이상 사용할 수 없게 된다. 황산납 밧데리의 수명을 단축하는 주요 원인은 다음과 같다.

① 과방전에 의해 극판에 과도한 황산납을 발생시킨다.

② 충전 전류가 과대, 또는 과충전에 의해 극판의 극물질을 탈락시킨다.

S ····· 소요되는 비중(이때, 15℃액의 4℃의 물에 대한 비율)

g ···· 100g의 산액중에 있는 황산(H_2SO_4) 의 양(g)

U ···· 소요되는 비중을 얻기 위해서는 15℃의 물 1t에 더해야 함

　　　　S = 1.84(95%)의 진한 황산의 용적(c.c)

V ···· 　혼합의 결과 생긴 희석된 황산의 용적(c.c)

d_v ···· 혼합시에 감소된 용적(c.c)

S	g (%)	U (cc)	V (cc)	d_v (cc)
1.01	1.5	9	1.006	3
1.02	3.0	18	1.012	6
1.03	4.5	27	1.018	9
1.04	6.0	36	1.025	11
1.05	7.5	46	1.032	14
1.06	0.0	55	1.039	16
1.07	11.5	65	1.046	19
1.08	12.5	75	1.053	22
1.09	13.0	86	1.061	25
1.00	14.5	96	1.069	27
1.11	16.0	107	1.077	30
1.12	17.0	118	1.086	32
1.13	18.5	129	1.095	34
1.14	19.5	141	1.104	37
1.15	21.0	153	1.113	40
1.16	22.5	165	1.123	42
1.17	23.5	177	1.133	44
1.18	25.0	190	1.143	47
1.19	26.0	203	1.154	49
1.20	27.5	217	1.165	52
1.21	28.5	231	1.177	54
1.22	30.0	245	1.189	56
1.23	31.0	260	1.201	59
1.24	32.0	275	1.214	61
1.25	33.5	291	1.228	63
1.26	34.5	307	1.242	65
1.27	36.0	324	1.257	67
1.28	37.0	342	1.272	70
1.29	38.0	360	1.287	73
1.30	39.0	378	1.303	75
1.31	40.5	397	1.320	77
1.32	41.5	417	1.338	79
1.33	42.5	437	1.356	81
1.34	44.0	458	1.375	83
1.35	45.0	480	1.394	86

표 2-2 황산 조제표

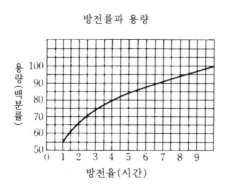

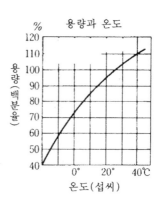

그림 2-3 황산납 밧데리의 특성 (1)

따라서, 황산납 밧데리 사용시에는 다음 사항에 유의하여야 한다.
① 과방전을 피한다. 만약, 과방전의 상태가 되면 즉시 충전한다.
② 충전 전류는 정해진 값 이상으로 하지 않는다.
③ 전해액의 액면을 적절히 유지한다.
 특히 액면이 낮고 극판이 노출되어 있으면 극물질 탈락의 원인이 된다.
④ 전해액의 비중을 정해진 값으로 유지한다.
 비중이 작아지면 암페어 용량이 떨어지고, 또 동절기에 전해액이 결빙
 된다.(그림 2-4)
⑤ 사용하지 않을 때도 자기 방전을 하므로, 1개월에 1번 정도 충전을 한다.

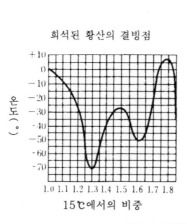

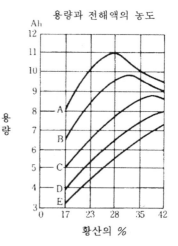

그림 2-4 황산납 밧데리의 특성 (2)

밧데리의 충전에는 다음과 같이 2가지 방법이 있다.
① 정전압 충전(Constant-voltage Charge)
② 정전류 충전(Constant-current Charge)

어떤 방법도 좋으며 다음과 같은 특징이 있다.
① 정전압 충전(Constant-voltage Charge)
　충전을 시작한 초기에는 비교적 큰 전류가 흐르지만, 충전이 진행되고 밧데리의
전압이 상승하면 충전 전류가 작아지므로 과충전의 염려가 줄어들어 감시하기 쉽다.
그러나 충전 전류가 변하기 때문에, 암페어 용량의 추정은 어렵다.

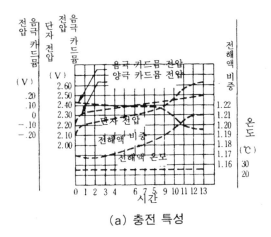

(a) 충전 특성

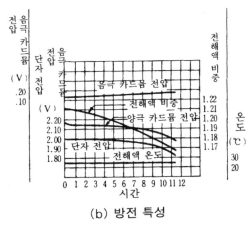

(b) 방전 특성

그림 2-5 황산납 밧데리의 충방전 특성

② 정전류 충전(Constant-Current Charge)

충전이 완료되어도 비교적 큰 전류가 흐르므로 과충전의 우려가 있어 감시에 주의가 필요하다. 그러나 충전 전류가 일정하기 때문에 암페어 용량을 추정할 수 있다.

어떤 방법으로 충전하는 경우라도 충전이 완료되었을 때는 충전 전류를 흐르게 한 상태에서 단자 전압은 셀 1개당 2.6V 정도가 되므로, 충전 완료를 알 수 있게 된다. 그림 2-5는 황산납 밧데리의 충전, 방전시의 단자 전압 변화를 나타낸 것이다.

B. Ni-Cd 알칼리 밧데리

Ni-Cd 알칼리 밧데리에서는 양극판 작용 물질에 Ni, 음극판 작용 물질에 Cd, 전해액에 KOH(수산화 칼륨) 수용액이 사용되며 충전, 방전을 할 때 밧데리 내부에서는 다음과 같은 화학 변화를 한다.

$$2NiOOH + Cd + 2H_2O \rightleftarrows 2Ni(OH)_2 + Cd(OH)_2$$

이 경우의 전해액은 약간의 수분으로 변하므로 전해액의 비중은 거의 변하지 않는다.

Ni-Cd 밧데리의 단자 전압은 1개이 셀에서 약 1.25V이고, 필요한 개수를 직렬로 연결하여 필요한 전압을 얻는다. Ni-Cd 밧데리엣는 밧데리 케이스내에 필요한 갯수만큼 단일 셀(Cell)을 직렬로 연결하여 항공기에 장착하고 있다.

다음은 Ni-Cd 밧데리를 사용할 때 주의해야 할 점 및 황산납 밧데리와의 다른 점을 비교한 것이다.

① 비중계, 공구, 충전실은 황산납 밧데리와 분리 사용한다.

② Ni-Cd 밧데리의 전해액 비중은 충방전에서는 거의 변하지 않으므로 어떤 시점에서 측정해도 좋다.

③ 충방전을 반복하면 전해액의 수분이 전기 분해되어 전해액의 비중이 커지므로 액면이 낮아진다. 이때, 밧데리는 충전이 완료되고 난 3~4시간 뒤에 한다.

④ 셀(Cell)의 일부가 완전히 방전되어 있는 경우에는 일단 모든 셀을 완전히 방전한 뒤에 다시 충전한다. 이것을 균일화(Equalization)라고 부른다.

⑤ 충전 중의 단자 전압 변화 및 방전 중의 단자 전압 변화가 적으므로 단자 전압으로 충전 상태 또는 방전 상태를 알기는 어렵다. (그림 2-6)

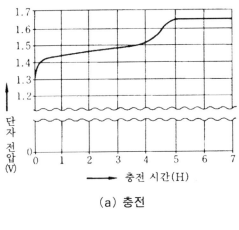

(a) 충전

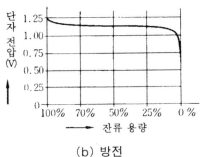

(b) 방전

그림 2-6 Ni-Cd 밧데리의 충방전 특성

⑥ Ni-Cd 밧데리는 오래 되어도 암페어 용량은 거의 변하지 않는다. 단지 부동
　밧데리(floating Battery) 방식의 직류 전원에 사용되는 경우에는 항상 충전
　완료 상태에 있어서 그런 상태가 오래 계속되면 암페어 용량이 감소되기는
　하지만, 일시적인 것이며 완전 방전, 완전 충전을 1~수회 반복하면 용량은
　원래대로 돌아온다. 이 조작을 딥 사이클링(Deep Cycling)이라고 부른다.
　부동 밧데리(floating Battery) 방식의 전원으로 사용되는 경우에는 Ni-Cd
　밧데리는 정기적인 딥 사이클링을 할 필요가 있다.
⑦ Ni-Cd 밧데리의 충전은 용량의 약 140%가 필요하다. 예를 들어 5시간 방전률로
　40AH인 Ni-Cd 밧데리는 방전시에는 8A로 5시간 전류를 공급할 수 있으나,
　충전하는 경우에는 8A로 5시간×1.4=7시간의 충전이 필요하다.

⑧ Ni-Cd 밧데리는 방전, 충전의 어떤 상태에 방치되어도 전지의 수명에는 거의 영향이 없다. 또, 수명도 황산납 밧데리보다 월등히 길다. 그러나 값이 매우 비싸다.

3) 직류 발전기

직류 전력을 기계 동력에서 얻는 방법에는 직류 발전기를 작동시켜 직접 직류 전력을 얻는 방법과 교류 발전기를 작동시켜 교류 전력을 얻고, 그것을 정류기에 의해 직류로 바꾸는 방법이 있다.

여기서는 직류 발전기에 대해 설명한다. 교류 발전기에 대해서는 [2-1, 6]에서 설명하기로 한다.

그림 2-7은 직류 발전기의 원리이다. 영구 자석 NS로 만들어진 자기장 속에 코일 abcd를 회전시키면 코일의 양단에는 그림(b)의 실선과 같은 전압이 발생한다. 여기서 코일의 양단을 반 원통형의 도체에 연결하고 그 반 원통형 도체에 다른 도체 A, B와의 접촉이 전환되게 하면 AB간에는 그림(b)의 점선과 같은 전압이 얻어진다. 여기서 설명한 반 원통상 도체를 이용한 것을 정류자(Commutator)라고 부른다. AB를 브러쉬(Brush)라고 하며 자속과 교쇄되어 발전하는 부분(코일의 부분)을 발전자 또는 전기자(Armature)라고 한다.

또 정류자, 발전자 및 회전축을 포함한 회전부분 전체를 회전자(Rotor)라고한다. 또한 전기자에 자기장을 만드는 자석을 계자(Field)라고 부른다.

실제로 사용되는 직류 발전기는 그림 2-8과 그림 2-9에서와 같다.

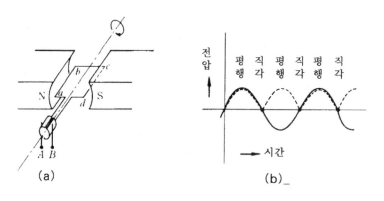

그림 2-7 전류 전압의 발생(직류 발전기의 원리)

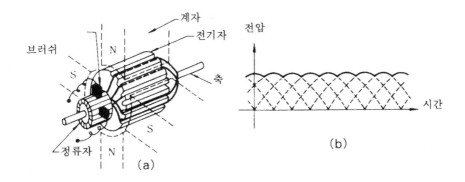

그림 2-8 직류 발전기(회전자)

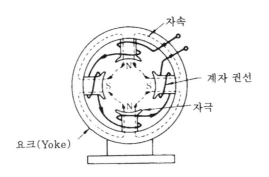

그림 2-9 직류 발전기(계자)

① 전기자(Armature)의 권선은 적층 철심에 감겨 있고 자기장 내에 놓았을 경우, 보다 많은 자력선을 통해 보다 큰 전압을 얻을 수 있도록 제작한다.

② 전기자의 권선은 전기 철심의 많은 홈에 많은 코일이 들어있어 발전 전압은 그림 2-8(b)와 같이 거의 크기가 변지 않는 직류 전압이 된다.

③ 계자는 연철에 권선이 감겨 있어 스스로 발생한 직류 전압 또는 외부로부터의 직류 전원에서 전류가 들어와 전자석이 된다. 여기서 사용된 권선을 계자 권선(Field Coil)이라고 부른다.

이와 같이 계자를 전자석으로 하는 이유는 계자 권선에 흐르는 전류를 바꾸어 발전 전압을 조절하기 위한 것과 큰 영구 자석을 사용하지 않기 위해서이다.

④ 브러쉬는 카본(Metal Carbon)이 사용되어 정류자와 접촉을 원활히 하고 있다.

그림 2-10은 직류 발전기의 연결을 나타낸 것이다. 이와 같이 계자 권선이 부하와 병렬로 연결되어 사용하도록 되어 있는 것을 분권 발전기(Shunt Generator)라고 부른다. 회전자가 외부로부터의 기계 동력에 의해 회전하면, 단철 및 자극에 약간의 잔류 자기에 의해 발전자에 전압이 발생하고 이에 의해 계자 권선에 전류가 흘러 계자의 자속이 증가하므로, 발전 전압이 상승한다. 그러나 계자 철심 및 발전자 철심이 자기적으로 포화에 가까워지면 전압 상습이 멈추고 일정한 전압으로 발전하게 된다.

여기서 계자 권선에 직렬로 연결된 저항(계자 저항 : Field Resister)을 조절하여 계자 권선의 전류를 바꾸면 발전 전압도 바꿀 수 있다.

그림 2-10(c)는 계자 저항기의 저항값 R과 발전 전압과의 관계를 나타낸 것이다. 곡선 abc는 회전자의 회전 속도를 일정하게 하고, 계자 권선의 전류 I_f (계자 전류)를 바꾼 경우의 발전 전압 E와 I_f 와의 관계이다. 직선 I_1, I_2, I_3은 계자 권선의 저항 r_f와 R을 직렬로 한 전압과 전류의 관계이고 R이 클 경우에는 I_1, R이 작을 때는 I_3이다. 직선 I_1, I_2, I_3와 곡선 abc와의 교점이 각기 R의 값에 대응되는 발전 전압이다.

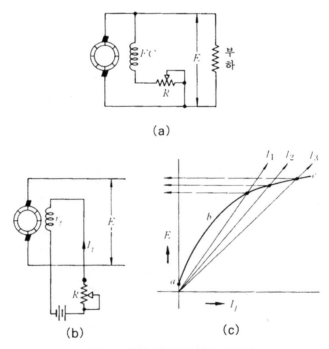

그림 2-10 직류 발전기의 발전 전압 (1)

또, 회전자의 회전 속도가 변한 경우, 발전 전압과 계자 저항과의 관계를 나타낸 것이 그림 2-11이다. 곡선 a b c는 회전 속도가 2,000rpm인 경우의 I_f 와 E와의 관계를 그린 것이고, a′, b′, c′는 3,000rpm인 경우이다. 이 때, 발전 전압을 일정(그림에서는 28V)하게 하려면, 계자 권선의 회로 전체 저항(r_f +R)을 직선 t로 정해지는 값에서 직선 t′로 정해지는 값으로 바꾸면 된다.

실제로 사용되는 직류 발전기의 전압 조절은 다음에서 설명하겠지만, 전압 조절기(Voltage Regulator)에 의해 자동적으로 이루어지며 회전자의 회전 속도가 변해도(자동 조절 가능한 범위 내에서) 발전 전압은 거의 일정하게 유지된다.

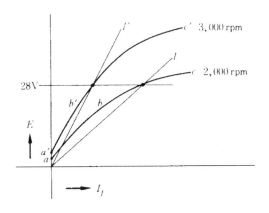

그림 2-11 직류 발전기의 발전 전압 (2)

4) 전압 조절기

앞에서 설명했듯이, 분권 발전기(Shunt Generator)에서는 계자 권선 회로의 저항을 바꿈으로서 발전 전압을 바꿀 수 있다. 그림 2-12는 릴레이를 이용한 전압 조절기의 예이다. 이 예는 3유니트 조절기 (3-Unit Regulator)라고 부르며 자동 전압 조절, 자동 전류 조절 및 역전류 방지의 기능을 한다.

A. 전압 조절 릴레이(RY1)의 작동

RY1의 전압 코일 W_1에는 RY2의 코일 및 RY3의 전류 코일 W_1을 통해 발전 전압이 걸려 있다. 발전 전압이 낮으면 RY1의 접점 C_1이 닫히므로 계자 전류는 RY1 W_2 →C_2

→C_1 를 통해 흐르지만, 전압이 상승하면 RY1 C_1 이 열려 계자 전류는 R_1을 통하게 되므로 감소하여 발전 전압이 낮아진다. RY1 C_1이 열리면 W_1만이 되므로, 발전 전압이 더 낮아질 경우에 RY1 C_1 은 닫히기 쉬운 상태가 된다.

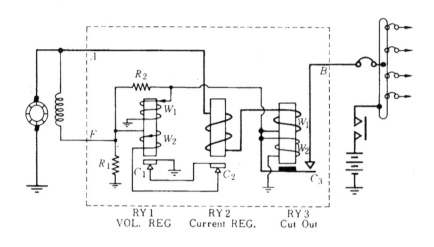

그림 2-12 자동 전압 조절기 (1)

B. 전류 조절 릴레이(RY2)의 작동

밧데리의 전압이 낮을 경우에는 발전 전압이 정상이더라도 과대한 전류가 흐르므로, RY1 C_2가 열리고 계자 회로에 R_1이 들어와 계자 전류가 작아져서 발전 전압이 낮아진다.

C. 역전류 발지 릴레이(RY3)의 작동

RY3는 엔진이 정지해서 발전 전압이 없어진 경우나 엔진의 회전 속도가 떨어져서 발전 전압이 밧데리 전압보다 낮아진 경우, 또는 발전기의 고장으로 발전 전압이 떨어진 경우에 밧데리에서 발전기로 전류가 역류되는 것을 방지하는 것이다.

발전 전압이 상승하여 밧데리에서 역류되지 않는 상태가 되면 RY3 C_3는 닫혀 발전기에서 메인 버스(Main Bus)로 전력을 공급한다. 발전 전압이 떨어져서 밧데리에서 역류되는 상태가 되면 RY3 C_3가 열려 역류를 방지한다. 어떤 원인으로 RY3 C_3을 여는 전압에 이상이 생기면 RY3 C_3이 열려 역류가 방지된다.

다음에 카본 파일 전압 조절기(Carbon Pile Vol. Reg.)의 예를 그림 2-13에
나타냈다. 카본 파일은 카본의 얇은 판을 여러장 겹친 것으로, 양단 사이의 전기
저항은 겹쳐진 얇은 카본 판에 걸리는 힘에 의해 변화된다. 양단에 걸린 압축력이
크면 저항이 감소하고, 작으면 저항은 증가한다.

계자 권선(Field Winding)에는 카본 파일을 통해 발전 전압이 걸려 있다.

카본 파일에는 판 용수철에 의해 미리 압력이 걸려 있으나, 발전 전압이 상승하면
전압 조절 코일의 전류가 커져 판스프링에 의해 가해진 압력을 경감하여, 카본 파일의
저항이 증가되고 계자 전류가 감소하여 발전 전압의 상승이 멈추어 일정한 전압이
된다. R을 조절함으로서 발전 전압을 조절할 수 있다.

이상에서 설명한 전압 조절기 외에 트랜지스터를 응용한 전압 조절기가
사용되는데, 이것에 대해서는 [2-16]에서 다시 설명한다.

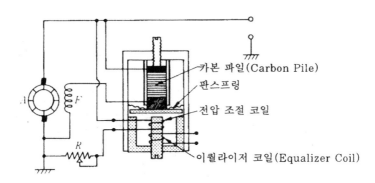

그림 2-13 자동 전압 조절기 (2)

5) 교류 전원의 구성

그림 2-14는 대형 항공기의 교류 및 직류 전원의 구성을 나타낸다.

3대의 주 교류 발전기 ALT 1~3은 엔진으로부터의 기계 동력 및 정속 구동
장치(Constant Speed DriVE)에 의해 일정한 회전 속도로 회전되고 일정 주파수,
일정 전압의 교류 발전력을 발생시키고 있다.

또, 보조 교류 발전기(ALT APU)는 항공기의 보조 동력 장치(APU : Auxiliary
Power Unit)에서 구동되어 일정 주파수, 일정 전압의 교류 전력을 발생시킨다.

보조 교류 발전기는 항공기가 지상에 있어 엔진이 정지했을 경우나, 또는 비행중

3대의 주 교류 발전기가 모두 고장난 경우에 필요한 전력을 공급한다. 또 항공기가 지상에 있을 때는 GPU에서 교류 전력(EXT)을 공급받을 수도 있다.

주 교류 발전기가 고장났을 때, 예를 들어 ALT1이 고장난 경우, 여기에 연결된 부하로의 전력은 교류 연결 버스(AC Tie Bus)를 통해 다른 발전기로부터 공급된다.

직류 전력은 변압 정류 장치(TR : Transformer Rectifier)에 의해 교류 전력으로부터 얻는다. 직류 전력의 경우도 교류 전력의 경우와 마찬가지로 직류 연결 버스(DC Tie Bus)에 의해, 고장난 직류 버스로 다른 계통에서 전류 전력을 공급해 줄 수 있다.

또, 모든 교류 발전기가 고장난 경우에는 밧데리에서 직류 전력 및 교류 전력[인버터(InVErter)에 의해 교류롤 변환]을 공급한다.

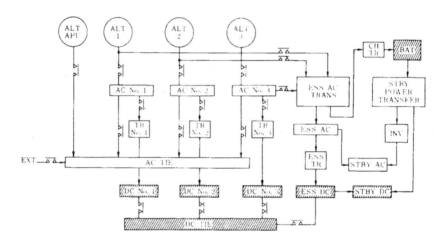

그림 2-14 전원 계통(대형 항공기)

6) 교류 발전기

교류 발전기에는 그림 2-15와 같이 2가지 형태가 있다.
① 영구 자석 또는 전자석에 의해 만들어진 자기장 속에서 적층 철심에 권선을 감은 전기자를 회전시켜, 슬립 링(Slip Ring)에서 교류 전력의 출력을 내는 회전 전기자형(Revolving Armature Type)
② 영구 자석 또는 전자석을 적층 철심에 권선을 감은 전기자 속에서 회전 시켜,

전기자의 권선에 발생한 교류 전력을 추출해 내는 회전 계자형(Revolving Field)

위와 같이 2가지 방식이 있으나, 실용화된 것은 대부분 회전 계자형이다.

그림 2-15는 단상 교류 발전기인데, 항공기의 전원용으로 사용되는 교류 발전기는 3상 교류 발전기이다. 그림 2-16은 회전 계자형 3상 교류 발전기의 구조이다. 회전 계자는 철심에 권선이 감겨 있고, 슬립 링을 통해 외부의 직류 전원에 의해 여자되어진다.

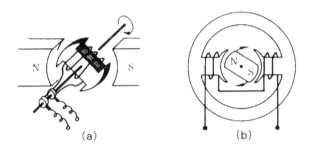

(a)   (b)

그림 2-15 단상 교류 발전기

자화된 회전 계자가 외부에서의 기계 동력에 의해 회전되면 전기자에 감긴 3개의 코일에는 서로 120° 위상이 차이나는 단상 교류 전압이 발생한다. 전기자에 감긴 3개의 코일을 그림 2-17과 같이 연결시켜 3상 교류 전원으로 하고 있다. 그림 2-17(a)와 같은 연결은 Y결선 또는 성형 결선(Wye Connection, Star Connection), (b)와 같은 연결을 Δ(델타) 결선 또는 삼각 결선(Delta Connection)이라고 부른다.

회전 계자형 교류 발전기에서는 회전자의 회전 속도를 매분 N회전, 회전 계자의 극수를 P, 발생하는 교류 압의 주파수를 f Hz라고 하면 다음과 같다.

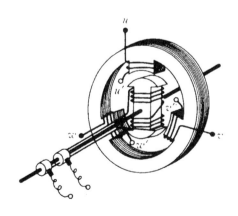

그림 2-16 3상 교류 발전기

$$f = \frac{NP}{120} \quad ------(2-1)$$

  그림 2-16의 예에서는 P=2이므로, 회전자가 매분 3,000 회전을 하는 빠르기로
회전될 때 다음과 같다.

$$f = \frac{3,000 \times 2}{120} = 50[\text{Hz}]$$

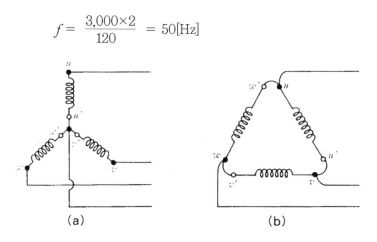

(a)   (b)

그림 2-17 3상 교류 발전기의 접속

  3상 교류 발전기에서는 발생한 3상 교류 전압을 그대로 3상 교류 전압으로
사용하는 것 이외에 그림 2-18에서와 같이 정류기를 사용해서 직류로 바꾸어,
직류 전력으로 해서 직류 발전기 대신에 사용되는 경우가 많다. 이와 같이 3상 교류
발전기와 정류기를 합쳐서 직류 발전기로 사용하는 경우에는 아래와 같은 장점이
있다.
  ① 대전류를 흐르게 하는 정류자가 필요 없다.
  ② 직류 발전기보다 가볍게 만들 수 있다.

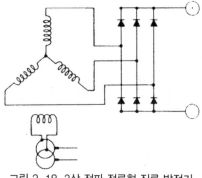

그림 2-18 3상 전파 정류형 직류 발전기

③ 역류 방지 릴레이가 필요없다.
④ 직류 발전기보다 신뢰성이 높다.
⑤ 장비 및 수리가 쉽다.

교류 발전기의 경우에도 발전 전압을 일정하게 유지하기 위해 전압을 조절할 필요가
있다. 교류 발전기에서는 회전 계자의 여자 전류를 조절하여 발전 전압을 조절한다.
그림 2-19는 3상 교류 발전기의 자동 전압 조절기의 예이다.

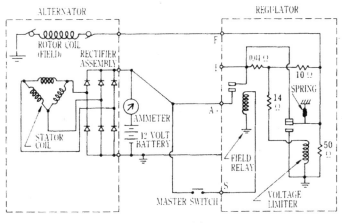

그림 2-19 (a)

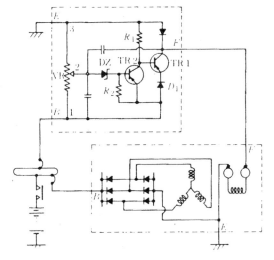

그림 2-19 (b) 3상 전파 정류형 직류 발전기의 자동 전압 조절

직류 버스의 전압이 낮을 경우는 포텐시오미터 VR의 1-2사이의 전압에서는 정전압 다이오드 DZ는 도통 상태가 되지 않으므로, 트랜지스터 TR1은 R_1에 의해 수방향 바이어스되어 도통 상태로 된 후, 회전 계자는 여자되고 발전 전압은 상승한다. 직류 버스 전압이 높으면 DZ는 도통 상태가 되므로, 트랜지스터 TR_2는 도통 상태가 되고, 콜렉터 전압이 상승하여 TR_1은 비작동으로 발전 전압이 낮아진다. VR을 조절함으로서, 적정한 발전 전압을 얻을 수 있다.

다음은 대형 항공기에 사용되고 있는 3상 교류 발전기를 그림 2-20에 나타냈다. 이 발전기는 브러쉬는 전혀 사용하지 않으므로 신뢰도가 높은 발전기다. 브러쉬를 전혀 사용하지 않아 브러쉬리스 제너레이터(Brushless Generator)라고 한다.

회전자는 정속 구동 장치(CSD)에 의해 일정한 회전 속도로 회전하고 있다. 발전 및 전압 조절은 다음과 같이 한다.

ⓐ 회전 계자(영구 자석)형 단상 교류 발전기 ①에 의해, 고정자 권선에 단상 교류가 발생한다.

ⓑ 이 단상 교류 전압은 정류기(REC)로 들어가 직류가 된다.

ⓒ 이 직류 전압에 의해 회전 전기자형 3상 교류 발전기 ②의 고정 계자가 여자되어 회전 전기자에 3상 교류 전압이 발생한다.

ⓓ 이 3상 교류 전압은 회전자 내에 장착되어 있는 정류기로 3상 전파 정류가 되고 회전 계자형 3상 교류 발전기 ④의 회전 계자를 자화하면, ④의 고정자 권선에 3상 교류 전력이 발생한다.

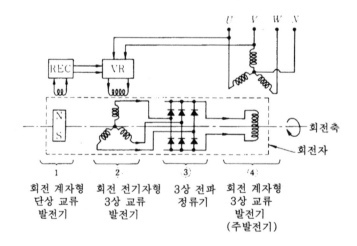

그림 2-20 브러쉬 리스 3상 교류 발전기

ⓔ 주발전기 ④의 발전 전압은 자동 전압 조절기 VR에 들어가 ②의 고정 계자의
자화 전류를 조절해서 ④의 발전 전압이 일정하게 유지된다.

7) 인버터(InVErter)

항공기에는 교류 전원을 필요로 하는 계기와 전자 장비가 탑재되어 있다. 그 때문에
항공기에서 직류 전력만을 발전하는 경우, 또는 교류 발전기가 고장나서 밧데리의
전력을 이용하는 경우에는 직류 전력을 이용하여 교류 전력을 발생시켜야 한다. 이
장치가 인버터(InVErter)이다. 인버터에는 회전식과 정지식이 있다. 그림 2-21(a)는
회전식 인버터의 예이다. 이것은 원리적으로는 직류 전동기로 3상 또는 단상 교류
발전기를 구동시켜 직류 전력을 교류 전력으로 교환하는 것이다.

구동부의 직류 전동기는 가버너 G에 의해 계자 전류를 제어해서 일정한 회전
속도를 유지한다. 발전부는 그 출력의 일부가 추출되어 정류되며 그것에 의해 카본
파일 전압 조절기가 작동해서 일정한 교류 전압이 유지된다.

그림 2-21 (b)는 정지식 인버터의 예이다. 이 예에서는 트랜지스터 발진기로
일정한 주파수(400Hz)로 발전을 하며, 이것을 증폭시켜 최종 단계의 전력 증폭기를
구동함으로서 교류 전력을 얻는다. 전력 손실을 작게 하기 위해 증폭기는 모두 B급
푸쉬풀 증폭기(Push Amplifier)를 사용한다.

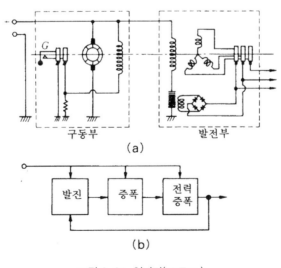

그림 2-21 인버터(InVErter)

8) 변압기(Transformer)

그림 2-22(a)는 적층 철심에 권선을 감은 것이다. 1-2사이의 감은 수를 n_1, 1-3사이의 감은 수를 n_2라고 한다. 1-2사이에 교류 전압 E_1을 공급하면 권선에는 교류 전류가 흐르고 철심에는 교번 자속이 발생한다. 이 때문에 권선에는 전자 유도(Electormagnetic Induction)에 의해 전압이 발생한다. 전류의 크기가 어떤 값 i_0에 달하여 1-2사이에 발생하는 전자 유도에 의해 전압 V_1이 E_1과 같아지면 전류의 증가는 멈추고 밸런스(병렬) 상태가 된다. 이 i_0을 여자 전류라고 부른다. 이것은 그림의 (b)와 같이 포텐시오미터(Portentiometer)의 1-2사이에 전압 E_1을 걸면, 어떤 전류가 흘러 R의 양단에 발생하는 전압 강하 V_1이 거의 E_1과 같아져 밸런스 상태가 되는 것과 비슷하다. 그림(a)에서 1-2사이에 발생하는 전자 유도에 의해 전압 V_1이 E_1과 밸런스인 상태를 생각할 때, V_1은 1-2사이의 감은 회수 n_1에 비례하므로 K를 비례 상수라고 하면,

$$V_1 = Kn_1 ------------------------(2-2)$$

가 된다. 1-3 사이에 발생하는 전압 V_2는 같은 비례 상수를 쓰면

$$V_2 = Kn_2 ------------------------(2-3)$$

이 된다. 따라서, 식(202), (2-3)에서 K를 소거하면

$$\frac{V_2}{V_1} = \frac{n_2}{n_1} ------------------------(2-4)$$

또는

$$V_2 = \frac{n_2 \, V_1}{n_1} ------------------------(2-5)$$

가 되어 V_1과 V_2의 관계를 구할 수 있다.

그림 2-22(a)의 예에서는 n_1과 n_2를 공통 권선으로 했으나 그림 2-23(a)와 같이 N_1과 N_2를 완전히 분리하여 전기적으로 절연한 상태로 하더라도 식(2-5)의 관계는 성립한다. 그림 2-22(a)은 단권 변합기(Auto Transformer)라고 불리운다. 변압기(Tramsformer)라고 할 때는 그림 2-23(a)이 변압기를 말하는 때가 많다.

변압기의 권선II(2차 권선)에 부하를 연결시키면 전류 I_2가 흘러 이 전류에 의해 철심은 $N_2 \times I_2$만큼 여자 상태가 평형 상태($V_1 = E_1$인 상태) 에서 벗어나 권선I(일차

권선)에 발생하는 전자 유도에 의해 전압이 변한다. 일차측의 전압에 평형이 깨져, 일차 권선에

$$N_1 i_1 = N_2 I_2 \ \text{---------------------(2-6)}$$

를 만족하는 1차 부하 전류(2차 권선에 흐르는 부하 전류를 1차측에 환산한 것)가 흘러, I_2에 의한 여자 상태의 변화가 상쇄된다. 따라서 1차 권선에는 여자 전류 i_0와 1차 부하 전류의 합이 다음과 같이 흐른다.

$$I_1 = i_0 + I_1(\text{벡터의 합}) \ \text{---------------(2-7)}$$

E_1, V_1, V_2, i_0, i_1, I_1, I_2의 관계를 그림 2-23(b)에 나타냈다.

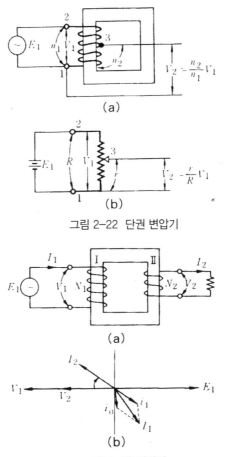

그림 2-22 단권 변압기

그림 2-23 변압기

2-2. 회로 기기

1) 전선

전원 장치로 발생하는 전력은 반드시 전선을 통해 부하에 공급된다. 부하에 전력을 공급하려면 적절한 전선을 사용한다. 전선의 선택에서 고려하여 할것은 다음과 같다.

A. 전압 강하가 일정한 범위 내에 있을 것

발전기 또는 밧데리에서 버스까지 사이의 전압 강하는 발전기에 전체 부하가 걸리는 전류, 또는 밧데리를 3분 간격으로 방전시키는 전류가 흐른 경우에 전원 전압의 2% 이하로 한다. 또 버스에서 각 부하까지의 전압 강하는 표2-3의 값 이하로 한다.

전원 전압	연속해서 사용하는 부하	단시간 사용하는 부하
14V	0.5V	1V
28V	1V	2V
115V	4V	8V
200V	7V	14V

표 2-3 전압 강하 범위

B. 정격 전류

전선에는 소수이기는 하지만 전기 저항이 있으므로 전류가 흐르면 발열한다. 전선의 굵기에 대해 전류가 작으면 발열과 냉각이 균형을 이루어 정해지는 온도 상승은 절연물을 약화시키지 않으나, 전류가 커지면 온도 상승도 커져 절연물을 약화시킨다.

표2-4는 항공기의 기체 배선에 널리 사용되고 있는 전선의 정격 전류를 나타낸 것이다. 같은 굵기의 전류라도 많은 전선을 다발로 한 경우와 한가닥만으로 배선한 경우의 정격 전류는 다르다.

C. 환경

고온일 경우, 기름이 사용되는 장소등 특수한 환경에서 사용되는 전선의 도체와 절연물에 대해서 특히 주의가 필요하다. 이럴 때는 전선 제작사의 전선에 관한 사양(Spec)을 조사해서 사용하는 것이 좋다. 일반적으로 온도에 관해서는 아래와 같이 사용해야 한다.

전선의 굵기	전선이 한가 닥일 때의 허용 전류 (A)	전선관내 배선 또는 많은 전선 을 결속할 때의 허용 전류(A)	20℃에서의 1000피트의 저항 Ω MAX	도체단면적 (Circularmil: 전선의 단위)	1,000 피트의 무게
AN-20	11	7.5	10.25	1,119	5.6
AN-18	16	10	6.44	1,779	8.4
AN-16	22	13	4.76	2,409	10.8
AN-14	32	17	2.99	3,830	17.1
AN-12	41	23	1.88	6,088	25.0
AN-10	55	33	1.10	10,443	42.7
AN-8	73	46	0.70	16,864	69.2
AN-6	101	60	0.436	26,813	102.7
AN-4	135	80	0.274	42,613	162.5
AN-2	181	100	0.179	66,832	247.6
AN-1	211	125	0.146	81,807	
AN-0	245	150	0.114	104,118	382
AN-00	283	175	0.090	133,665	482
AN-000	328	200	0.072	167,332	620
AN-0000	380	225	0.057	211,954	770

표 2-4 항공기용 전선(MIL-W-5086)

a. 도체

주석 도금 동선에서는 사용 중의 온도가 105℃이하, 은 도금 동선에서는 200℃이하여야 한다.

b. 절연물

비닐(PVC) 절연에서는 사용 중의 온도가 105℃이하, 실리콘 고무 또는 TFE 절연에서는 200℃이하이어야 한다.

2) 배선 방법

부하에 전력을 공급하려면 전선의 선택이 중요하다는 것을 설명했는데, 또한 그 전선을 사용하여 적절한 배선(Wiring)을 하는 것도 필요하다.

A. 전선의 연결

전선의 연결 부분은 가능한 한 적게 하고, 연결이 필요한 경우는 진동이 적은 장소를 택한다. 다발로 되어 있는 전선의 일부분 또는 전부를 연결하는 경우는 연결 장소를 달리하여 결속 부분이 두꺼워지지 않도록 한다.

B. 전선의 지지

기계적인 보호기 필요한 경우는 컨디트(Conduct) 또는 덕트(Duct)를 사용하여 보호한다. 그 밖의 장소에서는 내부의 절연물이 붙은 케이블 크램프(그림 2-25)를 사용하여 지지하며 지지점의 사이를 결속시킨다.

케이블 플램프를 지지하는 앵글 브라켓(Angle Bracket) (그림2-24)은 반드시 2개 이상의 볼트 또는 리벳으로 고정한다. 1개로 고정하면 결국은 브라켓(Bracket)이 돌아가서 전선과 기체 금속부를 쇼트(Short)시켜 고장의 원인이 된다.

C. 전선의 분리

점화 케이블 및 회로 차단기, 또는 퓨즈로 보호되어 있지 않은 전선은 분리하여 배선한다. 또 연료, 기름 등의 가연물의 배관이나 기기로부터는 가능한한 멀리 배선한다. 충분한 분리가 불가능할 때는 반드시 배선을 윗쪽으로부터 하고 충분히 고정한다.

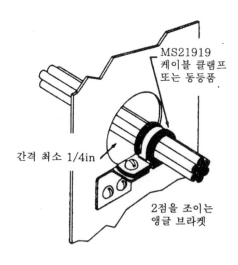

그림 2-24

3) 본딩(Bonding)

본딩(Bonding)이란 2개 이상이 분리된 금속 구조물, 또는 기계적으로는 접합되어 있으나, 전기적인 연결이 불충분한 금속 구조물을 전기적으로 완전히 연결시키는 것이다. 여기서 사용되는 도선을 본드선(Bonding Wire) 또는 본딩 점퍼(Bonding Jamper)라고 한다.

본드선은 가능한 한 짧게하고 전기 저항은 보통 3mΩ 이하로 한다. 다만 조종면(Control Surface)과 같은 가동 부분을 본딩할 때는 가동 부분의 작동을 방해하지 않도록 하고, 또 가동 부분의 작동에 의해 본딩선이 잘라지지 않게 하여야 한다. 본딩을 할 때 주의해야 할 점은 다음과 같다.

A. 본드선의 연결

전기적인 연결을 완전히 하려면 페인트 등을 벗겨낸후 연결하고 연결후에는 방녹 처리를 한다.

[참고] 마스네슘 또는 마그네슘의 함유률이 놓은 합금으로 만들어진 부분에는 본딩을 하지 말 것.

B. 전식에 대한 고려

전식(Electrolytic Corrosion)을 방지하기 위해 본딩을 한 경우에는 재료의 조합에

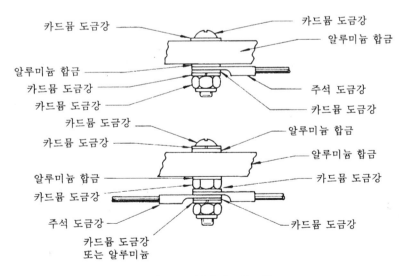

그림 2-25 본딩 재료의 조합

주의할 필요가 있다. 그림 2-25는 자주 사용하는 본딩의 예이다. 본딩에 사용되는 재료에 관해서는 벤더(VEndor)에서 정한 재료를 사용하여야 한다.

C. 전류 용량

본드선은 전기 회로의 공통 선로로 큰 전류가 흐르는 경우가 많다. 이런 경우에는 공통 선로의 전류를 완전히 흐르는 전류 용량이 필요다. 본드선의 단선은 큰 고장의 원인이 되므로 특히 주의해야 한다.

4) 정션 박스(Junction Box)

내화성 재료로 만들어져 변형에 의해 내부가 단락되지 않도록 견고하게 제작된다. 내부의 배치는 터미널, 케이블, 기기 등에 쉽게 접근할 수 있도록 배치되어 있고, 또 내부의 배선을 쉽게 할 수 있으며 앞으로의 증설을 위한 면적도 고려되어 있다.

정션 박스를 기체에 장착할 때는 너트, 와셔 등이 떨어져 전기 회로의 단락사고가 일어나지 않게 구조물의 밑면이나 측면의 경우는 앞으로 경사지게 장착하는 등의 배려가 필요하다.

또, 이슬 등에 의해서 내부에 물이 고이지 않게 드레인 홀(Drain Hole)을 만들 필요가 있다.

5) 스위치 및 릴레이

회 로 전 압	부 하 의 종 류	계 수
DC 24V	백열전등	8
DC 24V	유도성 부하(릴레이 솔렌이드)	4
DC 24V	저항성 부하(히터)	2
DC 24V	모터	3
DC 12V	백열전등	5
DC 12V	유도성 부하(릴레이 솔레노이드)	2
DC 12V	저항성 부하(히터)	1
DC 12V	모터	2

[참고] : 스위치의 용량을 결정하려면 사용되는 회로의 연속 부하 전류에 전압,
부하의 종류에 따라 위의 계수를 곱하면 된다.

표2-5 사용 목적에 따라 스위치 용량에 곱할 계수

기 호	명 칭	작 동 개 요
	단극 단투 (SPST, Single Pole Single Throw)	스위치의 가동 부분에는 2개의 정지 위치 ①, ②가 있고 작동시켜 손을 놓으면 그 위치가 유지된다.
	단극 단투 모멘터리 ON(SPST, Momentary ON)	스위치의 가동 부분은 1개의 정지 위치 ①이 있을 뿐이어서 ②의 위치는 손으로 그 위치를 유지시켜줄 때만 한정된다.
	단극 쌍투 (SPDT)	스위치에는 2개의 정지 위치 ①, ②가 있고 손을 떼면 그 위치가 유지된다.
	단극 쌍투 센터 OFF (SPDT, Center OFF)	3개의 정지 위치는 ①, ②, ③이 있고 손을 떼면 그 위치가 유지된다.
	단극 쌍투 모멘터리 ON(SPDT, Momentaty ON)	정지 위치는 ②뿐이고, 손으로 작동시키는 동안은 ①이나 ③의 위치가 되고 손을 떼면 ②의 위치로 돌아온다.
	SPDT Center OFF Normary or Momentary Contact	정지 위치는 ①, ②이고 손으로 작동할 동안만 ③의 위치가 되고 손을 떼면 ② (OFF)로 되돌아간다.
	3PST	단극 단투 스위치 3개를 기계적으로 운동시킨 것
	3PDT Center OFF	SPDT, Center OFF 스위치를 3개를 기계적으로 운동시킨 것
	푸쉬 버튼 스위치 모멘터리 ON (Push Button SW Momentary ON)	
	푸쉬 버튼 스위치 모멘터리 OFF (Push Button SW Momentary OFF)	
	푸쉬 버튼 노멀 혹은 모멘터리 ON (Push Button SW Normally or Momentary ON)	

표 2-6

A. 스위치(Switch)

　스위치는 전원으로부터 전력을 부하로 공급, 또는 정지하기 위한 가장 기본적인 중요한 장치로서 어떠한 경우라도 스위치의 고장은 위험하다. 필요한 경우에는 반드시 전원 공급이 가능하고 불필요한 경우는 또 전원 공급 정지가 가능하여야 한다.

　항공기용 스위치는 특히 항공용으로 만들어진 것이 사용된다. 이것은 특히 견고하게 제작되고, 또 접점의 용량도 충분하다. 순간적인 작동 기구가 들어 있어 개폐시의 아크(Arc)를 작게 한다.

　스위치에 표시된 정격 전류는 스위치가 닫힌 상태에서 어느 정도의 전류를 계속하여 흘리 수 있는가를 나타낸 것이다. 그러나, 예를 들어 백열전구를 켤 경우, 스위치는 닫는(Closs) 순간(필라멘트가 차가운 동안)에는 점등상태의 전류보다 15배 정도 큰 전류가 흐른다. 또, 릴레이 등의 권선이 있는 전기 회로에서는 스우치를 여는(open) 순간에 권선에 축적된 전자 에너지가 스위치의 접점에서 아크(Arc)가 되어 방출되므로 접점이 손상된다.

　이러한 이유로 정상 상태에서의 부하 전류로 스위치 정격 용량을 정할 수는 없다. 표2-5는 부하의 성질, 회로 전압에 따라 스위치의 용량을 어떻게 정해야 하는지를 나타낸 것이다. 표 속의 배율을 정상 상태에서의 전류값에 곱해야 할 값이다. 예를 들면 직류 24V인 백열전구에서 적어도 정상상태인 전류값을 8배로 한 것을 스위치의 정격 전류로 해야하는 것이다.

　스위치에는 많은 종류가 있으나, 그들 중 기본적인 것에 대해 명칭, 기호 및 작동 개요 등을 설명한다. (표2-6)

B. 릴레이(Relay)

　큰 전류가 흐르는 회로의 조절(개폐 또는 전환)이나, 복잡한 회로(전선의 수가 많거나 길게 펴기 어려운)의 조절을 할 때는 조종실까지 굵은 전선이나 많은 전선을 배선하고 큰 스위치 또는 극수가 많은 스위치를 조종실내에설치해야 하므로 공간,

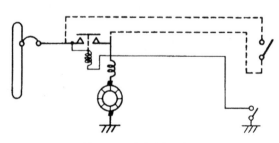

그림 2-26 릴레이에 대한 제어

전선에 의한 중량 증가, 다른 기기와의 전자 유도 장해, 전압 강하 등의 점에서
불리하다. 이러한 경우에는 릴레이가 사용된다. (그림 2-26)
　릴레이에는 여러가지 종류가 있으나, 다음과 같이 분류할 수 있다.

　　　　　　직류 릴레이　　① 고정 철심형
　　　　　　　　　　　　　② 가동 철심형
　릴레이　교류 릴레이　① 고정 철심형
　　　　　　　　　　　　　② 가동 철심형
　　　　특수 릴레이　미터 릴레이, 무접점 릴레이 등

여기서는 직류 릴레이와 교류 릴레이에 대해 설명한다.

a. 직류 릴레이
그림 2-27은 직류 릴레이의 구조이다.

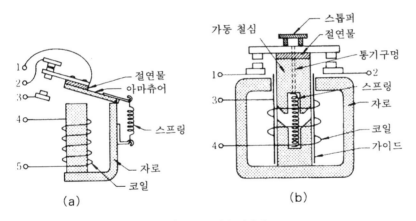

그림 2-27 직류 릴레이

　(a)는 고정 철심형 릴레이(fixed Core Relay)로써, 코이에 전류가 흐르지 않는
상태에서 아마츄어(Armautre)는 스프링으로 당겨져 있어 단자 1, 2는 닫혀 있으나,
코일에 전류가 흐르면 아마츄어는 당겨져서 단자 1, 3이 닫히고(Close) 1, 2는 열린다.
(Open)
　(b)는 가동 철심형 릴레이(Movable Core Relay)이며, 일반적으로 큰 전류의 개폐에
사용된다. 코일에 전류가 흐르지 않는 상태에서는 가동 철심이 스프링으로 밀어 올려

단자 1, 2는 열린다. 코일에 전류가 흐르면 가동 철심은 당겨서 단자 1, 2는 닫히게
된다.

b. 교류 릴레이

그림 2-28은 고정 철심형 교류 릴레이를 나타낸 것이다. 교류 전압으로 여자되는
릴레이의 경우는 전압이 0이 되는 순간이 있으므로 아마츄어 또는 가동 철심이
진동한다. 이런 상태를 없애려고 교류 릴레이에서는 철심의 한쪽끝을 분리하여
한쪽에 구리 링(Copper ring)을 부착하는데, 코일의 전류가 0이 되어 끌어당기는
힘이 업서진 순간에는 구리 링에 흐르는 위상이 늦어진 전류에 의해 아마츄어를
잡아 끈다. 그림 2-28에서는 고정 철심형 교류 릴레이의 예인데, 가동 철심형 교류
릴레이에도 마찬가지로 구리 링이 사용된다. 대형의 교류 릴레이에서는 철심에 흐르는
와전류(Eddy Current)에 의한 가열을 방지하려고 적층 철심을 사용하고 있다.

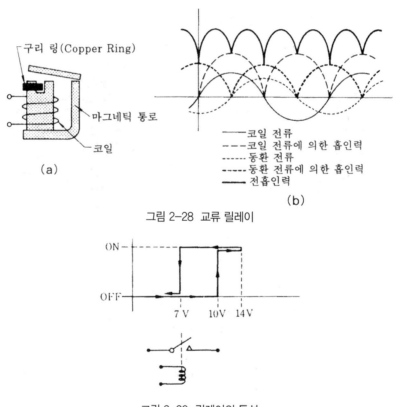

그림 2-28 교류 릴레이

그림 2-29 릴레이의 특성

전기 회로의 개폐나 전환에 사용되는 일반적인 릴레이는 자화 코일에 가하는
전압을 상승시켰을 때와 하강시켰을 때의 작동 전압이 다르다.

그림 2-29에 예를 나타냈다. 이 예는 직류 14V용으로서 코일의 전압을 0에서부터
상승시킨 경우, 10V에서 릴레이가 작동하여 접점이 닫힌다. 그러나, 14V에서 전압을
내리는 경우는 7V에서 작동하게 되고 접점이 열린다. 표 2-7은 기본적인 릴레이의
기호, 명칭 및 작동 개요이다

릴레이 접점응 전류 용량에 관해서도 표2-5가 적용된다.

기 호	명 칭	작 동 개 요
	SPST	코일에 전류가 흐르고 있을 때만 ①, ② 사이가 닫힌다..
	SPDT Momentary or Normally Contact	코일에 전류가 흐르지 않으면 ①,②는 열리고 ③,④ 사이는 닫힌다. 코일에 전류가 흐르고 있을 때만 ①,② 사이가 닫히고 ③, ④는 사이는 열린다.

표 2-7

6) 회로 차단기와 회로 보호

그림 2-30은 직류 전원 계통의 예이다. 분기 회로 ②는 그것에 연결된 부하 설비의
고장으로 큰 전류가 흐른다고 하면, 전기 회로를 자동적으로 차단하는 장치 CB2가
작동하여 자동적으로 분기 회로 ②를 전원에서 끊는다.

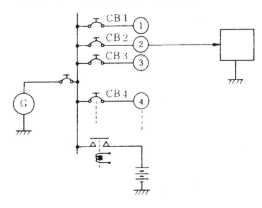

그림 2-30 직류 전원 계통

만약 CB(Circuit Breaker)2가 없다고 하면 아래의 고장이 발생한다.
ⓐ 분기 회로 ②의 전선이 훼손되고, 그것과 같은 다발에 결속되어 있는 다른 전선도 훼손되어 큰 고장이 일어난다.
ⓑ 발전기 회로의 회로 차단기 CB가 열려서 밧데리가 전체 부하에 공급되게 되므로 방전을다해버려 전계통이 정전된다.
ⓒ 발전기가 과부하가 되어 훼손하며 결국 전계통이 정전된다.

회로 차단기(Circuit Breaker)는 좋지 않은 상태가 생긴 분기 회로에만 전원 공급을 자동적으로 차단하고 정전 범위를 최소 범위로 하여 전선, 기기의 훼손을 방지하며 화재의 발생을 막는 중요한 장치이다. 표 2-8에 회로 차단기의 기호, 명칭 및 작동 개요을 설명하였다.
회로 차단기의 특성에는 다음의 3종류가 있다. (그림 2-31)
ⓐ 일정한 전류보다 큰 전류가 흐르면 즉시 차단되는 [그림 2-31(a)] 순간 차단형
ⓑ 일정한 전류보다 큰 전류가 어떤 시간 계속되면 차단하는데, 계속 시간은 전류가 클수록 짧아지는 [그림 2-31(b)] 시한 차단형

기 호	명 칭	작 동 개 요
⌒	자동 리셋트형 회로차단기 (Circuit Breaker, Automatic Reset)	일정한 전류보다 큰 전류가 흐르면 차단하고, 일정 시간 후에 자동적으로 닫힌다.
⌒	수동 리셋트형 회로차단기 (Push Reset)	일정한 전류보다 큰 전류가 흐르면 차단하고, 그대로 유지되어 수동으로 닫는다.
⌒	푸쉬풀 스위치 브레이커 (Push Reset Pull Off)	일정한 전류보다 큰 전류가 흐르면 차단하는데, 그 상태가 그대로 유지되어 수동으로 개폐(밀고당김)가 가능하다.
⌒	스위치 브레이커 (Switch Type)	일정한 전류보다 큰 전류가 흐르면 차단하고, 그 상태로 잊게 되어 토글 스위치와 마찬가지로 수동으로 개폐할 수 있다.
⌒	퓨즈 (Fuse)	일정한 전류보다 큰 전류가 흐르면 녹아서, 회로를 차단한다.

표 2-8

ⓒ 일정한 전류보다 큰 전류가 흐르면 시한 특성을 가지고 차단하고, 그리고 어떤
전류보다 큰 전류가 흐르면 순간 차단하는 [그림 2-31ⓒ] 복합 차단형

전동기가 작동할 때는 일정한 회전 속도가 되기까지 정상 운전시보다 큰 전류가
흐른다. 또 백열전등을 켤 때도, 스위치를 닫은 직후는 점등시보다 큰 전류가 흐른다.
이와 같은 경우에는 회전 차단기는 시한 차단 특성을 가진 그림 2-31(b)와 같은 것을
사용해야 한다. 회로 차단기를 사용하는 경우는 부하의 성질에 맞는 차단 특성을
가진 것을 택한다.

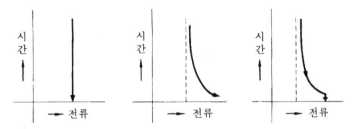

그림 2-31 회로 차단기(Circuit Breaker)의 특성

전선의 굵기(동선)	차단기의 용량(A)	휴즈의 용량(A)
22	5	5
20	7.5	5
18	10	10
16	15	10
14	20	15
12	25(30)	20
10	35(40)	30
8	50	50
6	80	70
4	100	70
2	125	100
1		150
0		150

( )안의 숫자는 입수할 수 없는 경우에
대용해도 좋은 것을 나타낸다.

표 2-9 회로 보호를 위한 전선과 회로 차단기의 분류

회로 보호를 위해서는 배선에 사용하는 전선의 굵기에 맞는 회로 차단기(CB)를 골라야 한다. 표 2-9는 배선의 굵기와 배선을 보호하는데 적합한 회로 차단기의 크기를 나타낸 것이다.

그림 2-32는 회로 차단기와 전선의 조합이 나쁜 예이다. 이 예에서는 자동방향 탐지(14V, 3A)를 장비하기 위해 개선된 15V 회로 차단기를 사용해서 AN 20번인 전선(다수 다발로 7.5A까지 사용 가능)을

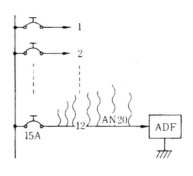

그림 2-32 나쁜 예

사용하여 배선하고 있다. 자동 방향 탐지기는 3A를 소비하므로 안전 전류가 7.5A인 전선을 쓰면 보통 안전하다. 그러나, 이 분기 회로에 이상이 생겨 큰 전류가 흐르는 경우에는 개설된 15A의 회로 차단기는 AN 16번까지의 굵은 전선은 보호 가능하지만, AN 20번은 보호하지 못한다.

2-3. 부하 설비

1) 전동기

전력을 기계 동력으로 바꾸는 장치를 전동기(Electric Motor)라고 한다.
발전기는 기계 동력을 전력으로 바꾸는 것이다. 진동기는 에너지의 변환에서 보면 발전기와 반대인 장치이다.
전동기에는 많은 종류가 있으나, 다음과 같이 크게 나눈다.
① 직류 전동기
② 교류 전동기
③ 특수 전동기

A. 직류 전동기

그림 2-33은 직류 전동기(DC Motor)의 원리를 나타낸 것이다. 구조는 직류 발전기 (2-1, 3)와 같다. 또 각부의 명칭도 직류 발전기(DC Generator)의 경우와 같다. 직류 전원에서 정류자를 통해 회전자의 권선에 전류를 흘리면 권선의 1-2의 부분에는 힘 F_1이 발생하고 3-4의 부분에는 힘 F_2가 발생한다. 따라서 회전자가 회전하며, 권선의

1-2부분이 최상부에 달하면 정류자에 의해 권선에 흐르는 전류의 방향이 바뀌어
권선의 1-2부분에는 아래로, 3~4 부분에는 위로 힘이 발생하여 회전자는 회전을
계속한다. 회전자에 발생하는 회전력은 권선의 면이 자장과 평행일 때가 최대가 되며,
직각인 경우에는 0이다.

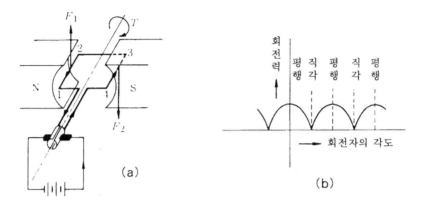

그림 2-33 직류 전동기의 원리

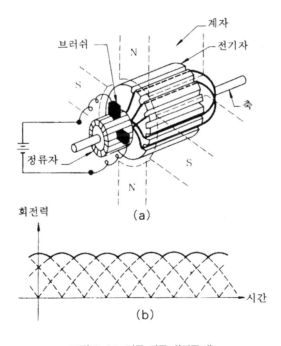

그림 2-34 전류 전동기(전동자)

실제로 사용되는 직류 전동기에는 그림 2-34와 같이 회전자에는 다수의 권선이 약간씩 각도를 달리하여 감겨 있으므로 회전자에 발생하는 회전력은 회전자의 각도에 관계없이 거의 일정하다. 또 회전자는 자력선을 잘 통하게 하기 위해서 처심(적충 철심)에 권선이 감겨져 있다.

계자는 소형 직류 전동기에서는 영구 자석을 사용하기도 하지만, 일반적으로 연철에 권선을 감은 전자석을 사용한다. (그림 2-35)

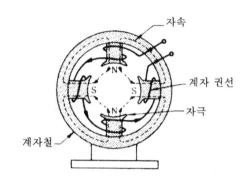

그림 2-35 직류 전동기(계자)

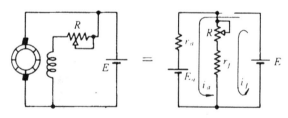

그림 2-36 직류 전동기의 회로

B. 전동기의 역기전력(Counter E.M.F)

직류 전동기의 회전자 권선은 직류 발전기의 권선과 같다. 따라서 직류 전동기를 전원에 연결시켜 회전하는 동안의 회전자에는 직류 전압 Ea가 발생한다. 이 전압은 계자의 세기가 일정하면 회전자의 회전 속도 N에 비례하므로 어떤 전동기의 어떤 여자 상태에 특유한 상수를 K라고 했을 때 다음가 같이 된다.

$$E_a = KN --------------------------(2-8)$$

또 회전자 권선, 정류자, 브러쉬의 전기 저항을 r_a이라고 하면 전동기 회전자의 전류가 i_a에서 작동될 때는 $r_a \, i_a$ 만큼 전압 강하가 있다. 그러므로 전원 전압을 E라고 하면 다음과 같이 된다.

$$E = Ea + raia \qquad \text{------------(2-9)}$$
$$= KN + raia$$

일반적으로 r a i a 는 KN에 비교하여 작으므로 근사값은 다음과 같다.

$$E ≒ KN \qquad \text{------------------(2-10)}$$

즉, K가 일정(여자 전류가 일정)하면 회전 속도는 거의 전원 전압에 비례한다. 또 전원 전압이 일정하면 K를 바꿈(여자 전류를 바꿈)으로서 회전 속도를 변화시킬 수 있다. (2-1, 7)에서 설명한 인버터(InVErter)의 주파수 조절에서는 이러한 것을 대용한 것이다.

K를 작게(여자 전류를 작게 하면) 하면 N은 증가되고, K를 크게 하면 N은 감소된다. K의 가변 범위내에는 한도가 있어, 너무 작게 하면 회전자 권선에 의해 자장에서 계자의 자장이 흐트러져(Armature Reaction) 회전력이 발생하지 않게 된다.(그림 2-37) 또 K를 크게 하려고 계자의 여자 전류를 크게 하면, 계자 철심이 포화되어 K가 그다지 커지지 않으므로, 계자 권선이 과열 상태가 된다.

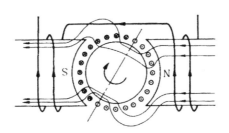

그림 2-37 전기 반작용

C. 직류 전동기의 특성

지금까지의 설명에서는 계속 회전자의 권선과 자계의 권선이 병렬로 접속된 그림 2-28(b)에서와 같은 직류 전동기에 대해서 설명했다. 그러나, 직류 전동기에는 그림 2-38(a)와 같이, 회전자 권선과 계자 권선을 직렬로 연결한 것과 병렬로 연결된 2개의 계자 권선이 있는 것(복권 전동기:Compound Motor)도 있다. 이것에 대해 그림의 (b)와 같은 섯은 분권 전동기(Shunt Motor)라고 부른다.

직권 전동기에는 계자 권선에 부하 전류가 흐르므로, 계자 권선에 굵은 전선이 약간만 감겨 있다. 계자의 여자 상태는 부하 전류에 따라 변동하며, 큰 부하일 때는 계자 권선에 큰 전류가 흘러 저속도로 큰 회전력으로 운전할 수 있다. 반대로 부하가 작을 때는 계자 전류가 작으므로 고속으로 작은 회전력으로 회전된다. 무부하인 경우는 회전 속도가 매우 커지므로 직원 전동기는 일반적으로 무부하에서는 운전하지 않는다.

분권 전동기는 부하의 크기에 상관없이 거의 일정한 회전 속도를 유지하지만, 기동시에는 매우 큰 전류가 흐르므로 대형의 분권 전동기에서는 기동시에 전류를 제한하는 저항기(기동 저항기라고 부름)를 직렬로 연결하여 기동시켜 회전 속도가 상승하면 기동 저항기를 단락하여 운전하도록 하고 있다.

D. 전동기의 정격

전동기는 여러가지 목적에 사용되는데, 어떤 것은 1회 비행도중 십수초간씩 수회 이용하기도 하고, 또 어떤 것은 이륙해서 착륙할 때까지 연속적으로 사용하기도 한다.

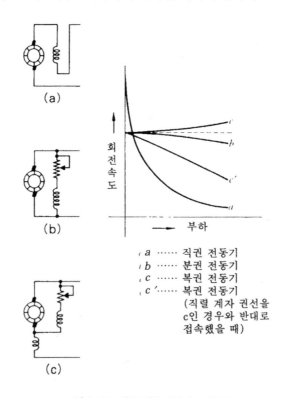

그림 2-38 직류 전동기의 속도 특성

랜딩기어를 올리고 내리는 전동기는 이륙 후 랜딩기어를 올릴 때 1번(수초~수십초)과 착륙 전에 1번(수초~수십초) 밖에 사용하지 못한다. 그리고 작동시에는 상당히 큰 출력이 필요하다. 이러한 경우에 연속해서 큰 출력이 가능한 대형 전동기를 사용하는 것은 중량이나 가격면에서 불리하다. 그러므로 그런 용도에 사용할 때는 운전 시간에 제한을 두어 출력을 정하고 있다.

예를 들어

출력 · · · · · · · · · 800W

정격 · · · · · · · · · · 30C

일때 30초 정격을 정해, 30초간은 800W의 출력으로 운전이 가능하도록 정해 놓고 있다. 이에 대해 연속해서 사용되는 것은

출력 · · · · · · · · · · 100W

정격 · · · · · · · · · · 연속

으로 연속 정격을 정하고 있다.

단시간 정격(30초 정격, 1분 정격등)에서 정해진 출력으로 연속 운전을 하면 전동기는 손상된다.

E. 교류 전동기

교류 전동기(AC Motor)에는 유도 전동기, 동기 전동기 및 정류자 전동기가 있다. 교류 정류자 전동기의 원리는 직류 전동기와 같다. 다만 교류 정류자 전동기에서는 와전류에 의한 손실이 적으므로 철심이 모두 적층 철심으로 되어 있다. 또 계자는 전류 방향이 바뀔 때마다 극성이 변하므로 영구 자석을 이용하지 못한다. 또 회전자 권선이 전류와 계자 권선의 전류 위상을 일치시킬 필요가 있으므로 직권 전동을 사용한다.

이 절에서는 유도 전동기 및 동기 전동기에 대해 설명한다. 그림 2-39는 2상 교류 전동기의 원리를 나타낸 것이다. 고정자 철심(적층 철심)에는 2개의 권선이 감겨 있는데, 1개는 교류 전원 E_1에 연결되고 다른 1개는 E_1의 같은 주파수로 위상이 90°뒤에 있는 교류 전원 E_2에 연결되어 있다. 2개의 권선에는 교류 전류 I_1및 위상이 90°뒤인 I_2가 흐른다. 따라서 고정자 철심의 내부에 발생하는 자장은 그림 2-39(b)와 같이 그 방향이 변하여 전원의전압이 1사이클 변화할 때마다 1회전하는 회전 자계가 된다.

회전자는 그림 2-40과 같이, 원주상의 적층 철심의 표면 근처에 있는 홈에 도체 막대를 넣고 양단을 둥근 도체에 연결시킨 것, 또는 홈 안에 도체봉 및 양단의

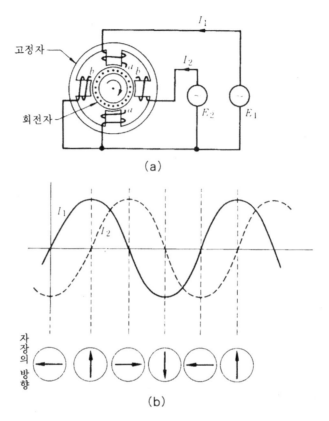

(a)

(b)

그림 2-39 2상 교류 유도 전동기

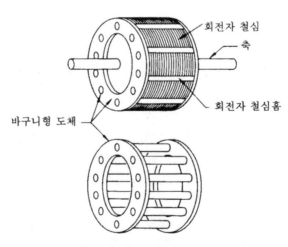

그림 2-40 유도 전동기의 회전자

둥근 도체를 동시에 주조한 것에 회전축을 장착한 것이다. 이와 같은 회전자를 회전 자계 내에 두면, 회전자 도체부에 와전류가 발생하여 회전 자계의 회전 방향과 같은 방향으로 회전력이 생겨 회전자는 회전 자계의 회전 속도와 거의 같은 빠르기(몇% 늦음)로 회전한다.

이처럼 고정자로 만들어진 회전 자계로부터의 전자 유도(Electromegnetic Induction)에 의해 회전자에 전류를 흘려서 회전력을 발생시키는 전동기를 유도 전동기(Induction Motor)라고 부른다.

그림 2-41은 하나의 단상 교류 전원에 의해 회전 자계를 발생시키는 유도 전동기이다. 이때, 1개의 고정자 권선으로 콘데서를 통해 전류의 위치를 바꾸어 2상 교류 전원을 사용했을 때와 마찬가지로 회전 자계를 만든다. 그 때문에 콘덴서 이상형 단상 교류 유도 전동기(보통은 콘덴서 모터라고 약칭)라고 한다.

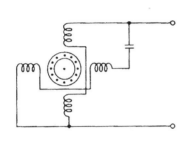

그림 2-41 콘덴서 모터

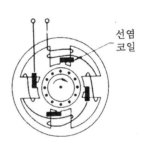

선염 코일

그림 2-42 세이디드 폴 유도 전동기

그림 2-42는 세이디드 폴 유도 전동기(Shaded Pole Induction Motor)로서 소형 전동기에 사용된다. 이때 고정자 권선은 직렬로 연결되고, 각 자극은 동일한 위상의 전류로 자화된다. 각 자극의 선단부는 2개로 분리되어 한쪽에는 구리 링이 부착되어 있다. 그리 링에 발생하는 위상이 늦은 유도 전류에 의해 회전 자계가 발생하고 회전자에 회전력이 발생한다.

3상 교류 유도 전동기에서는 그림 2-43과 같이, 고정자에는 서로 120°떨어진 3개의 권선이 있고 3개의 권선은 그림 2-43(b)처럼 연결된다. 고정자내에는 회전 자계가 발생하며 회전자에는 회전력이 발생한다.

동기 전동기에서는 회전자가 직류 전원에 의해 자화되므로 회전 자계의 회전 속도와 같은 속도로 회전한다. 기동시에는 회전자의 원주 가까이 부착된 바구니형 도체에 의해 회전력이 발생되어 회전하기 시작하고, 회전속도가 회전 자계의 회전 속도(동기 속도라고 부름)와 비슷하게 된 시점에서 여자되면 동기 속도가 된다. 소형의 동기 전동기에서는 회전자의 철심이 자석으로 만들어져 있어 동기 속도와 비슷해지면(회전자의 회전 속도와 동기 속도와의 차가 작아짐) 회전자의 자화 방향은 변하지 않고 동기 속도와 겹친다.

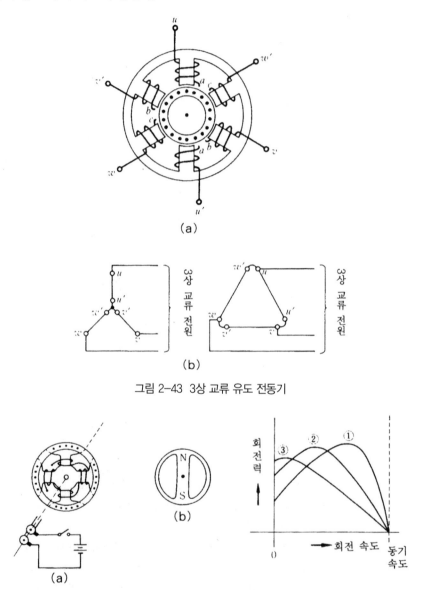

(a)

(b)

그림 2-43 3상 교류 유도 전동기

(a)

(b)

그림 2-44 동기 전동기

그림 2-45 유도 전동기의 특성

F. 유도 전동기의 특성

그림 2-45는 유도 전동기(Induction Motor)의 회전 속도와 회전력과의 관계를 나타낸 것이다. 곡선①은 회전자의 유도를 굵은 구리로 만들고, 전기 저항을 작게 한 경우로서 최대 회전력이 발생하는 회전 속도는 동기 속도에 가깝다. ②, ③은 회전자의 도체의 전기 저항을 ②, ③의 순서로 크게 했을때의 곡선으로 도체의 저항을 크게 할수록 최대 회전력이 발생하는 회전 속도가 0에 가까워진다. 이것을 유도 전동기의 회전력 특성의 비례 추이(Proportional Shifting)라고 부른다.

2) 조명 장치(Lighting System)

항공기에는 많은 조명 장치가 있으며 다음과 같이 분류한다.
① 조종실 조명
② 객실 조명
③ 항공기 외부 조명
④ 그 밖의 조명
이들 조명에는 백열전등, 형광등, 방전등 등이 사용된다. 또 밝기가 일정한것, 단계적으롤 바뀌는 것, 계속적으로 바뀌는 것이 있다.

A. 조종실 조명
a. 일반 조명
조종실의 천정등에 의해 조종실 전체 조명을 한다. 밝기는 연속적 또는 단계적으로 조절할 수 있다. 또 점멸은 조종실 입구와 조종실의 천정에 부착된 스위치 판넬(OVErhead Switch Panel)의 두곳에서 하도록 되어 있다.

b. 계기판 조명
조종사석 계기 판넬(Captain's Instrument Panel), 부조종사석 계기판넬(First Officer's Instrument Panel), 센터 페데스탈(Center Pedestal), 양조종사 사이에 있는 스로틀 레버(Throttle LeVEr), 무선기 선택 판넬(Audio Selector Panel)등의 조명으로 계기, 스위치, 조작 레버등을 가장 보기 좋은 밝기로 계속해서 밝기 조절을 할 수 있다.
조종실 전체 조명 및 계기 핀넬 조명은 번개빛으로 외부가 밝아지면 한개의 선더 스톰 스위치(Thunderstorm Switch)를 조작함으로서 최대의 밝기로 전환할 수 있게 되어 있다.

c. 지시등

FE 판넬(Flight Enginner Panel)에는 연료, 오일, 전력등의 흐름을 나타내는 라이트가 있어, 각 계통의 상황을 알아보기 쉽게 한다.

또 각종 계기, 제어기에는 내부에 소형의 전구가 삽입되어 있어, 계기를 읽거나 조작하기 쉽게 하고 있다.

d. 그 밖의 조명

양쪽 조종사석이나 FE석의 상부에는 스포트 라이트(Spot Light)가 있어, 항공 지도 등의 항행에 필요한 서류를 보기 쉽게 한다. 이것을 맵 라이트(Map Light)라고 하며 밝기와 빔 폭을 연속적으로 바꿀 수 있다. 또 각 좌석의 측면에 아래를 향한 라이트가 있어 조종석, FE석의 바닥 부분을 밝게 한다.

B. 객실 조명
a. 일반 조명(Ceiling Sidewall Light)

객실 친정에 조명기구를 부착해서 일반 조명을 한다. 이 조명은 객실 승무원 판넬로 점멸 또는 밝기 조절을 할 수 있다. 밝기는 연속적 또는 단계적으로 조절한다.

b. 객실 출입구의 조명(Entrance Light)

객실 출입구 부근은 항공기 내외의 밝기 차이가 있으므로 항고기와 트랩(Trap) 접합부의 보행을 위한 조명이 있다. 이 조명도 객실 승무원 판넬로 점멸 및 밝기를 조절 할수 있다.

c. 독서등(Reading Light)

승객석의 상부에 좌석수와 같은 스포트 라이트가 설치되어 있는데, 승객석에서 그 자리에 장치되어 있는 라이트를 점멸시킬 수 있다. 독서등(Reading Light)은 주위의 승객에게 방해가 되지 않도록 빔 폭이 좁다.

d. 객실 사인등(Cabine Sign Light)

「좌석 벨트 착용」, 「금연」등을 승객에게 알리는 것으로서 조종석에서 점멸을 조절한다.

e. 비상등(Emergence Light)

불시착시 등을 고려하여 다른 계통의 비상용 전원(독립된 밧데리)에 의해 다음과 같은 등(Light)이 작동하게 되어 있다.

① 객실 일반 조명등(비상용)

② EXIT 표시등

③ EXIT 안내등

④ 화장실 내 비상등

이들 비상등은 조종실이나 객실 승무원 판넬로 점멸 가능하다.

f. 그 밖의 조명

그 외에 갤리(Galley), 화장실(Lavatory), 계단(Step)등의 조명등이 있다.

C. 항공기 외부의 조명

a. 항공등(Navigation Light)

그림 2-46과 같이 오른쪽 날개 끝에 녹색(Green), 왼쪽 날개에 적색(Red), 꼬리부에 백색(White)등이 장착되어 야간 항공기의 방향을 다른 항공기에 알린다. 또 야간에 지상에 계류되어 있는 경우에도 점등하여 항공기의 방향, 위치를 알린다.

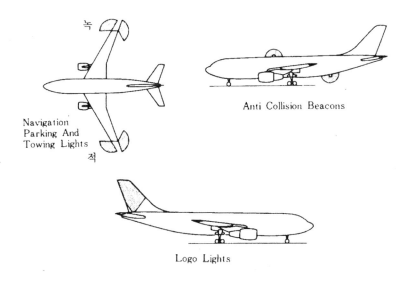

그림 2-46 항공등

b. 충돌 방지등(Anti-collsion Light)

동체의 상하면에 장착되어 있고, 그 광색은 적색 또는 백색(제논 개스 방전관)으로, 매분 40~100회 점멸(또는 가는 빔으로 회전)한다. (그림 2-46)

c. 로고 등(Logo Light)

수직 꼬리날개의 양면에 표시된 로고(logo)를 조명하기 위해, 수평 꼬리 날개의 윗면에 장착한다. (그림 2-46)

d. 착륙등(Landing Light)

착륙시에 전방(활주로 등)을 알아볼 수 있도록, 강력한 조명등이 날개 리딩에이지 (Wing Leading Edge) 또는 동체 앞부분에 부착되어 있다. (그림 2-47)

e. 이륙, 택시등(Take Off, Taxi Light)

이륙시 또는 유도로(Taxiway) 주행시에 전방 노면을 알아보기 위한 라이트러서, 노스 랜딩기어에 부착되어 있다.

이륙시는 최대의 밝기로 하지만, 유도로 주행시에는 밝기를 낮춘다.

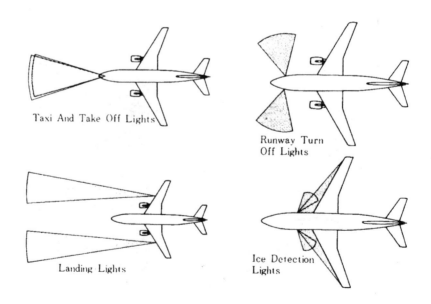

그림 2-47 착륙등 및 기타

f. 선회등(Runway Turn Off Light)

지상 주행중 급하게 방향을 선회할 때, 좌우 양측을 보기 위한 것으로 동체 전방 좌우 양측에 달려 있다. (그림 2-47)

g. 점검등(Wing Inspection Light 또는 Ice Detection Light)

날개 리딩에이지(Wing Leading Edge) 및 엔진 나셀(Engine Nacell)부의 착빙(Icing) 상황을 보기 위한 것으로, 동체 좌우 양측에 부착되어 있다. (그림 2-47) 항공기 외부의 조명은 전부 조종실에서 점멸을 행한다.

D. 그 외의 조명

E/E, Cargo, 랜딩기어 휠 웰(Landing Gear Wheel Well) 및 화물 하역을 위한 화물실 도어 부근 외부를 조명하기 위한 등이 장비되어 있어 기체의 보수, 점검, 화물 하역 작업을 하기 쉽게 하고 있다.

제3장 전자 기초 지식

3-1. 전파

전파는 눈에 보이지 않는다. 그러나 공간에 전계(Electric Field)/자계(Magnetic field)의 형태로 존재하며 항상 빛의 속도로 움직인다. 전파 이용이 빈번해진 오늘날에는 눈 앞의 공간에 전파가 가득차 있어서 어지럽게 날고 있다고 해도 좋을 것이다. 공간에 전파를 송출하는 것은 현재로서는 아주 간단하다. 이는 전하를 가속하면 거기서 전파가 공간으로 나가기 때문이다. 항상 전기 제품을 사용하고 있는 우리들은 우리 자신도 모르는 사이에 전파를 방사하고 있다. 전파가 어떻게 공간으로 퍼져나가는가를 설명하면 다음과 같다.

① 전류가 도선에 흐르면 그 주위에 자계가 생긴다. [그림 3-1(a)]
② 전류가 변화하면 [즉 전하(전자)가 가속도를 가지고 도선 속을 운동하면] 그에 따라 자계도 변화한다.
③ 자계(Magnetic Field)가 변화하면 전자 유도의 원리에 의하여 그에 따른 전계의 변화가 자계에 직각으로 생긴다. [그림 3-1(b)]
④ 전계(Electric Field)가 변화하면 그에 따라 자계의 변화가 전계에 직각으로 생긴다. [맥스웰의 법칙 : 그림 3-1(c)]
⑤ 이와 같이 마치 도미노(Domino) 현상처럼 공간에 자계/전계의 형태로 나아가며 전파의 빠르기는 항상 빛의 속도이다.

이처럼 전파는 전류가 변화하는 경우, 반드시 부수적으로 발생한다. 아울러 변화가 급격하면 할수록 강한 전파가 발사된다.

따라서, 직류 전류에서 전파는 발사되지 않는다. 교류 전류는 항상 전류가 변화하고

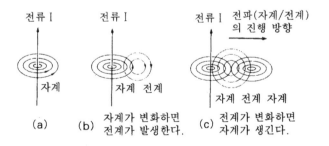

그림 3-1 전파(Radio WaVE)가 생기는 모습

있으므로 전파가 방출된다. 전파는 전류의 변화에 부수되는 것이므로 번개와 같은 전류도 전파를 동반한다. 전등의 스위치를 끄는 순간 라디오에 잡음이 발생하는 것은 스위치를 끄는 순간에 전류가 급격히 변화하므로 전파가 발생되어 이것이 라디오의 수신기에 들어가 잡음으로서 들리게 되는 것이다.

1) 전파의 주파수(Frequency)

전파를 인공적으로 공간에 발사하려면 취급하기 쉬운 파형(WaVE Forece) 의 교류 전류를 만들어 송신 안테나로 보낼 필요가 있다. 성능이 좋은 파형으로서는 현재, 정현파(Sine WaVE)가 널리 사용된다.(그림 3-2)

가정용으로 사용되는 교류 전류도이 형태이며 주파수는 50Hz 또는 60Hz로서 매우 낮은 주파수이므로 전파로 방출되는 에너지는 문제되지 않을 정도로 작다. 실용적인 전파로서 공간에 쉽게 방출시키기 위해서는 이 정현파의 주파수를 높게 해야 한다.

다시 말해서 전류의 변하를 크게 할

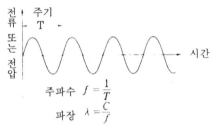

$$주파수\ f = \frac{1}{T}$$

$$파장\ \lambda = \frac{C}{f}$$

그림 3-2 정현파(Sine WaVE) 파형

주파수의 범위	주파수의 구분	파장	용도
30kHz 이하	V L F (초장파)	100 ~10 km	오메가
30 ~ 300kHz	L F (장파)	10 ~ 1 km	ADF 로란C
300kHz ~ 3 MHz	M F (중파)	1,000 ~ 100 m	ADF 로란A
3 ~30MHz	H F (단파)	100 ~10 m	HF 통신
30 ~300MHz	V H F (초단파)	10 ~ 1 m	VOR, VHF 통신, 로컬라이저, 마커
300 ~3,000MHz	U H F (극초단파)	100 ~10 cm	글라이드 패스, DME ATC 트랜스폰더, 태칸(TACAN)
3,000 ~30,000MHz	S H F (극초단파)	10 ~ 1 cm	기상 레이더, 도플러 레이더 전파 고도계
30,000 ~ 300,000MHz	E H F (극초단파)	10 ~ 1 mm	

표 3-1

필요가 있다.

여기서 말하는 전파란 주파수가 10KHz에서 3,000,000MHz까지의 전자파(Electromagnetic WaVE)를 말하며, 보통 표 3-1과 같이 분류된다.

전파의 속도 C는 진공중에서 3×10^8m/s(일정)이므로, 주파수 f(Hz)의 전파 파장 λ=C/f로 표시할 수 있다.

예를 들어, 300MHz의 주파수 전파 파장(WaVE Length)은 λ=3×10^8 / 300×10^6=1, 즉 1m 길이의 전자파이다.

2) 전파의 전달 방식

안테나에서 발사되는 전파가 어떻게 해서 전달되는지를 아는 것은 각각의 항공전자 장치의 특성을 아는데 중요하다. 전파 특성은 전파의 주파수에 따라 매우 다르며, 일반적으로 말할 수 있는 것은 주파수가 높으면 높을수록 전파는 직진하여 빛처럼 움직인다. 따라서, 건물등과 같은 뒷부분에는 도달하지 못한다. 반면, 주파수가 낮으면 수면의 물결이 장해물의 뒷부분까지 전달되듯이 건물의 뒷부분까지도 도달할 수 있다.

전파는 그 전달 방법에 따라 지상파(Ground WaVE)와 공간파(Space WaVE)로 크게 나눌 수 있다. (그림 3-3) 즉, 다음과 같다.

지
상 ┬─① 지표파 … 지표면을 따라 전파
파 ├─② 직접파 … 송신 안테나에서 수신 안테나로 직진함
   └─③ 지표 반사파 … 지표에서 반사되어 수신 안테나로 도달함

④ 공간파 … 공중으로 발사된 전팍 전리층 또는 대류권에 의해 반사, 굴절되어 전파됨(대류권파를 포함)

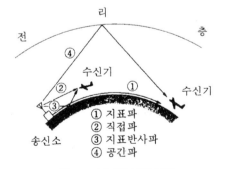

그림 3-3 전파의 전달 방법

주파수대	주요 전파 양식	
	근거리	원거리
VLF	지표파	공간파
LF	지표파	공간파
MF	지표파	공간파
HF	지표파	공간파
VHF	직접파/지표반사파	대류권파
UHF	직접파/지표반사파	대류권파
SHF	직접파	대류권파

표 3-2

이 전파 양식을 표시하면 그림 3-3과 같으며 주파수에 의해 어떤 전파 양식이 중요한지를 표로 나타내면 표 3-2와 같이 된다.

다음으로 각 전파 특성을 설명하면 아래와 같다.

A. 지표파(Surface WaVE)의 전파 (그림 3-3 ①)

대지는 도체의 성질을 가지고 있어 지표파가 전파될 때, 지표파는 대지에서 에너지가 소비되어 감쇠된다. 이 감쇠 정도는 주파수가 낮을수록 작고 주파수가 높을수록 크다. 따라서 주파수가 낮을 수록(파장이 길수록) 지표파는 원거리까지 도달하게 된다.

지표파가 이용되는 전파는 LF대의 통신과 통달 거리가 비교적 가까운 MF대의 방송이다.

B. 직접파(Direct WaVE) 및 지표 반사파의 전파 (그림 3-3 ②, ③)

이들 전파는 VHF 이상의 전파(電波)의 전파(傳播)에 이용되며, 직접파는 그 성질상, 제한 거리 내의 통신에 한한다. 이들 전파는 대기 상태의 변동에 의해 영향을 받아 페이딩(Fading)을 일으킬 경우가 있다.

C. 대류권파(Troposheric WaVE)의 전파(공간파의 일종) (그림 3-3 ④)

대류권파는 대류권 내의 대기 상태의 영향으로 전파되는 전파로서, VHF 이상의 원거리 전파를 가능하게 한다. 즉, 공기의 유전율 크기에 의해 변화하므로,

다시말하면 성질이 다른 공기층의 경계면에서 불연속이 되므로 전파가 굴절 또는 반사되어 제한 거리를 넘어 전파된다. 이 전파는 그때의 상태에 따라 상당히 먼거리까지 도달하기도 한다. 이 전파의 전파는 대기의 상태, 다시 말해서 기상 상태의 영향을 받으므로 그 상태의 변동에 의해 페이딩을 일으킬 수도 있다.

D. 전리층(Ionosphere)

전리층이란 태양에서 발사된 복사선 및 복사 미립자에 의해 지구 외측의 대기가 전리된 영역을 말한다. 전리층의 전파에 미치는 영향은 그 안의 전자 밀도에 의해 좌우된다. 전리층은 그림 3-4에서와 같이, 지상 100Km 부근에 있는 E층과 지상 약200~350Km의 사이에 있는 F층으로 이루어지며, 이들 층의 높이나 전리의 정도는 시각, 계절에 따라 변한다.

F층은 E층보다 전자 밀도가 크고, 낮에는 F_1, F_2의 2층으로 나누어 졌다가 밤에는 하나의 층이 된다. 낮과 밤의 전리층의 대표적인 전자 밀도의 분포 상태를 그림 3-5에 나타냈다.

E. 전리층에 의한 전파(공간파)

전파(Radio WaVE)가 공중으로 발사될 경우, 장파는 E층 아랫면에서 반사되고, 중파는 E층에서 흡수 또는 굴절 반사된다. 단파는 E층의 전자 밀도가 충분하지 않으므로, 여기를 통과하여 F층에서 굴절, 반사되어 다시 지상으로 돌아온다. 따라서, 단파 이하에서는 그 전파는 전리층의 상태 변화에 영향을 받는다. 초단파 이상에서는 E층, F층을 통과하여 우주 공간으로 이탈한다.

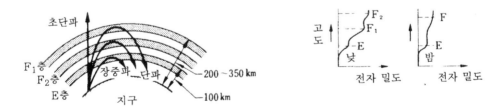

그림 3-4 전리층(Ionosphere) 그림 3-5 전리층의 전자 밀도 분포

[참고] 전리층(Eonosphere)에 대해서는 설명한 것 이외에 지상에서 70Km부근의 D층이 있다고 하는데, 이것은 단파대에 영향이 니다나며 전파가 흡수된다. 보통 주간에만 나타나며 야간이 되면 없어진다. (또 단파대의 흡수는 여름철에 크고

겨울에는 작아진다) 한편 스포래딕 E(Sporadic E)층이 존재한다고 하며, 이것은 초단파대에 강한 반사를 일으킨다.(여름철의 주간에 자주 발생)

3) 전파상의 이상 현상

A. 페이딩(Fading)
페이딩이란, 일반적으로 전파의 전파 경로 상태의 변동에 따라 수신 강도가 시간적으로 변화하는 현상이다.

전리층을 전파하는 전파(Radio WaVE) 즉 장파, 중파 및 단파는 전리층의 상태 변동에 따라 초단파 이상은 대기의 상태 변동에 따라 페이딩을 발생시킨다. 페이딩을 방지하거나 경감시키기 위해서 페이딩 방지 안테나(송신측), 또는 AVC(Automatic Volume Control : 수신측) 등을 사용한다.

다음에서 전리층 전파에 의한 페이딩에 대해 설명하겠다. 대류권 전파에 의한 페이딩에 대해서도 이에 준하여 생각하면 된다.

a. 간섭 페이딩(Interference fading)
송신원이 같은 서로 다른 전파로의 2개 이상의 전파가 위상차를 가지고 수신점 신호에 도달하여 간섭을 일으키는 원인이 된다. 그러므로, 장파나 중파에서는 지표파와 공간파의 간섭, 단파일 경우에는 공간파 상호간의 간섭이 된다.

b. 감쇠 페이딩(Attenuation Fading)
전리층의 공간파에 대해 감쇠 정도가 시간적으로 변화하는데 원인이 있다.

c. 편파 페이딩(Polarization Fading)
전리층의 영향에 의해, 전파의 편파면이 변동하여 수신 강도가 변화한다.

d. 균일 페이딩(Uniform Fading)
하나의 통신 지역 범위내의 주파수로 페이딩의 상태가 동일한 것이다.

e. 선택 페이딩(SelectiVE Fading)
위의 페이딩 종류 중에서도 그 상태가 다른 것으로서, 이 경우에는 수신 출력의 변동 외에 음질도 변화된다.

B. 자기 폭풍(Magnetic Storm)

지구 자계가 급속히 비정상적으로 변동하는 현상을 말하며, 낮과 밤에 관계없이 불규칙적으로 일어난다.

자기 폭풍이 일어나면 전리층의 전리상태가 이상하게 변화하여, 단파의 전파는 매우 나빠지고 전파로가 극지방을 통과할 때는 그 정도가 더 심해진다. 장파는 그 정도까지 영향을 받지는 않는다.

C. 델린저(Dellinger)현상

태양이 비치는 지구는 반면(낮)에 단파의 전파가 가끔 갑자기 10분에서 수십분간에 걸쳐 불능이 되는 현상으로서 발생과 회복이 급격하지만, 장파에는 거의 영향을 주지 않는다.

이것은 태양으로부터의 복사선이 돌발적으로 증대하여 E층 이하의 전리가 심해져 단파의 감쇠를 매우 증대시키기 때문이다. 감쇠의 정도는 주파수가 높을 수록 작고 또 고위도 지방보다 저위도 지방 쪽이 감쇠가 많다.

자기 폭풍과 델린저 현상을 비교하면, 2가지 모두 전리층의 상태 이상 변화에 의해 단파(短波)의 전파(傳播)를 방해하는 것으로서 다음과 같은 차이가 있다.

a. 자기 폭풍

① 주파수에 거의 관계없다.
② 주야의 구별이 없다.
③ 극지방에 가까울수록 전파 방해가 심하다.

b. 델린저 현상

① 주파수가 높아질수록 방해가 작아진다.
② 주간의 부분
③ 저위도 지방쪽이 전파 방해가 심하다.

4) 잡음 및 공전

A. 잡음(Noise)

잡음에는 통신장치 내에서 발생하는 내부 잡음과 장치 밖에서 들어오는 외부 잡음이 있다. 외부 잡음은 인공적으로 발생하는 것과 자연현상에 의해 발생하는 것으로 볼 수 있다.

자연현상에 의해 발생하는 전파는 공전(Static)이라 하며, 수신기에 여러 종류의 방해음(충격음, 연속음)을 일으킨다.

B. 공전(空電)

공전은 자연계의 전기적 요란에 의해 발생하는 전파로서 파형은 충격형이며 무선 통신에 사용되는 전 주파수를 포함한다. 예를들면, 번개 방전의 공전세기는 평균적으로 근사적인 주파수에 반비례한다. 공전은 일종이 무선 신호이므로 보통 무선 신호에 대한 법칙과 같은 법칙에 따라 전파된다. 따라서 전파(電波)의 전파(傳播) 상황이 좋을때는 공전도 원거리가지 도달한다. 즉, 공전의 강도는 전파의 전파상태에 따라 변하는데, 원거리 전파의 상태가 좋을 경우에는 강하고, 반사로 전파상태가 나쁠 경우에는 약하다. 전파가 전리층에 반사되지 않을 만큼의 높은 주파수가 되면 공전의 영향을 거의 받지 않는다. 이는 주로 이와 같은 주파수의 전파에서는 전파경로나 도달 범위가 매우 제한적이기 때문이기도 하지만, 이와 같이 높은 주파수에 대해서는 공전의 에너지가 극히 작다는 것에도 기인한다.

공전을 제거하기 위한 방법으로는 다음과 같은 것이 있다.

① 수신기의 주파수 지역을 희망하는 신호를 통과시키기 위하여 필요한 범위 이상으로 하지 않는다.
② 지향성 수신 안테나를 사용한다. 공전과 수신하고자 하는 수신신호의 도래 방향을 다르게 한다.
③ 수신기에 잡음 제어 회로를 설치한다. - 충격음에는 특히 효과가 있다.
④ 주파수 변조방식을 사용한다.
⑤ 신호 강도를 높여서 S/N(신호 잡음비)을 크게 한다. - 송신 전력을 증가하던지 지향성 송신 전력을 증가하던가, 또는 지향성 송신 안테나를 사용한다.

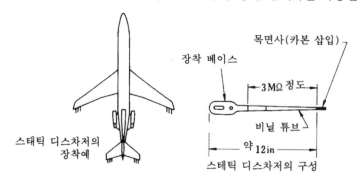

그림 3-6 스태틱 디스차저(Static Discharger)

C. 침적 공전(Precipitaion Static)

항공기가 눈, 비 또는 구름의 전계 속을 비행할 때, 항공기는 주위의 공간에 대해 꽤 높은 전위에서 대전되므로, 날개 끝(Wing tip)이나 날개 트레일링에이지 또는 고리 날개(Tail Wing)등 항공기의 뾰족한 부분에서 코로나 방전(Corona Discharge)이 생긴다. 이 코로나 방전에 의해 생기는 방해 잡음은 침적 공전으로서, 보통 약30MHz 이하의 주파수에서는 거의 수신이 불가능해진다. 침적 공전에 의한 방해를 경감하기 위한 방법에는 다음과 같은 것이 있다.

① 안테나에 절연선 또는 차폐 루프(Shielding Loop)를 사용한다.

② 무잡음식 스태택 디스차저(Static Discharger)를 장착한다. 이것은 날카롭고 뾰족한 곳에 발생하는 코로나를 이용하여 항공기의 전위가 낮을 때, 전하를 고저항을 통하여 비충격적으로 방전시키는 것이다. 이와 같은 방전 장치는 보통 날개 끝이나 날개 트레일링에이지 가장자리 및 꼬리 날개부분 끝에 장치하며, 또 안테나에 너무 가깝지 않게 붙이는 것이 중요한다. (그림 3-6)

③ 안테나는 코로나 방전(Corona Dischare)이 발생하는 장소에서 가능한 한 떨어진 곳에 설치한다.

5) 각 주파수의 전파(電波)의 전파(傳播) 특성

A. 장파(LF)

주로 지표파에 의해 원거리까지 전파된다. 한편, 공간파는 E층에서 반사되어 더 멀리까지 도달한다. 자기 폭풍(Magnetic Storm)이나 델린저(Dellinger) 현상의 영향을 거의 받지 않으나 공전에 의한 방해를 받기 쉽다.

B. 중파(MF 2MHz 정도까지)

대개 장파와 같은 특성을 가지나, 낮에는 공간파의 전리층(lonosphere)에서의 감쇠가 크기 때문에 지표파에 의해서만 전파가 행해진다. 그러나, 밤이 되면 공간파는 E층에서 반사되어 지상으로 되돌아와 먼거리까지 도달하게 되지만, 그 때문에 페이딩(Fading)이 발생한다.

C. 단파(HF 2MHz 이상)

지표파는 감쇠가 크므로 일반적으로 이용할 수 없다. F층에서 반사 굴절되는 공간파만이 주로 이용되며, 전리층과 지면 사이를 몇 번이고 굴절 반사해서 먼 곳까지 도달한다.

단파는 F층에서 굴절 반사됨과 동시에 층이 내부를 통과할 때 감쇠되며 그 감쇠는 층의 전자 밀도가 클수록 크다. 또 층의 높이가 변화하면 전파 상태도 변한다. 전리층에 의한 감쇠는 주파수의 제곱에 반비례하므로, 감쇠를 적게 하기 위해서는 주파수를 바꾸어야 한다. 그러나 주파수를 너무 높이면 전파가 전리층을 뚫고 나가버려 원거리 통신을 할 수 없게 된다. 그러므로 전리층에서 비교적 감쇠가 적고 굴절, 반사되어 전파하는 최적의 사용 주파수가 정해진다. 전리층의 상태는 시각, 계절에 따라 변화하므로, 그에 따라 사용하는 주파수로 바꾸어야 한다. 일반적으로 낮에는 높은 주파수를 밤에는 낮은 주파수를 사용한다.

전리층 상태의 변동에 따라 단파 통신은 페이딩(Fading)이 나타나고, 또 자기 폭풍이나 델린저 현상의 영향을 받는다.

D. 초단파(VHF 이상)

초단파 및 극초단파에서 공간파는 전리층을 뚫고 나가버리고, 지표파도 감쇠가 커서 이용할 수 없으므로 주로 직접파 및 지표 반사파를 이용하여 제한 범위 내의 전파를 한다.

SHF 이상에서는 그 특성이 빛의 성질에 가까워져서, 또 지향성 빔 안테나(Beam Antenna)를 사용하므로 그 전파는 직접파에 의해 이루어진다. 이 제한 범위 내의 전파는 안테나의 높이나 전파상이 지형 등에 의해 좌우된다. 또, 전파는 대기상태의 영향을 받아 굴절이나 반사를 하여 제하 거리 이상까지도 도달하는 경우가 있다. 이와 같은 경우에 대기상태의 변동에 따라 종종 페이딩이 일어난다. 초단파 이상에서는 일반적으로 자기 폭풍이나 델린저 형상의 영향을 받지 않고 공전에 의한 방해도 적어 안정된 통신을 할 수 있다.

3-2. 송신기

송신기는 주파수가 높은 교류 전류를 만들어내는 장치이다. 이 교류 전류를 안테나에 흐르게 하면, 그 교류 전류와 같은 파형을 한 전파가 공간으로 나간다. 이때 단지 정현파(Sine WaVE)의 교류 전류를 안테나에 흘려도 전파는 나가지만, 이것만으로는 전파에 정보가 포함되어 있지 않아 통신장치라고 할 수 없다.

모든 무선 송신장치는 먼저 어떤 높은 주파수의 정현파 전류를 만들고 이 정현파

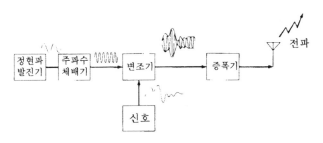

그림 3-7 송신기의 구성

전류를 그대로 안테나에 흐르게 하는 것이 아니라, 정보를 포함한 신호로 변화시킨다. (변조라 함) 그리고, 이 변조된 교류 전류를 증폭시켜 안테나로 보내는 것이다.
　송신기 구성을 간단히 나타내면 그림 3-7과 같이 된다.

a. 정현파 발진기(Sine WaVE Oscillator)
기본 고주파를 발생시킨다.

b. 주파수 체배기(Freguency Multiplier)
　발진기에서 발생한 고주파를 송신 주파수(반송 주파수라 함)가 되도록 몇배로 체배한다.

c. 신호
　전파(반송파)에 실은 정보로서, 이 신호에는 여러가지를 생각해 볼 수 있다. 예를

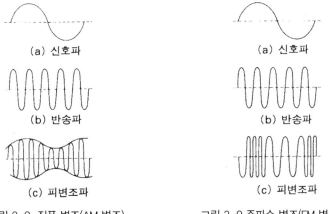

(a) 신호파 　(a) 신호파

(b) 반송파 　(b) 반송파

(c) 피변조파 　(c) 피변조파

그림 3-8 진폭 변조(AM 변조)　　　그림 3-9 주파수 변조(FM 변조)

들면, 음섬에 비례한 음성 전류 플레이어(Player)로부터의 전압, TV 신호, 콘트롤 신호(Control Signal) 등이 있다.

d. 변조기(Modulator)

반송파를 신호의 변화에 따라 변화시킨다. 반송파를 변화시키는 방법에는 크게 2가지로 나눈다.
① 진폭 변조(Amplitude Modulation : AM 변조)
반송파이 크기(진폭)을 신호에 따라 변화시키는 방법(그림 3-8)
② 주파수 변조(Frequency Modulation : FM 변조)
반송파의 주파수를 신호에 따라 변화시키는 방법(그림 3-9)

e. 증폭기(Amplifier)

변조된 반송파의 전력은 작으므로 필요한 크기의 전력으로 만들어 안테나로 보낼 필요가 있다. 이 때문에 전력 증폭기로 증폭한다.

3-3. 수신기(ReceiVEr)

그림 3-10은 수신기 개념도이다. 여기서 먼저, 공간에 날아다니는 전파를 잡는 수신 안테나부터 살펴보자.

공간에 날고 있는 전파를 수신하려면, 먼저 금속 막대 또는 도선(안테나)이 필요하다. 전파는 말하자면 전계(Electric Field)와 자계(Magnetic Field)가 일체가 된 힘으로서 둘중에 하나를 이용한다. 전계를 이용하려면 금속 막대를 전계의 힘으로서 둘중에 하나를 이용한다. 전계를 이용하려면 금속 막대를 전계의 힘의 방향에 놓으면 이 힘이 금속 막대 속의 자유 전자에 작용하여 움직이게 한다. 이렇게 하여 금속 막대에 전류가 흐르게 되는 것이다. [그림 3-11(a)]

한편 자계 부분에서 받으려면 금속 막대를 루프로 하여 코일처럼 만들어 두면 전파

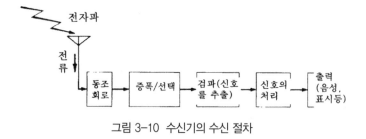

그림 3-10 수신기의 수신 절차

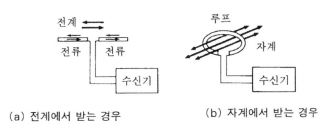

(a) 전계에서 받는 경우   (b) 자계에서 받는 경우

그림 3-11 전파의 흐름

속의 자계 변화에 따라 전자 유도의 원리에 의해 코일에 기전력, 즉 전계가 발생한다. 그 결과, 이 전계의 힘으로 루프에 전류가 흐르는 것이다. [그림 3-11(b)] 전파를 받는 안테나 형태에는 현재 여러가지가 있으며, 기본적으로 앞에 기술한 두가지 형식으로 크게 나눌 수 있다.

그런데 공간에 날아다니는 전파에는 여러가지 주파수의 전파가 섞여 있다. 예를 들어, 라디오 주파수의 전파, TV 주파수의 전파, 그 외의 수많은 주파수의 전파가 존재한다. 따라서 이들 주파수 가운데 수신하려고 하는 주파수를 보다 효율적으로 수신하려면 안테나에 대해 좀더 연구할 필요가 있다. 아래에 안테나 수신기의 기본적인 구성에 대해 설명한다.

1) 수신 안테나

단지 금속 막대 또는 도선만으로도 전파를 수신할 수 있는 안테나가 될 수 있으나, 수신하려는 주파수대의 전파를 보다 효율적으로 수신하려면 그 길이등의 연구가 필요하다.

송신 안테나의 경우도 마찬가지로 가장 효율적으로 전파를 방사(Radiation)하려면, 수신 안테나와 같이 만든다. 그림 3-12는 가장 전형적인 다이폴 안테나(Dipole Antenna)이다. 이 안테나는 금속 막대의 길이를 수신하려는 주파수의 파장 λ의 반으로 한 것이다. 이렇게 하면 λ파장의 주파수 전파에 의한 전류가 다른 주파수에 의한 전류보다 많이 흐른다. 예를 들어, 300MHz의 전파를 받기 위해서는 이 주파수의 파장이 1m이브로 다이폴(Dipole)의 길이는 λ/2=1/2=0.5m가 된다. 이 안테나는

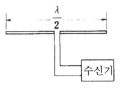

그림 3-12 다이폴 안테나

전자파 속의 전계를 받는 형태이다.

한편, 전계(Electric Field)는 공간 속에서 어떤 방향을 향하고 있다. 예를 들면, 송신 안테나가 다이폴에 수평으로 설치되어 전파를 방사하는 경우, 전파의 전계 방향도 수평면 내에 치우쳐 변화한다. [그림 3-13(a)] 이것을 수평 편파라고 한다. 이 수평 편파를 효율적으로 수신하려면 수신 안테나도 수평으로 설치하여야 한다. 즉 수평 편파를 수신하려면, 수신 다이폴 안테나를 수평으로 설치할 필요가 있다. 만약 송신 안테나가 수직으로 설치되어 송신할 경우 전계이 방향은 수직면 내(수직 편파)가 되므로 수선 안테나도 수직으로 설치하여야 한다. 다시 말해서 수직 편파를 수신하려면 그에 따라 수신 다이폴 안테나도 수직으로 설치할 필요가 있는 것이다. [그림 3-13(b)]

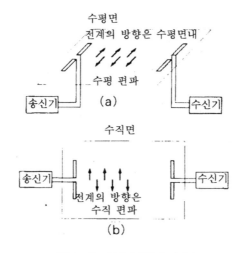

그림 3-13 수평편파와 수직편파

2) 동조 회로(Tuning Circuit)

다음으로 안테나로부터 들어온 전파 중 해당 주파수만을 선택하기 위해서는 동조 회로가 사용되고 있다. 코일(Coil)과 콘덴서(Condenser)를 직렬로 접속하고, 이 회로를 교류 전원에 접속시키면 코일 및 콘덴서의 값으로 정해져 어떤 주파수에서 전류가 최대로 흐르게 하는 특성을 얻을 수 있다.(그림 3-14) 이 때의 동조 주파수(Tuning Freguency)는 다음과 같이 된다.

$$f_0 = \frac{1}{2\pi\sqrt{LC}}$$

수신된 전파에 의해 안테나에 전류가 흐르게 되며 이때 그림 3-15와 같이 동조 회로를 접속시키면 L과 C의 값으로 정해진 수신하려는 주파수의 전류는 최대가 되고 그 외의 주파수 전류는 작게된다. 이와 같이 주파수를 선택하는데는 동조 회로가 널리 사용된다. 콘덴서의 값을 바꾸면 수신 주파수를 변경할 수도 있다.

안테나 및 동조 회로로 수신/선택한 전류 또는 전압은 매우 약하므로 이것을 증폭할 필요가 있다. 증폭하는 도중에도 동조 회로 외에도 다른 회로 기술이 사용되며, 수신하려는 주파수의 선택도를 증가시킨다. 이렇게하여 커진 전류 또는 전압은 전송파에 신호가 포함된 피변조파이므로, 이 중에서 신호만을 추출하여(이것을 검파라 함). 증폭시키면 최종적으로 표시장치나 음성, 그 밖의 수신기 출력이 되는 것이다. 이것이 그림 3-10의 수신기의 수신 절차 내용이다.

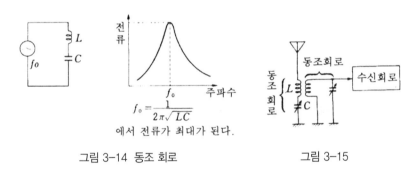

그림 3-14 동조 회로   그림 3-15

3) 수신기의 종류

A. 스트레이트 수신기

이 형식은 현재 거의 사용되지 않는다. 구성은 그림 3-16과 같이 3개 부분으로 되어 있으며, 각부의 작동은 다음과 같다.

a. 고주파 증폭기

안테나로 수신된 고주파 신호를 선택, 증폭하여 검파기(Detector)를 작동 시킬 정도의 감도로 만든다. 수신 전파가 충분히 강한 경우에는 이 부분을 설치하지 않는 경우도 있다.

그림 3-16 스트레이트 수신기

b. 검파기

수신된 고주파 신호 속에 포함되어 있는 음성 주파 신호(신호파 성분)를 검출한다. 즉, 피변조파에서 변조파 성분을 검출한다.

c. 음성 주파 증폭기

검파 출력으로서의 음성 주파 신호를 스피커를 작동시키는데 충분한 크기로 증폭된다.

B. 수퍼헤테로다인 수신기(Superheterodyne ReceiVEr)

대부분의 수신기가 이 형식이다. 스트레이트 수신기에서는 수신 전파가 약할 경우에 고주파 증폭단을 늘이면 좋지만 그렇게 하면 증폭이 불안정하게 되어 이득 효과(Gain Effect)가 그다지 크지 않다. 또한 선택도도 별로 좋지 않으므로 현재에는 특별한 것을 제외하고 거의 수퍼헤테로다인 방식이 사용된다.

이 방식은 수신 전파의 주파수를 낮은 주파수(중간 주파수)로 변환하여 증폭, 검파를 하는 것이다. 즉, 수신 주파수를 증폭하기 쉬운 다른 주파수로 변환시켜 충분히 증폭한 뒤, 검파하는 방식이다. 구성은 그림 3-17과 같이 6개의 부분으로 되어 있다. 각 부분의 작동은 다음과 같다.

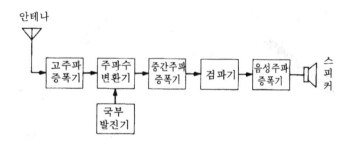

그림 3-17 수퍼헤테로다인 방식

a. 고주파 증폭기

안테나로 수신되어진 고주파 신호를 선택, 증폭한다.

b. 국부 발진기

발신 전파의 주파수에 대해 중간 주파수 만큼의 차이를 가진 주파수의 신호를 발진시켜 주파수 변환기에 가한다.

c. 주파수 변환기

수신 전파의 주파수 f_r과 국분 발진기의 주파수 f_0를 혼합시켜 중간 주파수 $f_r \sim f_0 = f_1$의 출력을 낸다.

d. 중간 주파수 증폭기

중간 주파 신호의 동조 및 증폭을 한다.

e. 검파기

중간 주파 신호(피변조파)로부터 그 속에 포함되어 있는 음성 주파 신호(신호파 성분)를 검출한다.

f. 음성 주파 증폭기

검파 줄력으로서의 음성 주파 신호를 스피커를 작동시키는데 충분한 만큼 증폭시킨다.

4) 수신기의 종합 특성

A. 감도(Sensitivity)

어떤 미약한 전파를 수신할 수 있는가를 나타내는 것으로, 일정한 음성 출력 신호(500㎽)를 내는데 필요한 공중선 입력 전압을 감도라 한다.(예:몇㎼) 수신기의 증폭단수를 늘리면, 초단 진공관(또는 트랜지스터)으로부터의 잡음을 크게 증폭하는 것이 되므로 공중선 입력이 없어도 잡음 출력이 커져서 신호 출력과 구별되지 않는다.

그래서 신호와 잡음의 비(S/N)에 일정한 한도를 설정하여 감도를 결정한다. S/N의 한도는 정보 내용, 즉 전신, 전화, TV 등에 따라 다르며, 전화에서는 1~10 정도를 선택한다.

B. 선택도(Selectivity)

혼신을 방지하는 능력을 말하며, 수신기를 희망 수신 주파수로 동조시켰을때, 희망 주파수 이외의 전파가 어느 정도 들어오는지, 바꿔 말하면 어느 정도 목적한 전파를 수신할 수 있는지를 나타낸다. 혼신의 우려가 있는 주파수는 정해져 있으므로 그 주파수와 희망 주파수의 감도 비를 선택도로 한다. 그림 3-18은 그것을 나타낸 것이다.

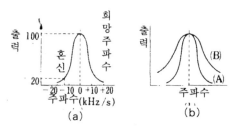

그림 3-18 주파수의 선택 곡선

그림 (a)는 희망파와 혼신파가 같은 감도를 가지고 들어오는 경우에 혼신의 크기를 나타내었으며, 15㎑ 주파수가 떨어지면

$$20/100 = \frac{1}{5}$$

의 감쇠가 있음을 알 수 있다.

그림 (b)는 (A) 선택도 곡선과 (B) 선택도 곡선을 비교한 것으로, (A)는 (B)보다 선택도가 좋은 것을 알 수 있다.

C. 충실도(Fidelity)

송신 전파에 실려 보낸 통신 내용을 수신기의 출력에 어느 정도 충실히 재현시킬 수 있는가를 나타내며, 스피커의 음향적 특성을 포함하면 완전한 충실도가 된다. 양호한 것을 고충실도(Hi-Fi)라 한다. 이것은 주로 주파수 특성과 진폭의 기울어짐에 의해 정해진다.

a. 주파수 특성

송신할때 낮은 주파수에서 높은 주파수까지를 똑같이 보낸 경우라도, 수신기의 특성에 따라 저역, 고역은 중역에 비해 감쇠를 받는다. 이 특성을 나타낸 것이 주파수 특성 곡선이다.

그림 3-19는 그 예를 나타낸 것으로서 A곡선은 3KHz정도에서부터 출력이 저하되는데, B곡선은 10KHz정도까지 거의 직선이다. B쪽이 주파수 특성이 좋음을 알수 있다.

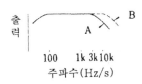

그림 3-19 주파수 특성

b. 진폭의 기울어짐

송신 신호 크기와 수신 신호의 크기가 비례하지 않아서 생기는 것으로, 파형이 변화한다. (그림 3-20)

c. 안정도(Constancy)

전원 전압의 변동, 온도, 습도의 변화, 기계적이고 진동 등에 대해 수신 출력의 변동이 없고, 앞에서 설명한 특성의 변화가 없는 것이 바람직하다.

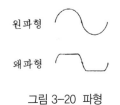

그림 3-20 파형

5) 혼신의 문제

A. 근접 주파수 혼신

선택도에서 설명했듯이, 희망 수신 주파수에 동조했을 때, 그 주파수에 가까운 부분에 다른 발신국의 전파가 있으면 그것이 수신기에 들어온다. 이것이 근접 주파수 혼신으로서 그 정도는 선택도 곡선으로 정해진다.

B. 이미지 혼신

이것은 수퍼헤테로다인 수신기 특유의 혼신이다. 그림 3-21에서 중간 주파수 455KHz의 수신기로, 희망 주파수를 1,000KHz로 하고 국부 발진 주파수를 희망 주파수보다 높게 하면 국부 발진 주파수는 1,455KHz가 된다. 그러나 1,455+455=1,910(KHz)의 전파가 이 수신기의 입력측에 있으면

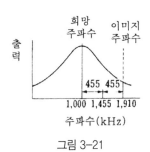

그림 3-21

$$1,910 - 1,1455(국부 발진 주파수) = 455(KHz)$$

의 관계가 성립되어 1,910KHz는 1,000KHz와 같이 수신되어지게 된다. 이 현상을 이미지 혼신이라 하며 이 1,910(KHz)를 이미지 주파수라 한다. 혼신의 정도는 중간 주파수로 변환되는 전단의 선택도에 의해 정해진다.

6) 수신기의 보조 회로

주로 무선 통신에 사용된다.

A. 자동 음량 조정기(AVC : Automatic Volume Control)
수신 전파의 강도가 변화해도 항상 일정한 음성 출력이 가능하게 한다.

B. 자동 이득 조정기(AGC : Automatic Gain Control)
수신 전파의 강도가 변화해도 항상 일정한 이득이 있도록 한다.

C. 스켈치 조정기(SQ : Squelch Control)
일반적으로 상대국에서의 송신 전파가 있을 때는 AVC 회로 등이 작용하여 잡음은 그다지 들리지 않으나, 고감도의 수신기에서는 수신 전파가 없어지면 급격히 큰 배경 잡음이 들어와 시끄러운 잡음이 생긴다. 이것은 수신 전화가 없을 때, 즉 전파가 매우 약할 때는 수신기의 이득이 올라가 불필요한 외부 잡음이나 내부 잡음이 크게 증폭되어 출력으로 나타나기 때문입니다.
이럴 때는 음성회로의 작동을 일시적으로 중단하고, 전파의 세기가 어느 값 이상이 되었을 때 음성회로를 작동시켜 불필요한 잡음을 제거한다.

D. 잡음 제한 회로(NL : Noise Limitter)
외부 잡음에 의한 방해를 경감하는 것으로, 충격성의 잡음에 대해서는 매우 효과적이다.

3-4. 안테나

3-3에서 말했듯이, 금속막대 또는 도체를 안테나로 사용할 때에는 그 길이를 조절할 연구가 필요하다. 보통 그 길이를 기본적으로 수신 전파 파장의 반으로 하는

것이 표준이다. 이렇게 하면, 안테나가 그 파장의 전파에 대해 전기적 공진 상태가 되어 효과적인 전파의 송신 또는 수신이 가능해진다.

그러므로 각 주파수대에 따라 어떤 안테나가 사용되는지를 항공 무선 장치에 촛점을 두고 살펴보자. 표 3-3에 주파수에 따른 안테나를 정리하였다.

사용 주파수	종류	공진파장	실례	항공기에 사용예
VLF, LF, MF(HF)	접지 공중선	$\lambda/4$	수직, 역L형, T형 안테나	NDB
LF, MF, HF	루프 안테나	없음	루프 안테나	ADF
HF, VHF, UHF	다이폴 안테나	$\lambda/2$	수평, 수직 $\lambda/2$ 다이폴, 코니컬, 브라운, 호이프 안테나	VHF, UHF 통신 VOR, ILS
UHF, SHF 이상	반사기 부착 안테나	없음	파라볼라 코너 리플렉터	기상 레이더
UHF, SHF	슬롯 안테나	있음	슬롯 안테나	도플러 레이더

표 3-3

1) 파장/중파용 안테나

A. 접지 공중선(Earthed Antenna)

LF, MF에서는 그 파장이 1km 전후가 되므로, 그 파장의 반이어도 500m 전후가 된다. 따라서, 이만한 길이의 다이폴(Dipole)을 구성하는 것은 바람직하지 않다. 게다가 전파 관계상, 수직 편파(VErtical WaVE)가 되도록 수직 안테나가 사용되므로 λ/2의 안테나의 길이에서는 높이가 매우 높아진다. 그래서 안테나의 한쪽 끝을 접지함으로써, 대지 속에 마치 다이폴이나 안테나의 반이 있는 것처럼 할 수 있는 것이다.(이를 경상이라 함) 그림 3-22(a)에 접지 공중선을 보였다.(경상의 부분을 포함하며, 수직 다이폴의 형태로 되어 있음에 주의)

또 그림 3-22(b), (c)에서처럼, 안테나 상부에 높이의 몇 분의 1정도의 수평 부분을 첨가함으로써 높이를 그만큼 감소시킬 수 있다. 복사(방사)된 전파는 수직 편파(VErtical WaVE)이고, 그 지향 특성을 그림 3-22(b)에서 처럼 수평 부지향성이다.

공진 파장(Resonance WaVE)은 경상(현미경의 반사에 의해 만들어진 물체의 상)을 포함해서 λ/2이므로, 수직 공중선에서는 방사 소자 높이가 λ/4가 된다. 이 수직 공중선의 높이가 λ/4보다 짧아지거나 또는 길어져서 공진되지 않는 경우에는 그림 3-23처럼 안테나에 적당한 코일 또는 콘덴서를 직렬로 연결하여 안테나 소자에 최대 전류가 흐르도록 공진을 취한다. 이것을 안테나에 동조를 취한다고 한다.

이들 접지 공중선(Earthed Antenna)은 지상 무선 시설의 하나로 NDB(Non-Directional Beacon)에 사용되고 있다. 그림 4-24에 실제의 공중선 예를 나타냈다.

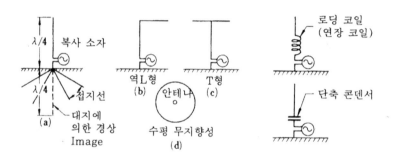

그림 3-22 접지 공중선   그림 3-23 접지 공중선의 동조

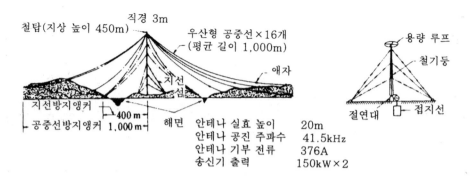

그림 3-24 VLF, LF, MF 공중선의 예

B. 루프형 공중선(Loop Antenna)

그림 3-25처럼 도선을 원형 또는 사각형 모양으로 만든 것으로 LF, MF같이 파장이 긴 전파의 지향성 공중선이며 또 접지할 수 없는 LF,MF 수신기의 안테나로서 사용된다. (ADF의 공중선에 이용)

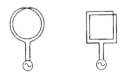

그림 3-25 루프 안테나

지향성은 그림 3-26에서처럼 루프면의 방향이 최대 감도가 된다.(Dipole과 반대) 최대 감도의 방향은 두 곳에 있고, 대칭적이라서 그림에서 왼쪽이 최대인지, 오른쪽이 최대인지를 구별하려면 전기적으로 왼쪽과 오른쪽의 위상이 다르므로 판별할 수 있다.

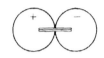

그림 3-26 루프 안테나의 지향성

루프 안테나는 크기에 의한 공진 파장이라고 하는 것이 없어 루프를 동조 회로(Tuning Circuit)의 코일로 사용한다.

최근에는 루프 속에 고주파 자심(Ferrite Core)를 넣고 코일을 소형으로 하여 감도를 더 높이도록 하고 있다. 루프 안테나는 크기에 비해 감도가 낮은 결점이 있다.

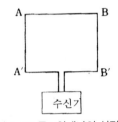

그림 3-27 루프안테나의 성질

그림 3-27에서와 같이, 루프 면이 대지에 수직으로 놓여진 루프 안테나는 수직편파 (VErtical WaVE)에 대해 A, A'와 B, B'가 수직 안테나로서 작동하는 8자 지향성을 나타내는데, 야간의 전리층 반사파와 같이 수평 편파(Horizontal WaVE)성분을 포함하고 있으면, A, B, A', B'에 유기 기전력을 발생시켜 최소 감도점(소음점)이 명확하지 않게 되는 결점이 있다. (야간 오차라고 함)

이 결점을 보충한 것이 그림 3-28의 애드콕 안테나(Adcock Antenna)이다.

이것은 수평 편파를 감지하는 부분 (수평소자)을 접근시켜 가설하고 이 부분에서 유기된 전압을 전기적으로 상쇄되도록 한 것이다.

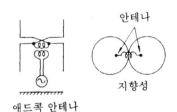

애드콕 안테나

그림 3-28 애드콕 안테나

루프 안테나는 ADF (Automatic Direction Finder)에 사용되고 있다.

2) 단파(HF)용 안테나

HF는 원거리 통신에 사용되는 주파수로 전리층 전파(Ionosphere WaVE)를 이용한다. 전리층에서 반사·굴절되어 다시 지구상으로 돌아오므로, 그 편파면은 여러 방향을 향하고 있다고 보아도 좋다. 따라서, 안테나는 반파장의 수직 또는 수평형의 안테나가 사용된다.

지사의 HF 통신국에서 사용되는 안테나는 중파에서 사용하는 안테나와 같은 형태의 것이 사용된다고 생각해도 좋으나, 항공기의 HF 통신용 안테나는 안테나가 길어지기 때문에 지상에서와 같이 자유로이 사용할 수 없으며 특히 제트 항공기에서는 수직 꼬리 날개(Tail Wing)의 일부를 사용한 1/4 파장의 접지형 안테나를 사용하고 있다.

또 이 밖에 기체 전체에 공진시키는 형태나 긴 와이어를 당긴 형태(프로펠러 항공기)가 있는데 이것도 기본적으로는 1/4 파장의 접지형 안테나 (Earthed Antenna)이다. (그림 3-29)

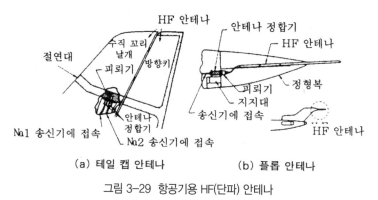

(a) 테일 캡 안테나   (b) 플롭 안테나

그림 3-29 항공기용 HF(단파) 안테나

3) 초단파(VHF)용 안테나

이 주파수에서는 파장이 1m 정도가 되므로, 반파의 수평 또는 수직 다이폴 안테나가 주체가 된다.

A. 수평 다이폴 안테나(Horizontal Dipole Antenna)

그림 3-30에서처럼 소자가 대지에 대해 수평이고, 그 길이가 반파장 $(\lambda/2)$인 안테나이다. 수평 편파의 송신기에 이용된다.

안테나의 길이를 λ/2로 했을 때, 송신기에서 최대의 전류가 안테나로 흐른다. 복사 소자(Radiation Element)를 두껍게 하면 공진이 부드럽게 되어 광대역 (Broad Band) 특성이 얻어진다. 그림 3-31은 λ/2 다이폴을 변형시킨 여러 종류의 안테나이다.

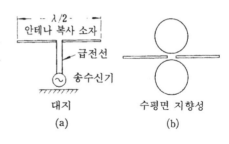

그림 3-30 수평 다이폴 안테나

공급선으로부터는 전파가 방사되지 않으며, 그 길이는 임의로 해도 좋다. 수평면 지향성은 그림 3-30(b)에서와 같이 안테나 도체와 직각 방향이 최대 감도 방향이고, 도체 방향의 감도는 최소가 된다. 안테나의 복사 저항은 λ/2에서 75Ω이다.

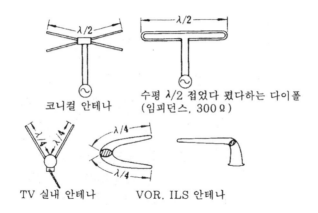

그림 3-31 여러가지 안테나

B. 수직 다이폴 안테나

그림 3-32에서와 같이, 복사 소자가 대지에 대해 수직으로 놓여진 λ/2 다이폴로서, 수직 편파의 송수신에 이용된다. 수평면 지향성은 무지향성이다. 실제로 사용되는 다이폴은 하부 도체와 공급선의 간섭을 막기 때문에 하부 도체에 여러가지 장치가 고안되어 있다.(그림 3-33)

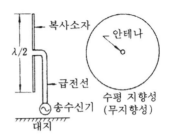

그림 3-32 수직 다이폴 안테나

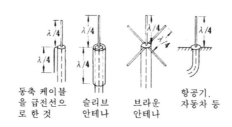

동축 케이블
을 급전선으
로 한 것

슬리브
안테나

브라운
안테나

항공기,
자동차 등

그림 3-33 간섭을 막기 위한 장치

더욱이 항공기용에서는 하부 도체 대신에 기체 일부를 이용하도록 하고 있다. 그림 3-34는 항공기의 VHF 통신용에 사용되는 것의 예이다.[모두 수직 다이폴(VErtical Dipole)이다]

4) 극초단파(UHF) 이상 사용 안테나

이 주파수대가 되면 파장이 몇 Cm 또는 몇 mm가 되어 빛과 같은 성질로 변하며 직진성이 강해진다. 그러므로, 거울로 빛을 모으는 것과 같은 안테나 등을 사용하게 된다.

A. 파라볼라 안테나(Parabola Antenna)
그림 3-35와 같이 반사경을 한 금속판의 기하학적 촛점에 1차 방사기를 넣고 여기서 발사된 전파를 방물면에 닿게 함으로서 예민한 빔(Beam)을 얻는 것이다.

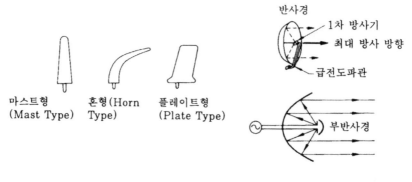

마스트형
(Mast Type)

혼형(Horn
Type)

플레이트형
(Plate Type)

반사경

1차 방사기

최대 방사 방향

급전도파관

부반사경

그림 3-34 항공기에 쓰이는 수직 다이폴 안테나   그림 3-35 파라볼라 안테나

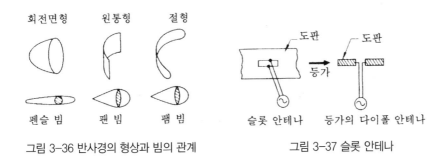

그림 3-36 반사경의 형상과 빔의 관계   그림 3-37 슬롯 안테나

1차 방사기로서 2GHz 이하에서는 λ/2 다이폴, 3GHz 이상에서는 도파관(WaVE Guide)을 사용하는 경우도 있다.

반사경의 모양과 빔과의 관계를 그림 3-36에 나타냈다. 이것은 항공기용 기상 레이다(Weather Radar)에 사용되고 있다.

B. 슬롯 안테나(Slot Antenna)

그림 3-37에서처럼 도판의 일부에 구멍을 뚫고 그 중앙의 상하에서 여진하면, 그 반사 방향으로 전파가 발사된다. 이것은 구멍을 도체로 하는 다이폴로 바꾸어 생각해 볼수 있다. 도체판에 슬롯을 빔 안테나처럼 많이 배열하면 예민한 빔을 얻을 수 있다. 항공기에서는 도플러 레이다(Doppler Radar)용으로 사용되고 있다.

3-5. 진공관(Vacuum Tube)

최근에는 반도체 기술의 발달에 따라, 진공관이 사용되는 일이 매우 적어졌다. 그러나, 특수한 용도의 장치, 고전력의 송신관 및 브라운관 등에서는 오늘날에도 많이 사용된다. 여기서는 일반적인 진공관의 개요만 설명한다.

1) 열전자 방출과 2극 진공관

일반적으로 금속을 진공중에서 고온으로 가열하면, 금속에서 외부로 전자가 방출된다. 이 전자를 열전자라고 하며, 이 현상을 열전자 방출현상이라고 한다. 진공관은 이 열전자 방출현상을 이용한 것이다.

2극 진공관(Diode)은 진공 유리관 속에 2개의 전극이 있어, 그림 3-38과 같이 한

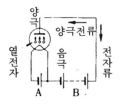

가열된 음극에서 방출된 전자는 음극보다 높은 전 압이 걸러 있는 양극으로 들어가, 그 결과 전체의 회로에 전자 흐름이 생긴다. 이것이 전류인데, 전 류의 방향은 전자 흐름이 반대 방향으로 흐르게 된다. 예를 들면, 전자가 오른쪽에서 왼쪽으로 흐 르고 있으면 전류는 왼쪽에서 오른쪽으로 흐른다.

그림 3-38 2극 진공관

쪽 전극에 전류를 흐르게 하여 그 전극을 가열시키면 열전자가 방출된다. 이 전극을 음극, 캐소드(Cathode)라 한다. 이때, 다른쪽 전극에 양(PositiVE) 전압이 걸리면 (이 전극은 양극이라 함) 열전자는 이 양극 을 끌어당겨 음극에서 양극을 향한 전자가 발생한다. 만약 양극에 음의 전압이 걸려 있으면, 열전자는 양극에 있지 않고 전자 는 발생하지 않는다.(전류의 방향은 전자와 반대 방향임)

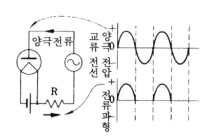

그림 3-39 2극 진공관의 정류작용

　이처럼 2극 진공관은 전류를 한 방향으로만 흐르게 하는 성질을 가지고 있으며, 이것을 이용하여 정류 작용(Rectification)을 행할 수 있다.(그림 3-39 참조)

　그림 3-39에서 양극과 음극 사이에 교류 전압이 가해지면 양극이 양전위가 되었을 때에만 전류가 흘러, 그림 3-39와 같은 파형의 맥류(Ripple)가 흐른다. 이 맥류는 적당한 필터를 사용하여 직류에 가깝게 할 수 있다.

　이 회로를 정류 회로(Rectification Circuit)라 하고, 이 때의 2극 진공관을 정류관(Rectifier Tube)이라 한다.

2) 3극 진공관

　2극 진공관이 플레이트(양극)와 캐소드와 사이에 그림 3-40 (a)에서처럼 1개의 격자에 전극을 설치한 진공관을 3극 진공관이라 하며, 이 새로운 전극을 콘트롤 그리드(Control Grid : 제어 격자)라 한다. 기호는 그림 3-40 (b)로 표시된다.

　그리드에는 보통 음의 전압이 가해지면 그 전압의 크고 작음에 의해 캐소드(Cathode)에서 플레이트(Plate)를 향한 전자를 제어한다. 그리드의 음전압이

크면 캐소드에서 플레이트를 향한 전자는 그 음전압 때문에 억제되어 적어지고, 그리드의 음전압이 작아지면 전자는 그다지 억제되지 않게 되어 전자가 증대한다. 이 관계의 곡선을 그림 3-41에 나타냈다.

　이 그림에서도 알 수 있듯이, 그리드 전압의 미세한 변화는 플레이트 전류를 크게 좌우하므로, 다음에 설명하겠지만 3극 진공관을 증폭기로서 사용할 수 있다.

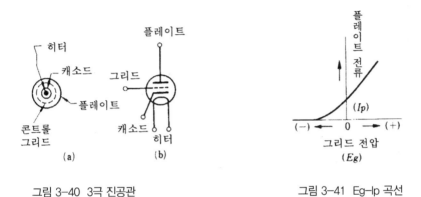

그림 3-40 3극 진공관　　　　　　　　　그림 3-41 Eg-Ip 곡선

3) 3극 진공관의 증폭 작용

　진공관의 기본 작용으로 가장 중요한 것은 증폭 작용이다. 그림 3-42(a)는 증폭회로를 나타낸 것으로서 그리드에는 다시 한번 음의 전위가 가해지고 있다. 입력 신호로서 교류 전압을 가하면, 플레이트 전류(Ip)는 그림 3-42(b)에서처럼 입력 신호의 파형에 따라 변화한다. 플레이트 회로에는 부하 RL이 들어 있으므로, 그 양끝에는 플레이트 전류와 같은 파형의 전압이 나타난다. 이것이 맥류 파형(Ripple WaVE)이며, 이 중에서 교류 부분을 출력 전압이라 한다. 이 출력 전압은 부하 RL을 적당하게 조절하면 입력 신호 전압의 몇배 크기로 신호 전압을 만들 수 있다. 이것이 증폭 작용이다.

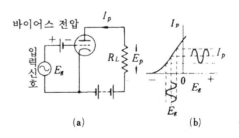

그림 3-42 증폭작용

4) 5극 진공관

3극 진공관의 플레이드와 콘트롤 그리드와의 사이에 그림 3-43과 같이 다른 2개의 그리도를 삽입한 것을 5극 진공관이라고 한다.

이들 중, 콘트롤 그리드(Grid) 방향을 스크린 그리도(또는 차폐 격자)라고 하며, 플레이트 방향을 서프레서 그리드(suppressor Grid, 또는 억제 격자)라고 부른다.

스크린 그리드에는 양(PositiVE) 전압을 가하여, 플레이트를 향한 전자를 가속시킴과 동시에 플레이트와 콘트롤 그리드 사이를 정전적으로 차단하여 플레이트쪽의 세력이 플레이트와 콘트롤 그리드 사이의 정전 용량을 이용하여 입력쪽에 있는 콘트롤 그리드로 보내지고, 자기 발진을 하는 것을 방지한다.

서프레서 그리드는 0전위, 또는 캐소드와 같은 전위로 유지되며, 플레이트에서 방출되는 2차 전자가 스크린 그리드로 들어가지 않도록 플레이트쪽으로 되돌리는 작용을 한다.

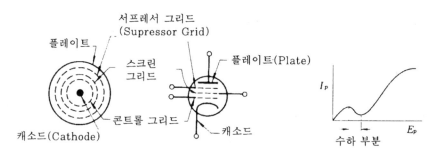

그림 3-43 5극 진공관   그림 3-44 수하특성

플레이트로부터 2차 전자가 스크린 그리드로 유입되면 그림 3-44에서 처럼 플레이트 전류가 감소되어 여러가지 나쁜 영향을 준다.

[참고] 2차 전자

일반적으로 고속일 때 높은 에너지를 가진 전자가 금속에 충돌하면, 그 금속에서 2차 전자가 방출된다. 이 현상을 2차 전자 방출현상이라고 하고 이때의 전자를 2차 전자라 한다.

5극 진공관은 3극 진공관에 비해 다음과 같은 점이 뛰어나, 보통 5극 진공관이 사용된다.

① 사용 가능 주파수가 높다.

  (3극관에 비해 높은 주파수대에서 충분히 사용가능하다.)

② 증폭도가 크다.

③ 출력이 크다.

5극 진공관의 각 전극의 작용을 요약하면 표 3-4가 된다.

명 칭	작 용
캐소드(음극)	열전자를 방사한다.
콘트롤 그리드 (제어 격자)	통상, 음의 전위에 바이어스되어 전자류를 제어한다.
서프레서 그리드 (제어 격자)	양의 전압이 가해져 캐소드에서 플레이트를 향해 전자를 가속시키고, 플레이트와 콘트롤 그리드 사이의 정전적인 차단을 한다.
스크린 그리드 (차폐 격자)	0전위, 또는 캐소드와 같은 전위를 가지며, 플레이트에서 방사된 2차 전자를 제어한다.
플레이트(양극)	캐소드에서 방사된 열전자를 취한다.

표 3-4

5) 음극선관(Cathode Ray Tube)

음극선관은 브라운관이라고도 하며 TV의 CRT로 널리 사용되며, 그림 3-45와 같은 구조로 전류나 전압의 변화를 형광면 상의 광점 변화로 바꾸어 관측하는 것이다.

전극에는 방열형의 캐소드(Cathode), 콘트롤 그리드(Control Grid), 제1플레이트,

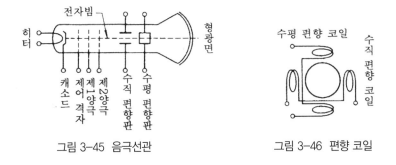

그림 3-45 음극선관   그림 3-46 편향 코일

제2플레이트, 수직 편향판(VErtical Deflection Plate), 수평 편향판이 있다.

콘트롤 그리드(Control Grid)는 전자 다발을 만드는 역할을 함과 동시에, 그 전압을 가감하여 형광면의 광도를 조절한다. 제1플레이트 및 제2플레이트는 형광면 상에서 촛점을 이루도록 하여, 편향판은 거기에 가해진 전압에 따라 전자 빔을 상하 좌우로 움직여 형광면 상의 광점을 이동시킨다.

또, 이 편향판(Deflecting Plate) 대신에 그림 3-46과 같이 편향 코일(Deflecting Coil)에 의한 자계의 작용으로 편향시키는 방식도 있다. 전자를 정전 편향형이라 하며, 후자를 전파 편향형이라고 한다.

항공기에서 음극선관은 기상 레이더 등의 지시기에 이용된다.

6) 진공관의 기본 작용

① 정류

　전자 변화 작용을 이용하여 교류에서 직류를 얻는다.

② 증폭

　콘트롤 그리드(Control Grid)에 작은 입력을 가하면, 플레이트 회로에 큰 출력이 얻어진다.

③ 발진

　플레이트 회로에서 증폭된 출력을 그리드 회로로 되돌려 주변(Feedback :귀환), 이것이 또 증폭되어 플레이트 회로에 나타나, 입력하지 않아도 출력된다. 이것을 발진이라고 한다.

④ 변조 ─────┐
　　　　　　　├─ 진공관 특성 곡선의 비직선을 이용한 것이다.
⑤ 검파(복조) ─┘

3-6. 트랜지스터

트랜지스터(Transistor)는 그 뛰어난 특성 때문에, 오늘날에는 진공관을 대신하여 여러가지 전자 장치에 사용되고 있다. 진공관에서는 진공 내의 전자를 이용하는데 비해 트랜지스터는 「반도체」라고 불리우는 고체(Ge, Si)에서 「전자」 또는 「정공」의 움직임을 이용한다.

진공관에서는 그리드에 미소 전압을 가해, 캐소드에서 양극으로 흐르는 전자를 제어하여 증폭하지만, 트랜지스터에서는 베이스에 흐르는 전류 또는 전압에 의해

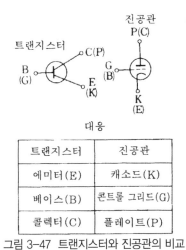

대응

트랜지스터	진공관
에미터(E)	캐소드(K)
베이스(B)	콘트롤 그리드(G)
콜렉터(C)	플레이트(P)

그림 3-47 트랜지스터와 진공관의 비교

에미터(Emiter)에서 콜렉터(Collector)로 흐르는 전자를 제어하여 증폭 작용을 한다. 이를 3극 진공관과 비교해 보면 그림 3-47과 같이 된다.

1) N형 반도체

실리콘(또는 게르마늄) 속에 예를 들어 인(P)과 같은 물질을 섞으면, 인과 실리콘이 공유 결합할 때, 인쪽이 공유 결합에 관계하는 전자가 한개 더 많으므로, 자유롭게 움직일 수 있는 1개의 전자가 생긴다. 이와 같이 자유 전자가 조금 많은 반도체를 N형 반도체라고 한다. [그림 3-48 (a)]

2) P형 반도체

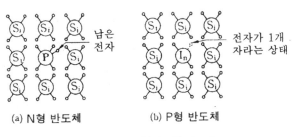

(a) N형 반도체   (b) P형 반도체

그림 3-48 P형과 N형 반도체

한편, 실리콘에 인듐(In)을 조금 섞으면 인의 경우와는 반대로 인듐과 실리콘이
공유 결합할 때, 인듐 쪽이 공유 결합에 관계하는 전자가 1개 적어 1개 전자가 부족한
상태가 된다. 1개 전자가 부족한 상태는 양의 전하가 있는 것으로 생각할 수가 있어서
이것을 「정공」이라고 부른다. 이 「정공」은 전자와 같이 움직일 수 있으므로 전류에
기여할 수 있다.[그림 3-48 (b)]

3) PN 접합 다이오드

N형 반도체와 P형 반도체와 결합한 것을 PN 접합이라고 한다. 그림 3-49(a)는
N형 반도체 쪽에 전지의 플러스(+), P형 반도체 쪽에는 전지의 마이너스(−)를 가한
상태를 나타냈다. 전지의 양전압에 의해 N형의 전자는 왼쪽으로 끌려 간다. 반면,
전지의 음단자에서는 P형 반도체 내의 「정공」이 끌려간다. [전기는 (+)와 (−)는
끌어당기고, (+)와 (+), (−)와 (−)는 서로 반발한다] 이 때문에, 그림 3-49(a)에서와
같이 전자와 정공이 양쪽으로 나누어지는 형태가 되어 전류는 흐르지 않는다.

다음으로 그림 4-49 (b)에서는 전지의 극성을 반대한 상태를 나타냈다. 이 경우는
N형 반도체의 전자는 전지의 (−)측에 의해 반발하고 P형 반도체의 정공도 전지의
(+)측에 의해 반발되어, 양자는 PN 접합면을 통해 PN 접합면에서 중화된다. 즉,
서로 상대편 속으로 들어가려 한다고 생각할 수 있고 전류가 흐르게 되는 것이다.

PN 접합의 성질, 즉 사용된 전지의 극성에 따라 전류가 흐르기도 하고 흐르지
않기도 하는 성질을 정류 작용으로서 2극 진공관과 같은 작용을 한다. 이 PN 접합의
반도체를 다이오드(Diode)라고 부른다.

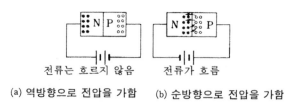

(a) 역방향으로 전압을 가함   (b) 순방향으로 전압을 가함

그림 3-49 PN접합 다이오드

4) 트랜지스터

반도체로 트랜지스터를 만들려면 PN 접합에 또 1개의 N형이나 P형의 반도체를

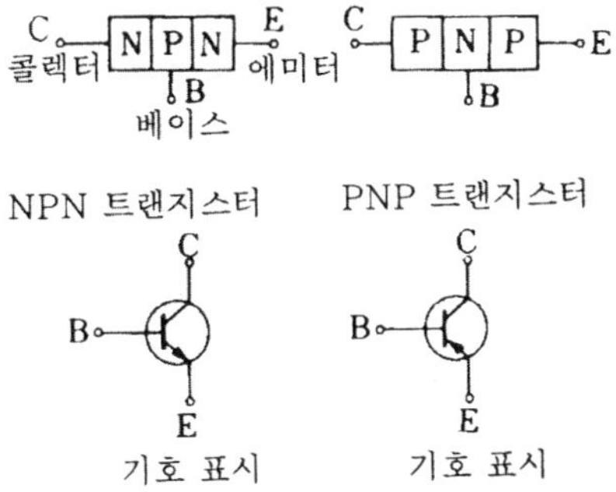

그림 3-50 트랜지스터

더한다. 그러면 그림 3-50과 같이 N형 반도체를 더해 NPN이 되고 P형 반도체를 더하면 PNP 반도체가 된다. 본문에서는 NPN형 트랜지스터의 원리를 설명한다.

그림 3-51에서 C를 콜렉터(Collector), E를 에미터(Emitter), B를 베이스(Base)라 하면, 콜렉터와 에미터 사이에 전압을 그림 3-51(a)와 같이 가하면, 콜렉터는 (+)전압이므로, 콜렉터 측의 N형 반도체 내의 전자는 콜렉터로 끌려 가고, 에미터 쪽의 N형 반도체 내의 전자는 반발해서 베이스 쪽으로 이동한다. 베이스 쪽에 이동된 전자는 베이스에 정공이 있는 곳으로 가므로 언뜻 보아 중화될 것 같지만 (즉 전류가 흐른다는 의미), 베이스에 아무런 전압도 가해지지 않았으므로, 전류는 흐르지 않는다. 그래서 그림 3-51(b)와 같이 베이스에 (+)의 전압을 가하면, PN 접합에 전압을 순방향으로 가하는 것과 같아서 처음으로 전류가 흐르게 된다.

그런데 베이스 속에 들어간 전자의 움직이는 속도가 느리고, 중화된 정공의 수가 전자보다 적으므로 중화되기까지는 시간이 걸린다. 그 때문에 전자는 베이스를 통해 흐르는 것보다, 그것을 통해 지나면 콜렉터에 양(+)의 전압이 걸려 있으므로 그곳을 향해 가는 것이 많아져서 에미터와 콜렉터 사이에 전류가 많이 흐르게 된다.

이처럼 콜렉터와 에미터 사이에 전압을 가하는 것만으로 전류는 흐르지 않으나, 베이스에 순방향의 전압을 가함으로서 저류가 많이 흐르게 된다. 즉, 베이스에 작은 전압을 가하면 베이스와 에미터 사이에 전류가 흐르지만, 이 전류보다 10배에서 1,000배나 되는 전류가 콜렉터와 에미터 사이에 흐르므로, 이에 의해 전류의 증폭이 가능해진다. 이것이 트렌지스터의 작용이다. NPN 트랜지스터의 베이스는 3극 진공관의 그리드에 대응하고 콜렉터는 양극, 에미터는 캐소드에 대응된다.

3극 진공관과의 차이는 진공관의 콘트롤 그리드에 전압을 가하면, 캐소드에서 양극을 향해 전자를 제어하고, 트랜지스터의 베이스는 베이스와 에미터 사이에 흐르는 전류에 의해, 에미터에서 콜렉터로 흐르는 전자 또는 정공을 제어한다는데 주의해야 한다.

트랜지스터는 진공관과 마찬가지로 정류, 증폭, 발진, 변조 및 검파 작용을 할 수 있다.

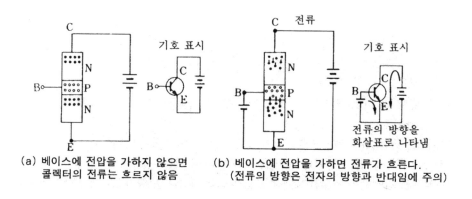

(a) 베이스에 전압을 가하지 않으면
    콜렉터의 전류는 흐르지 않음

(b) 베이스에 전압을 가하면 전류가 흐른다.
    (전류의 방향은 전자의 방향과 반대임에 주의)

그림 3-51 순방향 접속

제4장 논리 회로

4-1. 정논리와 부논리

컴퓨터 내에서 취급하고 있는 정보 신호는 펄스의 '유', '무'로써 표시하고 있으며, 이것을 2진 수치로 대응하면 1과 0이 되며 펄스의 전위(電位)에 대응시키면 '고', '저'가 되며, 이 두 값에 있어서의 기본 전위를 논리 레벨이라 한다.

이 논리 레벨의 결정 방법은 그림 4-1과 같이 높은 전위를 1, 낮은 전위를 0으로 정하는 것을 정논리라 하고, 반대로 높은 전위를 0, 낮은 전위를 1로 정하여 사용하는 경우를 부논리라 부른다.

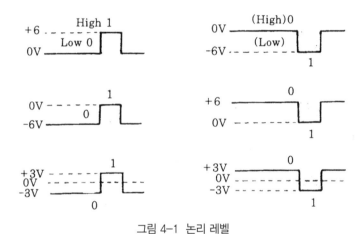

그림 4-1 논리 레벨

4-2. 다이오드에 의한 AND 회로와 OR 회로

1) 정논리 AND 회로

AND 회로는 논리적인 회로이므로, 입력의 신호가 모두1일때 출력이 1이되는 회로이다.

그림 4-2는 AND 회로를 표시하고 있지만 그림 (a)에서는 1은 +6V가 모두 0V이므로, A, B단자에 그림과 같은 입력 신호를 가하면 A, B가 모두 0V일 때,

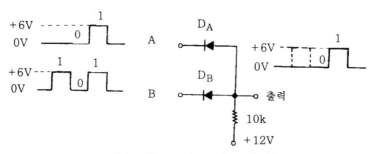

(a) 1이 +6V이고 0이 0V일 경우

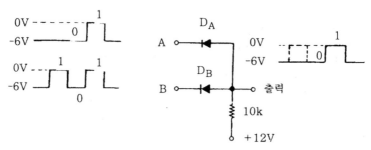

(b) 1이 0V이고 0이 −6V일 경우

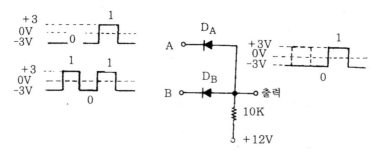

(c) 1이 +3V이고 0이 −3V일 경우

그림 4-2 정논리 AND 회로

출력측에 공급되는 +12V가 10KΩ을 경유하여 다이오드 DA, DB에 가해지므로 이것은 순방향 바이어스가 된다. 그렇기 때문에 DA, DB는 도통 상태가 되고, 입력측의 A, B 단자 전압 0(0V)이 출력단자에 그대로 출력된다. 그러므로 출력은 0V가 된다.

다음에는 B단자에만 1(+6V)의 경우에는 A단자의 0V와 같이 출력측이 0V가 되기 때문에, 다이오드 DB는 역방향 바이어스로 되어 출력에는 B단자의 입력 전압이 영향을 미치지 않는다.

다음은 B단자에서만 1(-6V)을 입력해도 출력단자는 0(0V)가 되므로, 다이오드 DB는 역방향 바이어스가 되고, 출력은 역시 0(0V) 그대로이다.

이번에도 A, B단자에 동시에 1(+6V)을 가할 경우, 출력측의 +12V가 모두 도통 상태가 되어, 입력 단자 A, B의 1(+6V)가 그대로 출력 단자에 나타나서 1(+6V)을 출력한다.

그림 (b), (c)의 펄스 입력에 대해서도 똑같이 A, B 양단자, 또는 한쪽만 0 일때는 출력이 0이 나타나며 양쪽 모두 1일 때는 1이 나타나게 된다.

2) 부논리 AND 회로

그림 4-3의 경우 AND 회로를 표시하고 있지만, 그림 (a)는 1이 6V이고 0이 0V이다. 지금 A, B단자에 0이 들어갔다면 출력측은 -12V가 10KΩ을 통하여 DA, DB에 가해진다.

다이오드 DA, DB는 모두 순방향 바이어스가 되어 도통되므로, 입력의 0V가 그대로 출력 단자에 나타나게 된다.

이번에는 A, B단자의 양입력이 모두 1(-6V)이 될 때는 다이오드 DA, DB 모두가 입력측의 -6V로 순방향 바잉스가 가해져(출력측은 -12V가 10KΩ을 통하여 -6V 이하로 되기 때문이다.) 도통 상태가 되므로, 출력 단자는 1(-6V)이 된다.

그림 (b), (c)의 펄스 입력에 대해서도 마찬가지로 생각하면 된다.

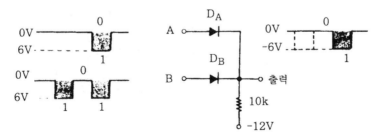

(a) 1이 -6V이고 0이 0V일 경우

그림 4-3 부논리 AND 회로

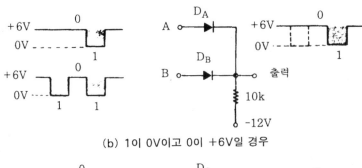

(b) 1이 0V이고 0이 +6V일 경우

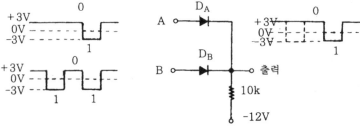

(c) 1이 -3V이고 0이 +3V일 경우

그림 4-3 부논리 AND 회로

INPUT		OUTPUT
A	B	X = A • B
0	0	0
0	1	0
1	0	0
1	1	1

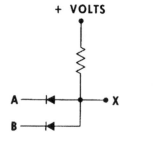

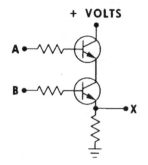

그림 4-4 엔드 게이트(AND GATE)

3) 정논리 OR 회로

OR 회로는 논리화의 회로이므로, 2값의 입력중 어느 한쪽이라도 1이면 출력은 1이 되어야 한다.

그림 4-5는 정논리에 의한 OR 회로를 나타내고 있다. 그림(a)를 살펴보면 A, B단자에 0(0V)가 입력으로 될 때는 출력 회로에 −12V가 100KΩ을 통하여 다이오드 DA, DB에 가해져 양다이오드는 모두 순방향 바이어스가 되므로 도통 상태가 되어 출력 단자에는 입력측의 0(0V)이 그대로 출력에 0(0V)으로 나타난다.

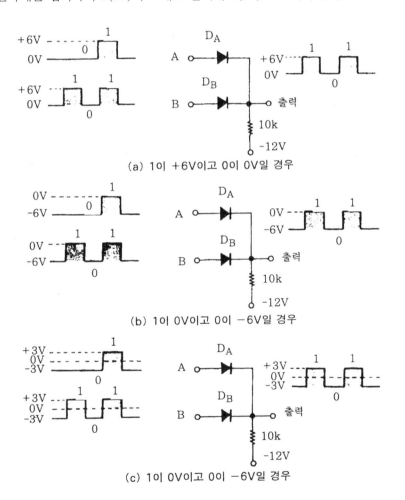

(a) 1이 +6V이고 0이 0V일 경우

(b) 1이 0V이고 0이 −6V일 경우

(c) 1이 0V이고 0이 −6V일 경우

그림 4-5 정논리 OR 회로

다음은 B단자가 1(+6V)일 때 A단자에 0V를 가하면 다이오드 DA에 의해 출력측은 0V가 되므로, 다이오드 DB는 순방향 바이어스가 되어 도통한다. 그 순간 출력 단자는 1(+6V)의 전위로 상승하게 된다.

이렇게 되면 다이오드 DA는 입력측이 0V, 출력은 +6V되므로 역방향 상태가 되어서 출력단자에는 1(+6V)가 입력되면, 출력측에는 마이너스가 걸려 있으므로 다이오드 DA, DB 모두가 순방향 바이어스로 되어 도통하므로 출력 단자는 1이 출력된다.

그림 (b), (c)도 같은 방법으로 생각하면 이해하기 쉽다.

4) 부논리 OR 회로

그림 4-6은 OR 회로이다. 지금 A, B단자에 0(0V)를 입력하게 되면, 출력측에는 (+)전위가 가해져 있으므로, 출력 단자에는 입력측의 0(0V)가 그대로 출력으로 나타나게 된다.

다음은 B단자에 1(-6V)이 있으면 A단자에는 0V가 가해져 있는 DA에 의하여 출력측은 0V가 되므로 다이오드 DB는 순방향 바이어스가 되어 도통한다. 따라서 출력 단자에는 B단자측의 1(-6V)이 그대로 전해진다. 이것은 다이오드 DA가 역방향

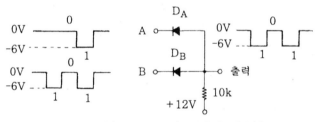

(a) 1은 −6V이고 0은 0V일 경우

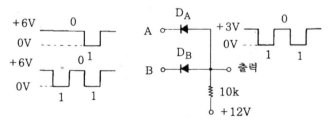

(b) 1은 0V이고 0은 +6V일 경우

바이어스로 되어 차단 상태로 만든다. 따라서 출력측은 1(-6V)이 된다. 이번에는 A, B단자에 모두 1(-6V)을 입력하면, 다이오드 DA, DB는 모두 순방향 바이어스가 되어 도통 상태가 되므로 출력 단자에는 1(-6V)이 나타나게 된다.

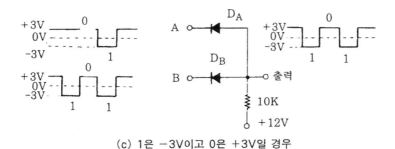

(c) 1은 -3V이고 0은 +3V일 경우

그림 4-6 부논리 OR 회로

INPUT		OUTPUT
A	B	X = A + B
0	0	0
0	1	1
1	0	1
1	1	1

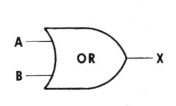

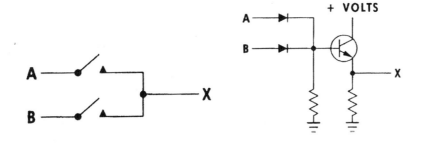

그림 4-7 OR 게이트(OR Gate)

4-3. 트랜지스터에 의한 AND 회로와 OR 회로

AND 회로와 OR 회로는 트랜지스터에 의하여 그 기능을 실현할 수가 있고 사용하는데 매우 편리한 점이 있다.

1) 트랜지스터에 의한 정논리 AND 회로

그림 4-8은 트랜지스터에 의한 정논리의 AND 회로를 나타내고 있다. 지금 입력 단자에 있는 A, B를 그림과 같은 펄스를 입력으로 가하면, 양단자 입력이 0일 때에는 입력측에 −6V 전위가 50KΩ 을 통하여 트랜지스터 TRA, TRB의 베이스에 역방향 바이어스가 공급되고 있으므로, 출력저항 20KΩ 이 양단 전압은 0(0V)가 된다.

다음으로 B단자에 1(+6V)를 가하면 트랜지스터 TR$_b$의 베이스 전위는 플러스가 되므로, 이 방향은 순방향 바이어스가 가해져 도통상태가 되지만 TR$_a$가 차단상태가 되므로 출력 저항2KΩ에는 전류가 흐르지 않는다. 이 때문에 출력 단자는 0(0V)가 된다.

이번에는 A, B 양단자가 모두 1(+6V)을 가하면 양트랜지스터는 모두 순방향 바이어스로 되어 도통되므로 출력 단자에는 1을 출력한다.

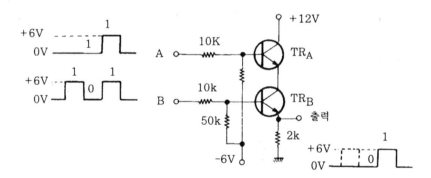

그림 4-8 트랜지스터에 의한 정논리 AND 회로

2) 트랜지스터에 의한 정논리 OR 회로

그림 4-9는 회로에서 A, B 단자가 모두 0(0V)이 입력되면 TRA, TRB의 베이스에는 −6V 전위가 50KΩ을 통하여 가해져 역방향 바이어스가 된다. 이 때문에

두개의 트랜지스터는 차단 상태가 되어 출력 저항 2KΩ 에는 전류가 흐르지 않고 출력 단자는 0(0V)가 된다.

다음으로 B단자에 1(+6V)를 가하면 트랜지스터 TRB의 베이스 전위가 플러스가 되므로, 이 방향은 순방향 바이어스가 되어 도통상태가 되며 출력 저항 2KΩ 에는 전류가 흐르고 출력 단자는 0(0V)가 된다.

이번에는 A, B 양단자가 모두 1(+6V)을 가하면 2개의 트랜지스터는 모두 순방향 바이어스로 되어 도통되므로 출력 단자에는 1을 출력한다.

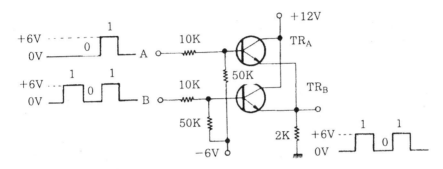

그림 4-9 트랜지스터에 의한 OR 회로

4-4. 인버터(반전) 회로

이 회로는 NOT 회로라고 부르며 입력에 1(+6V)을 넣으면 출력측에 0(0V)가 입력에 0(0V)를 넣으면 출력측에 1(+6V)로 반전하는 회로이다.

입력측이 −6V 전압은 50KΩ을 통하여 트랜지스터 TR의 베이스에 역방향 바이어스로 가해지고 있으므로 입력 신호가 0일 때는, TR은 차단 상태가 되어 콜렉터의 출력 단자는 2KΩ의 부하 저항을 통하여 +12V의 전압에 의해 +10V이므로 다이오드 D 전후의 전압이 되려고 한다. 그러나, 클림프 전압이 6V이면 다이오드가 도통되어 콜렉터 전압은 6V 이상은 되지 않는다.

다음은 입력이 1(+6V)이 되면 트랜지스터 TR의 베이스에는 플러스의 전위가 되므로 순방향 바이어스가 되어 도통 상태가 된다. 이 때문에 클렉터의 출력 신호는 0(0V)가 된다. 여기에서 입력 회로의 20KΩ이 전후로 결합되어 TR이 도통 상태가 될 때 이 저항값 여하에 따라 TR의 베이스 전류가 설정된다. 또 15KΩ은 브리드 저항으로 베이스 바이어스를 안정화시키기 위한 것이다. 더구나 100PF는 스피드 업 콘덴서로써 파형 정형의 목적이 있다.

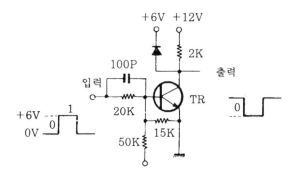

그림 4-10 입버터(NOT) 회로

4-5. EF(에미터 플로워)회로

이 회로의 특징은 입력 임피던스가 높고 출력 임피던스가 낮은 점이며, 따라서 앞단에 영향을 그다지 미치지 않으면서 후단에 많은 회로를 접속시키려고 할 때 매우 편리한 논리 회로이다. 즉, 임피던스 정합이 행해짐과 함께 버퍼(Buffer)의 역할도 한다.

입력에 대한 출력의 위상 관계는 그림 4-11과 같은 현상이 나타난다. 이 회로중의 2KΩ은 에미터 부하 저항이고, 입력 회로의 100KΩ은 입력 신호가 0(0V)일 때, 트랜지스터의 베이스에 마이너스 전위를 주어 역방향 바이어스일 때 TR을 차단 상태로 하기 위한 바이어스 저항이 된다.

50Ω은 TR이 도통될 때, 베이스 전류를 결정하기 위하여 사용하며 TR의 입력 임피던스가 높기 때문에 이 경우 저저항으로 되어 있다. 50Ω과 병렬의 100PF는 스피드 업 콘덴서이다.

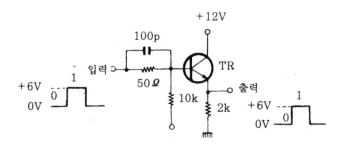

그림 4-11 에미터 플러워(EF) 회로

4-6. NAND 회로와 NOR 회로

지금까지는 단독으로 존재하는 다이오드에 의한 AND회로 혹은 OR회로 인버터(NOT) 회로 등을 하나의 논리 게이트가 되도록 조합하여 사용하는 것이었다.

AND+NOT→NAND

OR+NOT→NOR

만약 게이트로 어떤 AND 회로나 OR 회로를 몇단 접속하면 부하에 대한 상호의 영향이 생겨 적당치가 못하다. 이러한 때에 다이오드에 의한 AND, OR 회로에서 게이트를 구성하며 NOT 회로에서 전류 이득을 얻어서 다음단에

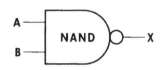

INPUT		OUTPUT
A	B	X = $\overline{AB}$
0	0	1
0	1	1
1	0	1
1	1	0

그림 4-12 NAND GATE

출력되므로 신뢰성이 높고, 안정도가 좋은 논리 게이트 회로를 구성할 수가 있다.

그림 4-12는 정논리 NAND회로를 나타내고 있으며, 입력이 A, B, C의 3개의 입력 AND를 구성하고 있다면 이 논리식은 드·몰간의 제2정리에 의하여,

$$\overline{A \cdot B \cdot C} = \overline{A} + \overline{B} + \overline{C}$$

와 같이 논리화로 변환된다. 또 그림 (b)는 정논리 NOR 회로이고 지금 입력 A, B, C의 3입력 OR을 구성하고 있다면 이 논리식은 드·몰간 제1정리에 의하여

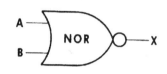

$$\overline{A + B + C} = \overline{A} \cdot \overline{B} \cdot \overline{C}$$

의 논리적으로 변환된다.

INPUT		OUTPUT
A	**B**	$X = \overline{A + B}$
0	0	1
0	1	0
1	0	0
1	1	0

그림 4-13 NOR GATE

또 그림 4-13의 논리 게이트를 이용하여 여러가지 논리 기능을 이해할 수 있으며 회로 설계상 능률을 높일 수가 있다.

더구나, 각부의 회로 동작은 단독의 AND, OR, NOT 회로를 참고하면 알수가 있다.

4-7. 트랜지스터만의 NAND, NOR 회로

그림 4-14 (a)는 NAND 회로를 (b)는 NOR 회로를 표시하고 있으며 이 회로는 트랜지스터에 의한 AND 회로 및 OR 회로이며 각 콜렉터측에서 출력이 나오도록 한 것이다. 따라서 각부의 동작 원리는 4-3을 참조하기 바란다.

또한, 이 회로는 전하의 다이오드의 트랜지스터어에 의해 구성되어 있는 회로만큼 일반적인 방식은 아니다.

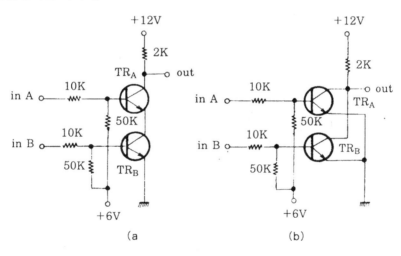

그림 4-14 트랜지스터에 의한 NAND, NOR 회로

4-8. AND-OR 회로

예를 들면 2개의 AND 회로가 입력측에 여러개 필요하며, 이것들을 정리하여 1개로 했을 경우에는 그림 4-15의 AND-OR 게이트 회로를 사용한나. DA_1, DB_1에 의한 1개의 게이트를 구성하고, 이와 같은 것이 A_2, B_2, …… A_n, B_n개까지 접속하여 다이오드 D_1, D_2,…… D_n개로 OR 회로에 의해 연결된다. 이 출력은 TR로써

만들어진 에이터·플로워 EF회로에 의해 입력과 동시에 출력된다.

단, 게이트의 수에는 한계가 있으며, 너무 많은 접속을 하면 임피던스 정합의 점에서 상호의 영향이 커져서 안정된 동작을 바랄 수 없게 된다.

모델기에서는 이 회로를 BUS 게이트에 사용했으며, 게이트 수를 5개 필요로 하기 때문에 각 AND의 부하 저항을 5KΩ으로 하고 있다.

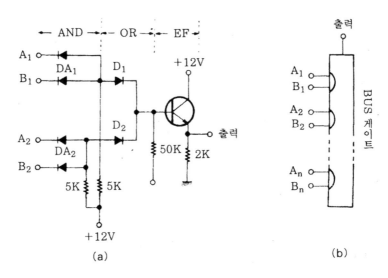

(a)　　　　　　　　　(b)

그림 4-15 AND-OR 회로

1) ExclusiVE-OR 회로

익스클루시브 오아 회로에 대한 식은 다음과 같이 나타낸다.

$$X = AB + AB$$

INPUT		OUTPUT
A	**B**	$X = A \oplus B$
0	0	0
0	1	1
1	0	1
1	1	0

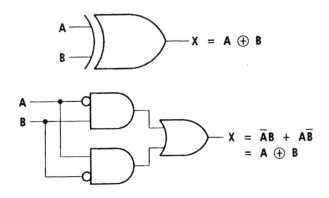

그림 4-16 ExclusiVEr OR 회로

이식은 계산은 다음과 같이 나타낼 수 있다. 윗식에서 A가 1이거나 B가 1이면 X는 1이 된다. 또한 A와 B가 모두 1이면 X는 1이 아니다. 다시 말해서 A와 B가 모두 같지 않으면 X는 1이 된다.

다음 그림은 ExclusiVE-OR 회로의 심볼 및 진리표를 나타낸 것이다.

2) EXclusiVE-NOR 회로

익스클루시브 노아 회로에 대한 식은 다음과 같이 나타낸다.

$$X = AB + AB$$

이 식의 계산은 다음과 같이 나타낼 수 있다. A, B 모두 0이거나 1일때 X는 1이되고, A, B 어느 한쪽이 0이거나 1이되면 X는 0이 된다. 다음 그림은 ExclusiVE-Nor 회로의 심볼 및 진리표를 나타낸다.

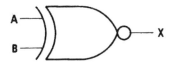

INPUT		OUTPUT
A	B	$X = \overline{A \oplus B}$
0	0	1
0	1	0
1	0	0
1	1	1

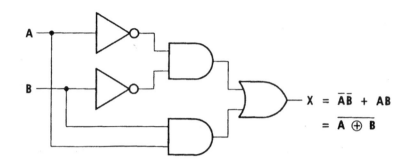

$$X = \overline{A}\overline{B} + AB$$
$$= \overline{A \oplus B}$$

그림 4-17 EXclusiVE NOR 회로

4-9. 멀티·바이브레이터(Mulit Vibrator)

멀티·바이브레이터란 이장 발진기(Relaxation Ocilator)를 말하며, 일반적으로 2단 증폭기에 의한 출력 100% 귀환에 의해 행해지고 있다. 또한, 이 2단 증폭기의 결합 방식에 따라 무안정형, 1(단)안정형, 2(쌍)안정형의 3종류로 대별할 수 있다.

1) 2(쌍)안정형 멀티 · 바이브레이터(Bistable M)

일반적으로 플립·플롭(Flip-Flop)이라 부르며, 1Bit의 정보신호를 기억 시킬 수 있고, 카운터와 레지스터 및 그외의 기억 소자로서 흔히 사용되고 있다.

플립 플롭(FF) 심볼은 4각형 박스에 좌측에는 입력 신호 라인이 있고, 우측은 출력 신호 라인이다. 문자 FF가 박스의 중앙에 있다. 문자 Q와 Q는 박스의 우측에 있고 출력 신호를 식별한다. FF는 2가지 상태가 있는데 다음과 같다.

첫번째 셋트 상태(SET STATE)에서는 Q=1, Q=0이다.

두번째 리셋 상태(RESET STATE)에서는 Q=0, Q=1이다.

FF는 또한 2(쌍)안정 멀티 바이브레이터라고도 하며 2가지의 안정된 상태(Two Stable State)를 갖는다. 입력 신호(SET와 CLEAR)가 상태(State)를 콘트롤한다. 이 쌍안정 특성이 FF를 양호한 기억 장치(Memory Device)로 만든다. 하나의 FF메모리 장치는 한번에 1바이트의 데이터를 저장할 수 있다.

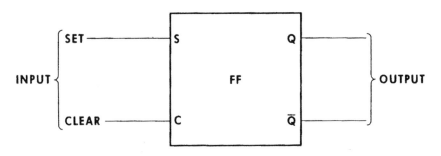

입력		출력	
S	R	Q	$\overline{Q}$
0	0	불변	불변
0	1	0	1
1	0	1	0
1	1	미확정	미확정

그림 4-18 General Flip-Flop Symbol

A. 동작 원리

그림 4-19의 회로에 있어, $Rc_1=Rc_2$, $R_1=R_2$, $RB_1=RB_2$일때, 스위치 S를 닫으면, TR_1, TR_2의 규격이 동일할지라도 콜렉터 전류 Ic_1, Ic_2에는 극히 적지만 차가 있다. $Ic_2 \langle Ic_1$일 때는 C_2의 전위가 C_1점의 전위보다 약간 높게 되며, 이 전압은 저항 R_1, R_2를 통하여 각 베이스에 전해지므로 B_1점이 B_2점 보다 전위가 높게 된다.

그렇다면 콜렉터 전류가 흐르기 시작할 때의 초기에 있어, B_1점이 높다는 것은 Ic_1을 점점 많이 흐르게 하여, TR_1의 부하저항 Rc_1의 전압강하가 커지게 되므로, B_2점의 전위는 높아질 수가 없다. 이것은 트랜지스터 TR_2의 콜렉터 전류 Ic_2를 증가시킬 수 없으므로, TR_2의 부하저항 Rc_2의 전압강하를 시키지 않기 때문에, C_2점의 전위는 높으므로, R_2를 통하여 B_1점의 전위를 가속도로 높게 한다.

이와 같이 되어 최종적으로는 TR_1의 베이스 B_1점이 +가 되면, TR_1은 도통 상태가 된다. 이것은 $-RB_1$을 통하여 -의 전위가 가해지지만, C_2점의 전위는 대개 $+Ec$전압에 가까운 +전압이 가해지고, 이것이 R_2를 통하여 B_1점에 가해지므로, RB_1에서의 -를 상쇄한 차가 +로 가해지게 된다. 또, TR_2의 베이스 B_2점은 $-EB$의 전압이 RB_2를 통하여 - 전위만이 가해지므로, TR_2를 차단 상태로 만든다. 그래서, C_1점의 전위는 TR_1이 도통하여 있으므로, 0전위에 가깝기 때문에 R_1을 통하고,

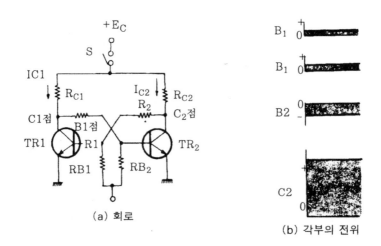

(a) 회로

(b) 각부의 전위

그림 4-19 쌍안정 멀티 회로의 원리

B_2점에는 +가 거의 가해지지 않는다. 물론 이상의 것은 순간적으로 행해진 것이다.

이와 같은 안정 상태에서 각부의 전위를 표현하면 그림 4-19 (b)와 같이 된다.

그림 4-20의 회로에서 TR_1이 on되었을 때의 SET출력은 0. RESET출력은 1이 되어 언제까지나 안정 상태를 유지한다.

여기에서 지금 SET입력에 정방향의 펄스가 들어갔을 때는, 미분회로의 100P와 20KΩ에 의하여 미분되며, 펄스가 올라갈 때 정방향, 내려갈 때는 부방향의 트리거·펄스가 발생한다.

이 중에서 정방향의 트리거·펄스는 다이오드 D_1에 역방향 바이어스로서 걸리게 되므로, 베이스 B_1점에는 영향을 주지는 않지만, 부방향 트리거·펄스는 D_1에 대하여 순방향 바이어스가 되어 지금까지 B_1점이 +로 되어 있던 것을 순간적으로 − 가 되게 한다.

이로 인하여 TR_1은 역방향 바이어스로 되었기 때문에 off가 되고 콜렉터 전압은 0부근에서 공급 전압 가까이로 올라간다. 이 +전압의 R_1(10KΩ)을 통하여 점에 걸리기 때문에 그 순간 TR_2의 베이스는 +가 되며 TR_2를 on으로 만든다. 즉, SET출력은 0→1로, RESET출력은 1→0으로 반전시킨 결과가 된다. 이번에는 RESET 입력에 펄스를 가하면, 부방향에 생긴 트리거·펄스 B_2점을 − 로 만들어 TR_2를 차단하기 때문에 RESET출력은 0→1로, SET출력은 1→0으로 반전시킬 수 있다.

그림 4-21은 그림 4-20의 회로에 있어서 SET 입력 펄스와 RESET 입력 펄스가

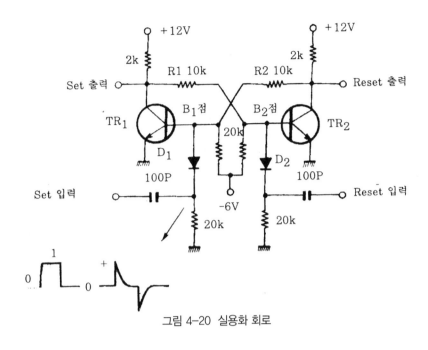

그림 4-20 실용화 회로

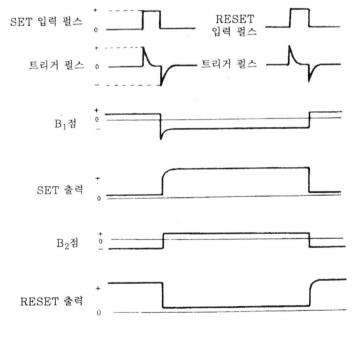

그림 4-21 각부분의 파형

있을 때의 각부 파형을 나타내고 있다.

2) 쌍안정 멀티의 실제 회로

그림 4-22는 실용화된 플립·플롭(FF) 회로이고 C_1, C_2는 파형의 기립현상을 좋게 하기 위한 스피드업 콘덴서이다.

D_5, D_6는 클램프 다이오드이고, 또 다이오드 D_3, D_4는 조절 신호와 같이 직류적인 것을 직접 입력으로 콘트롤하기 위한 것이다. 이 그림에서 주의할 것은 D_1, D_2의 방향과, SET, RESET의 출력이 그림 4-14의 경우와는 반대로 되어있는 점이다. 이 점에 대하여 설명하면 지금 TR_1이 on으로 되어 있다고 할 때 SET입력에 펄스가 들어가면 콘덴서 100P와 저항 20KΩ에 의해 미분되어 정방향, 부방향에 트리거·펄스가 발생한다.

정방향 펄스는 다이오드 D_1을 순방향으로 바이어스하기 때문에, B_1점에는 이 트리거·펄스가 걸리지만, B_1점은 처음부터 ⊕로 되어 있기 때문에 TR_1을 off로 할 수는 없다.

그리고 부방향 트리거·펄스가 들어오면 D_1을 역방향 바이어스로 되게 하므로 B_1점에는 영향을 주지 않는다. 결국 TR_1이 on되었을 때는, SET 입력의 펄스는 작용하지 않게 된다.

이번에는 RESET에 펄스가 들어오면 TR_2의 베이스 B_2점은 ⊖가 되므로 정방향 트리거·펄스에 의하여 다이오드 D_2는 순방향 바이어스가 되어 B_2점의 전위를 순간적으로 ⊕로 만든다.

이 때에는 TR_2를 on하고 TR_1을 off롤 반전시키기 때문에 RESET 출력은 0에서 1로 변하게 된다. 다음은 SET 입력에 펄스를 가하게 될 때는 TR_1은 당연히 off에서 on으로 바뀌게 된다.

이와 같이 다이오드 D_1, D_2의 방향 여하에 따라 트리거·펄스의 정방향, 부방향의 어느쪽에서든지 동작시킬 수가 있다.

3) 1(단)안정 멀티 · 바이브레이터(Monostable M)

One-Shot 멀티라고도 부르며 항상 1개의 안정상태를 유지하고 있지만, 트리거 입력이 들어올 때만 안정 상태가 흐트러져서 어느 설정된 시간폭의 출력 신호를 얻을 수가 있다.

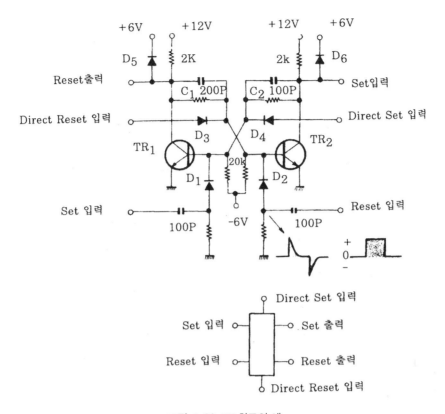

그림 4-22 FF 회로의 예

또, 이 회로는 지연 회로용으로도 이용되고 있다.

A. 동작 원리

쌍안정 멀티·바이브레이터의 단간 결합용 저항을 한쪽만 콘덴서로 바꾸어 넣은 것이다. 그림 4-23은 그 동작 원리를 나타내는 회로이다. 지금 스위치 S를 닫으면 트랜지스터 TR_1, TR_2에는 콜렉터전류 IC_1, IC_2가 흐르게 된다. 이 경우 트랜지스터의 특성에는 관계없이 B_2점의 전위는 ⊕가 된다. 그 이유는 B_2점에는 베이스·바이어스의 ⊖EB가 공급되지 않으며 저항 R을 통하여 ⊕E_C 전압이 가해지기 때문이다. 이 때문에 C_2점의 전위는 0볼트 가까이 되고 결합 저항 R_2를 통하여 B_1점에 ⊕진위가 공급되지 않고, 또 ⊖EB는 RB를 통하여 ⊖에 공급되기 때문에 B_1점은 ⊖가 된다. 따라서 TR_1은 처음부터 off가 된다. 또, C_1점의 전위는 콜렉터 공급전압의 ⊕EC에

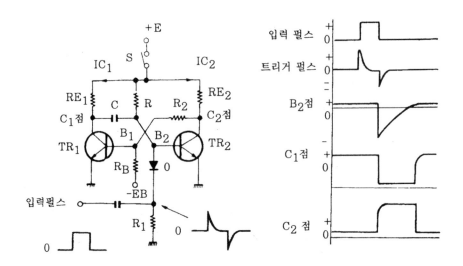

그림 4-23 모노스테이블 멀티 회로 및 파형

거의 같은 크기의 ⊕전압이 걸리게 되어, 단간결합 콘덴서 C를 충전시킨다.

그러면 이 안정 상태에 있어 그림 4-23에 표시된 것처럼 입력 펄스가 들어오면 정방향의 입력 펄스는 다이오드 D를 역방향으로 바이어스하여 B_2점을 순간적으로 ⊖로 만든다. 이것은 트랜지스터 TR_2FMF off로 하기 때문에 C_2점의 전위은 0→1로 높아져 R_2을 거쳐 B_1점의 전위를 ⊕로 한다. 따라서 트랜지스터 TR_1을 on시켜 C_1점의 전압을 1→0로 낮게 한다. C_1점의 전압이 0V 가까이 내려가면, 지금까지의 콘덴서 C가 충전되어 있었지만, C→TR_1→R→C의 경로로 방전하기 때문에 B_2점의 전위는 어느 설정 시간만 ⊖로 된다.

이상의 사실들을 그림 4-24에 의거하여 좀더 자세히 설명하면 (a)는 TR_1이 off이고 TR_2는 on의 상태를 등가적으로 표시한 것이다. 양트랜지스터를 스위치로 바꾸면 TR_1이 off일 때는 E=6V가 R_{C1}을 통하여 콘데서 C를 대략 E에 가까운 전압으로 충전한다. 다음에 TR_1on이 되면, (b)처럼 TR_1에서 R을 통하여 방전 전류가 흐르지만, 방전 개시시에 있어 R의 양단에 걸리는 전압은,

$$EC+E=약 6V+6V≒12V$$

12V위 전압이 걸리므로 어스에 대하여 B_2점의 전위는,

$$ER+E=(-12)V+6V=-6V$$

이와 같이 ⊖의 방향으로 떨어지고 잠시 B_2점의 전위는 상승한다. B_2점의 전위가

TR₂를 순방향으로 할 때까지의 전위로 회복시키면 다시 TR₂는 on, TR₁은 off로 안정된다.

이와 같이 반전되어 안정될 때까지의 시간은 C와 R의 시정수에 관계되어 결정된다.

즉, 입력, 트리거·펄스에 의하여 설정 시간만 반전되어 있는 출력 펄스의 폭은 다음 식으로 되어 근사치가 구해진다.

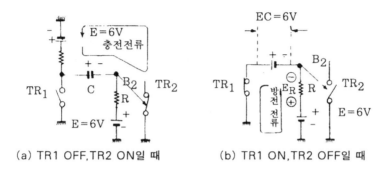

(a) TR1 OFF,TR2 ON일 때   (b) TR1 ON,TR2 OFF일 때

그림 4-24 MM의 동작 회로

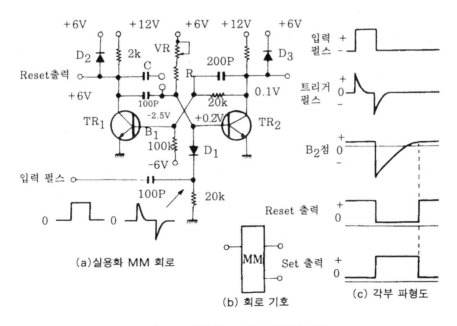

(a)실용화 MM 회로

(b) 회로 기호

(c) 각부 파형도

그림 4-25 실용화 MM 회로 및 각부 파형

$$T=2.3\text{CR}\log_{10} \frac{2E}{E} = 2.3\text{CR}\log_{10}2 = 0.7 \text{ CR}$$

(참고) 위로 동작하는 MM은 그림 (a)의 B_1점에 D_1을 역접속하여 미분 입력된다.

B. 단안정 멀티의 실제회로

그림 4-25는 부방향 트리거·펄스에 의하여 동작하고 있는 MM(모노스테이블 멀티)의 실제 회로 구성도이다.

SET출력의 펄스폭은 다음에 의하여 결정된다.

$$T=0.7(C+100)(R+VR)$$

4) 무(비) 안정 멀티 · 바이브레이터(Astable M)

일정한 주파수의 구형파를 반진할 수가 있어 계산기에서는 주로 클릭(Clock), 시각 신호 발생 회로에 사용한다.

주파수의 정확도는 수정 발전기와 비교하면 떨어지지만 계산기에서는 충분히 사용할 수가 있다. 그 이유로는 송신기 등과 같이 주파수의 정확도가 정밀한 것이 요구되지 않기 때문이다.

A. 동작원리

쌍안정 멀티·바이브레이터의 단간결합 저항을 양쪽 모두 콘덴서 C_1, C_2로 바꾸면 그림 4-26과 같은 회로 구성이 된다. 초기 조건에 의하여 TR_1이 on이 되었다고 할 때, C_1점의 전위는 TR_1의 낮은 내부 저항에 의하여 어스되고 있으므로 ⊕EB 베이스·바이어스 전압이 저항 R_2를 통하여 콘덴서 C_1을 충전하게 된다. 그동안 B_2점의 전위는 그림 4-26(b)와 같이 ⊖ 방향으로 쫓겨 잠시 상승한다. B_2점의 전위가 TR_2를 순방향 바이어스가 되는 전위까지 올라와서 이 시점에서 TR_2는 on이 된다.

이번에는 TR_2의 on에 의해, C_2점이 TR_2이 낮은 내부 저항에 의하여 어스가 되므로, 콘덴서 C_2의 전위는 $C_2 \rightarrow TR_2 \rightarrow$ 어스 $\rightarrow +EB-R_1 \rightarrow C_2$의 경로를 통하여 방전되어, B_1점의 전위는 ⊕로 쫓기게 된다. 이것이 잠시 상승해서 TR_1을 순방향 바이어스가 되게 하여 TR_1은 도통 상태가 된다.

이후는 전원 전압이 없어질 때까지 사각형파의 발진이 계속된다.

단, $C_1 = C_2$, $R_1 = R_2$일 때의 경우에 한하며, 만약 이 균형이깨지면 C_1, C_2점의 파형은 사각형파가 아닌 한쪽 펄스의 폭이 길어짐과 함께 다른 쪽의 펄스폭은 짧아진다. 이 펄스의 폭은 다음과 같다.

> C_1점에서는 $T = 0.7\,C_1 \cdot R_2$
>
> C_2점에서는 $T = 0.7\,C_1 \cdot R_2$

콘덴서와 저항의 시정수로 결정되고, 지금 사각형과 때의 주파수 f는 다음과 같다.

$$f = \frac{1}{2T} = \frac{1}{1.4 C_1 R_1}$$

B. 비안정 멀티의 실제 회로

그림 4-27은 이 실제 구성 회로이고 200KHZ의 클릭·펄스를 발진한다고 하여 CR 시정수의 저항을 100KΩ으로 설정하면,

$$f = \frac{1}{1.4CR}$$

$$C = \frac{1}{1.4RF} = \frac{1}{1.4 \times 10k \times 200k}\,0.000357 \mu F$$

가 되므로, 27PF와 0.00357μF의 콘덴서를 병렬로 접속한다.

이 출력은 입력 임피던스가 높은 EF 회로로써 발진 회로쪽에 영향을 주지 않도록 끌어낸다. 부하 저항 양단에는 제너·다이오드 RD-6A를 병렬로 접속하고 항상 1이 +6V의 출력 펄스로 하여 취급하고 있다.

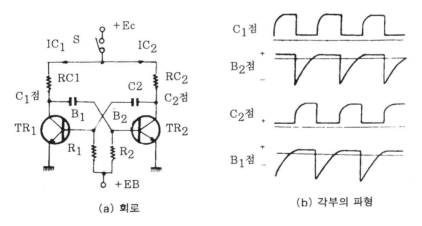

(a) 회로   (b) 각부의 파형

그림 4-26 비안정 M의 회로 및 파형

또, TR_3의 콜렉터 회로에 500Ω의 저항을 넣고 있지만, 이것은 RD-6A가 도통할 때 이 저항에서 공급전압이 떨어지게 되어 TR_3에 타전류가 흐르지 않게 하기 위해서다. C_4(0.001μF)는 주파수 200KHZ에 대한 바이패스·콘덴서이다.

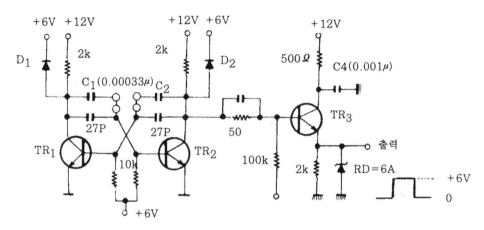

그림 4-27 실용화 비안정 M회로

4-10. 슈미트·트리거

입력파형을 사각형파로 변환하는 회로이며 쌍안정 멀티·바이브레이터의 종류에 속한다. 입력파형에는 일그러짐이 없는 정현파를 사용한다.

그림 4-28 (a)가 그 기본 회로이며 입력에 정현파 교류를 넣으면 (b)와 같은 구형파 출력이 나온다.

입력이 없을 경우에는 트랜지스터 TR_1의 베이스 전압은 ⊕E가 R_1을 통하여 걸리게 되고, 또 에미터 회로의 저항 R_4의 양단에 발생하는 전압 E_4가

R_7을 통하여 ⊖가 걸리게 된다. 트랜지스터 TR_1의 베이스 전압은 트랜지스터가 도통 상태가 될 때 베이스·에미터간의 전압은 약0.6V정도이므로 TR_1의 에미터 전류는 1mA이고 R_4=300Ω이 된다.

$$E_4 = 1mA \times 300 = 0.3V$$
$$B_1점의 전압 = 0.6V + 0.3V ≒ +1V$$

TR_1의 베이스 전압은 ⊕의 바이어스가 되어 도통 상태가 된다. 단, 이 전압은 VB(R_7)에 의하여 변화한다. TR_1의 출력 C_1점의 전위는 보통 0V부근이므로 TR_2의 베이스 전위는 E_4의 ⊖전압만이 가해지고 TR_2를 차단 상태로 하게 된다.

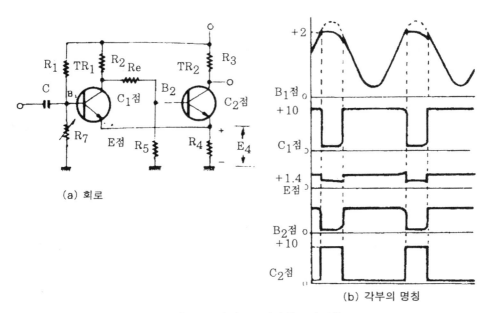

(a) 회로

(b) 각부의 명칭

그림 4-28 슈미트 트리거 회로 및 파형

이상과 같이 안정되었을 때 입력 신호가 가해지면 그림 4-28 (b)와 같이 각부의 파형이 얻어지고 C_2로부터 출력이 나타난다. 그림 4-29는 슈미트·트리거의 실제 회로이다.

4-11. 지연 회로

입력 펄스에서 어느 정도 시간을 늦추어 출력 펄스를 얻어내고자 할 때 사용하는 회로가 지연 회로이다.

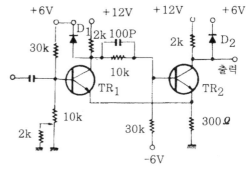

그림 4-29 슈미트의 실용화 회로

1) MM을 2단 접속

그림 4-30는 모노스테이블 M를 2단 직렬로 사용하여 지연 회로를 만든 것이다. MM_1에 의하여 지연하고자 하는 필요시간을 설정하고 MM_2에 의하여 입력 펄스와 같은 폭의 출력을 얻어낸다.

2) 적분 시정수 회로를 이용

그림 4-31의 회로에 대하여 설명하면 트랜지스터 TR_1은 대개 인버터 회로이므로 입력 펄스가 없을 때에는 차단 상태가 되고 입력 펄스가 있을 때에만 도통 상태가 된다. 콜렉터 전압은 거의 0V 전위로 되어 있다.

지금 입력 펄스가 변환하는 순간, 콜렉터 전위는 약 ⊕11V의 전압이 되지만, 콘덴서 C의 양단 전압은 저항 VR과 C에서 적분 구성에 의해 그림 4-31(b)와 같이 서서히 올라간다.

여기에서 제너·다이오드 RD-6A(6A용)가 도통되는 전압을 구하면,

$$B_2점의 \ 전위 = -6V \ \frac{15K}{30K + 15K} = -2V$$

제너 RD의 도통 개시 전압은,
EC=6V-2V=4V
가 되고 EC 전압은 +4V가 되어 도통되고 TR_2의 베이스에는 +가 걸리게 된다.

이 시점에서 TR_2는 on이 되어 있으므로, 콜렉터 전압은 0V가까이로 내려간다. 이 때문에 모노스테이블 M의 미분 회로에 의하여 부방향의 트리거·펄스가 발생하여 모노스테이블 M을, 입력 펄스의 폭과 같이 펄스폭의 시간으로 설정해 두면 지연된 펄스를 얻게 된다. 더구나 지연되는 시간의 조절은 V_R에 의하여 행하여 진다. 다이오드 D_1은 TR_1이 도통된 시점에서 일단 EC전압을 방전해 두기 위한 것이다.

3) 1/2 주기를 지연

타이밍·펄스의 1/2주기를 지연하는 경우에는 모노스테이블 M에 타이밍·펄스를 그림 4-32과 같이 입력하면 미분되어

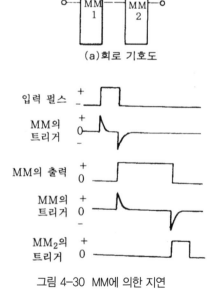

(a)회로 기호도

그림 4-30 MM에 의한 지연

부방향의 트리거·펄스가 MM을 구동하게 되므로 반주기 지연 펄스를 얻을 수가 있다.

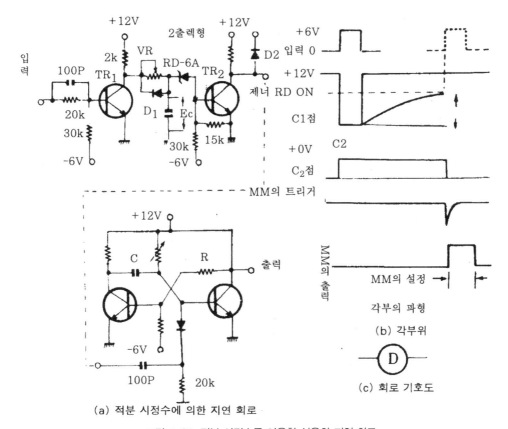

(a) 적분 시정수에 의한 지연 회로

(b) 각부위

(c) 회로 기호도

그림 4-31 적분 시정수를 이용한 실용화 지연 회로

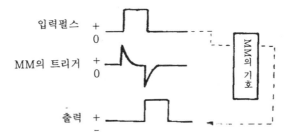

그림 4-32 타이밍 펄스의 1/2 주기의 지연

4-12. 펄스 게이트 회로

실제의 논리 게이트 회로에서 취급하는 신호는 직류(DC)적인 콘트롤·사이클 여러개와 교류(AB)적인 타이밍·펄스에 의해서 AND가 되어 각 장소에 나타난다. 또, 다이오드에 의해서 구성된 AND 게이트가 직렬적으로 결합할 때에는 다음과 같이 저하된다.

그림 4-33은 DC의 콘트롤·사이클과 AC의 콘트롤·사이클과 AC의 타이밍·펄스를 만들어내기 위한 펄스 게이트 회로로 된다.

이와 같은 펄스 게이트 회로는 입력 신호가 작을 때에도 트랜지스터의 출력 진폭을 상승시켜 필요한 진폭의 트리거·펄스를 다음 단에 공급할 수 있게 된다. 만약, D_1, D_2가 없을 때에는 2입력 AND 출력점은 0(0V)가 되므로 트랜지스터의 TR_1의 베이스 ⊖ 전위가 TR_1을 off하게 된다.

이 때문에 TR_2의 콜렉트에는 +전압이 공급되지 않으므로, TR_2의 베이스에 타이밍·펄스의 AC가 들어와도 출력은 없다.

다음에 다이오드 D_1, D_2는 콘트롤-사이클의 DC분을 공급하게 되면 2AND의 출력점은 1(+6V)가 되어 TR_1의 베이스 전위는 ⊕가 되므로 TR_1은 on이 된다. 따라서 TR_2의 콜렉터에는 동작할 수 있는 충분한 ⊕전압이 공급되므로 AC입력 펄스를 콘덴서 100P, 저항 20kℓ에 의하여 미분된 파형이 베이스에 가해지고 에미터 부하저항

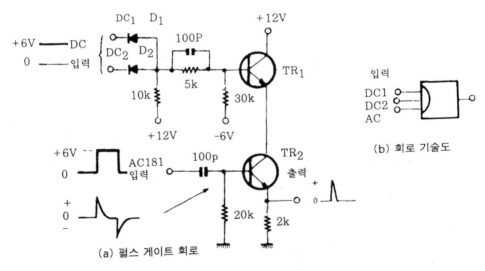

(a) 펄스 게이트 회로

(b) 회로 기술도

그림 4-33 펄스 게이트 회로 및 기호

2kℓ의 양단에는 정방향의 트리거·펄스가 얻어진다.

4-13. 표시등 드라이브 회로

레지스터의 내용이 1 또는 0인가를 콘솔·패널상에 나타내기 위하여 본회로를
사용한다.

1) 네온 전구 드라이브

이 표시 방법은 그림 4-34와 같이 네온 전구를 사용하는 방법이다. 네온 전구의
방전 개시 전압은 약 100V를 사용하고 있으므로 그림과 같이 트랜지스터에 의한
스위치 동작을 행하게 된다. 입력에 1의 신호가 있을 때에도 TR은 on이 되고 저항
100kℓ의 양단은 약 100V가 걸리게 되므로 점등한다.

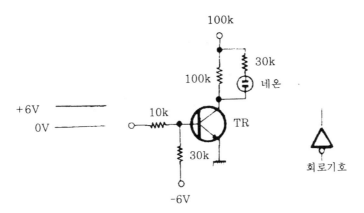

그림 4-34 네온 램프 구동 회로

4-14. 대표적인 플립-플롭의 예

1) NAND 게이트 Set-Clear Flip-Flop

난드 게이트 Set-Reset Flip Flop(FF) 혹은 FF(Latch FF)은 기본적인 FF이다.
래치 FF는 2개의 교차 연결되는 NAND 게이트로 구성된다. 리치 FF는 논리 심볼은

박스에 문자 FF가 있다. 이 논리 심볼은 입력 SET(S)와 RESET(R)아 Q와 Q의 출력을 갖는다.

Set-Clear 입력이 논리 레벨 1이고 FF는 스태틱 상태(Static-State)이다. FF가 스태택 상태일 때는 출력 Q는 1 혹은 0이고 바뀌지 않는다. 진리표는 다음과 같다.

시간 파형(Time Ware Form)에서 좌측은 FF의 Static-State를 나타낸다. 이때 FF의 Static-State Q출력은 0이다.

위의 시간 파장 형태에서는 다음을 각각 뜻한다.

T_1: FF가 Reset-State에 머물러 있다.

T_2: FF가 Set-State로 간다.

T_3: FF가 Set-State에 머문다.

T_4: FF가 Set-State에 머물러 있다.

T_5 : FF가 Reset-State로 간다.

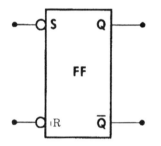

INPUT		OUTPUT
SET	RESET	Q STATE
1	1	NO CHANGE
0	1	Q = 1
1	0	Q = 0
0	0	AMBIGUOUS

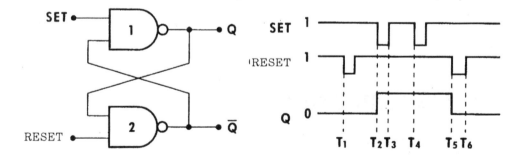

그림 4-35 NAND GATE SET-RESET FLIP-FLOP

2) NOR 게이트 Set-Reset Flip-Flop

NOR 게이트 Set-Clear Flip Flop(FF) 혹은 래치 FF은 기본적인 FF이다.

래치 FF는 두개의 교차하는 NOR 게이트로 구성된다. 래치 FF 논리 심볼은 박스 중앙에 문자 FF가 있는 박스이다. 이 논리 심볼은 입력이 Set(S)와 Clear(C)이고 출력은 Q와 Q이다.

Set-Clear 입력이 논리레벨 0일 때, FF는 Static-State이다. FF의 Static-State 중에는 출력 Q는 1 혹은 0으로 바뀌지 않는다.

래치된 FF의 진리표는 다음과 같다. 시간 파장 형태의 좌측은 FF의 Static-State를 보여준다.

이때 FF의 Static-State Q 출력 신호는 0이다.

T_1: FF가 Reset-State에 머문다.

T_2: FF가 Set-State로 간다.

T_3: FF가 Set-State에 머문다.

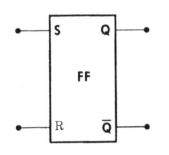

INPUT		OUTPUT
SET	RESET	Q STATE
0	0	NO CHANGE
1	0	Q = 1
0	1	Q = 0
1	1	AMBIGUOUS

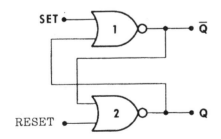
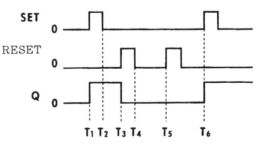

그림 4-36 NOR GATE SET-RESET FLIP-FLOP

T₄: FF가 Set-State에 머물러 있다.
T₅ : FF가 Reset-State로 간다.

3) Clocked Flip Flop

래치된 플립 플롭(FF)은 동기(Synchronized)되지 않았다. 래치된 FF의 입력은 항상 출력을 바뀌게 한다.

동기된 클럭 신호(Synchronized-Clock Signal)는 출력 신호 변화가 반드시 필요하지 않다. 입력 클럭 신호(Clock Signal)는 동기 장치의 출력 신호의 시간을 콘트롤한다. 클럭 신호는 동기된 펄스를 모두 디지탈 시스템에 공급한다.

대부분의 FF은 클럭 신호를 사용해서 FF의 상태(State)를 콘트롤한다.

클럭 FF의 논리 심볼(Clocked FF's Logic Symbol)은 Control Input, Clock(CLK) Input, output Q Link 등을 보여준다.

대부분이 클럭 FF는 에이지 트리거형(Edge-Triggered Type)이다. 에이지 트리거형은 FF이 + 혹은 - 이동(Transition)에서 상태(State)를 변하게 한다. CLK 입력 라인에서 삼각형은 에이지 트리거형 FF를 나타낸다. 일부의 CLK 입력 라인은 CLK 입력 라인 다음에 박스 바깥쪽에 작은 원이 있다. 이 원은 FF 작동을 위한 High-to-Low 클럭 펄스 이동을 나타낸다.

High-to Low 펄스 이동은 NegatiVE Going Transition(NGT)라고 부른다. PGT(PositiVE Going Transition)는 NGT의 역이다.

CLK 입력 라인에 있는 삼각형 PGT FF 심볼이다. CLK 펄스의 화살표는 펄스의 이동(+ 혹은 -) 형태를 나타낸다. CLK FF는 다른 입력과 함께 시간 동기 입력 문제(Time-Synchronized Input Problem)를 갖는다. 다른 압력이 CLK 펄스처럼 동시에 변화하려고 한다. 파장 형태의 분석은 동기된 콘트롤 입력은 클럭 입력 펄스(Setup time)가 발생하기 전에 +수치를 갖고 있어야함을 보여준다. 동기된 콘츠롤 입력은 클럭 펄스가 발생된 후(Hold Time)에는 반드시 +수치를 갖고 있어야 한다.

IC(Integrated Circuit) 제조 회사는 셋 업 시간(Setup Time)과 홀드 시간(Hold Time)을 명시한다.

IC는 만약 셋 업 시간과 홀드 시간이 정확하지 않으면 항상 정확히 작동하지 않는다.

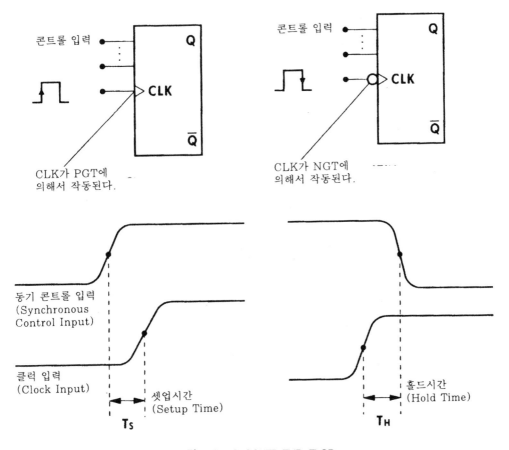

그림 4-37 CLOCKED FLIP-FLOP

4) Clocked S-R Flip-Flop

Clocked Set-Clear(S-C) Flip-Flop(FF) 논리 심볼은 에이지 트리거형 FF를 나타낸다. 이 FF는 오로지 PGT(PositiVE Going Transition) 클릭(CLK) 펄스 상태만을 변화시킨다.

진리표는 아래와 같다.

파형 분석은 두번째 PGT CLK 펄스에서 FF Set-State로 간다. FF는 4번째의 PGT CLK 펄스의 Set-State로 다시 간다.

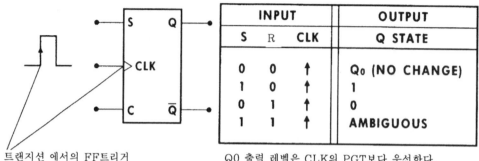

INPUT			OUTPUT
S	R	CLK	Q STATE
0	0	↑	Q_0 (NO CHANGE)
1	0	↑	1
0	1	↑	0
1	1	↑	AMBIGUOUS

트랜지션 에서의 FF트리거

$Q0$ 출력 레벨은 CLK의 PGT보다 우선한다.

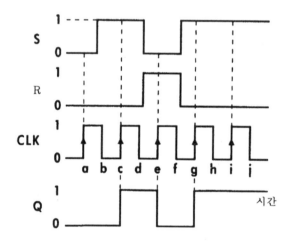

그림 4-38 CLOCKED S-R FLIP-FLOP

5) Clocked J-K Flip-Flop

Clocked J-K 플립 플롭(FF) 논리 심볼은 에이지 트리거 FF를 나타낸다. 이 FF는 오로지 PGT 클럭(CLK) 펄스의 상태만을 변화시킨다.

진리표는 아래와 같다.

J-K FF는 거의 클럭 Set-Reset(S-R) FF와 비슷하다. 그러나 J와 K의 압력이 1일 때 출력은 각각 PGT CLK에서 상태(State)가 변한다.

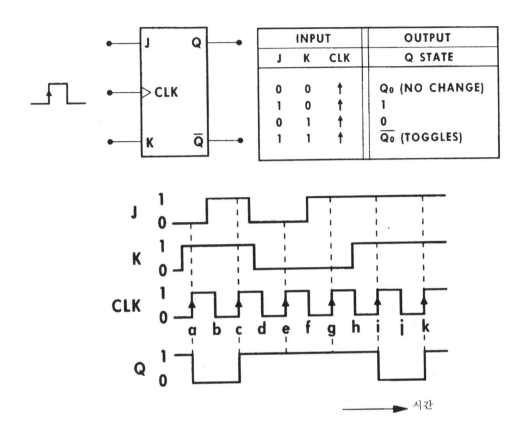

그림 4-39 CLOCKED J-K FLIP-FLOP

6) Clocked D Flip-Flop

이 플립 플롭(FF)은 PGT 클럭(CLK) 펄스를 사용한다. 클럭 DFF에서 D는 동기 데이터 입력을 식별한다.

이 FF Q 출력 상태는 CLK PGT 시간에 D입력 논리 레벨로 바뀐다.

진리표는 아래와 같다. 시간 파형은 시간 b에서 PGT CLK으로 D에서 0이면 Q출력은 1로 한다. 다음 PGT 시간 C에서 D=0이고 Q출력은 논리 레벨 0으로 간다. 시간 d에서 FF은 시간 b에서와 마찬가지로 작동하지만, 입력 D는 논리 1로 머문다. 시간 e에서 출력 Q는 변하지 않는다.

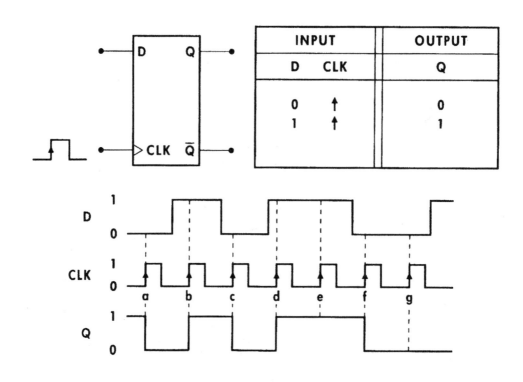

그림 4-40 CLOCKED D FLIP-FLOP

6) D Latch Flip-Flop

이 플립 플롭(FF) 심볼은 입력 D(Data), EN(Enable), 출력은 Q와 Q이다. D 래치 플립 플롭은 D FF와 다른데, D 래치 FF은 에이지 트리거 FF이 아니라, D 래치 FF에서 만약 EN 입력 신호가 논리 1이면 출력 Q는 D 입력 신호를 따른다. 만약 EN 입력 신호가 논리 0이면 D 입력 신호는 X이다.

EN 입력이 LOW로 가면 D 래치 FF는 래치(Latch) 상태로 간다.

7) Master/SlaVE J-K Flip-Flop

M/S FF(Master/SlaVE Flip-Flop)은 두개의 FF의 결합이다. M/S 데이터 트랜스퍼(Data Transfer)에 타임 딜레이(Time Delay)를 갖고 있다. 타임 딜레이는

FF를 만족스럽게 해준다.

　M/S FF 논리 심볼은 입력 Set(J), Clear(K), 클럭에 출력 Q, Q̄가 있다. 이 표준 심볼은 출력 지시계(ㄱ)를 지연시킨다. 지연 출력 지시계는 마스터(Master)의 J와 K 입력은 CLK가 Low가기 전까지는 Q와 Q̄로 가지 못한다. 진리표는 다음과 같다.

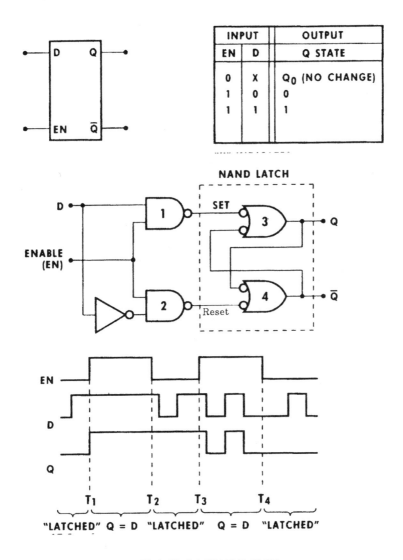

INPUT		OUTPUT
EN	D	Q STATE
0	X	Q_0 (NO CHANGE)
1	0	0
1	1	1

그림 4-41 D LATH FLIP-FLOP

INPUT						OUTPUT
J	K	CLK	Q_M	$\bar{Q}_M$	$\overline{CLK}$	Q
0	0	↑	0	1	↓	Qn NO CHANGE
1	0	↑	1	0	↓	Q = 1
0	1	↑	0	1	↓	Q = 0
1	1	↑	1	0	↓	$\overline{Q0}$ TOGGLES

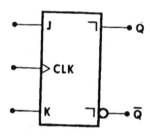

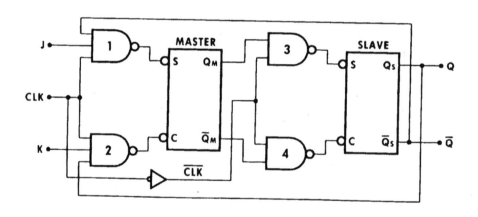

그림 4-42 (a) MASTER/SLAVE J-K FLIP-FLOP

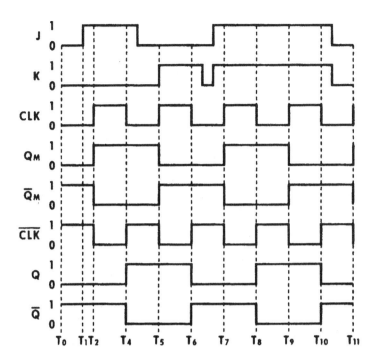

그림 4-42 (b) MASTER/SLAVE J-K FLIP-FLOP

제5장 통신 장치(Communication System)

5-1. 항공기 인터폰의 종류

항공기의 승무원은 무선 통신 장치, 항법 장치, 인터폰, PA 방송 시스템(Public Address System) 등에서 필요한 시스템을 선택하여, 수신하거나 송신해야 한다.

이때 이용할 수 있는 마이크와 헤드 셋트(Mike와 head Set)는 승무원이 장착하고 있는 1개밖에 사용할 수 없는 일이 많으므로, 어느 장치도 송화 회로, Keyeiny 회로, Side Tone 회로는 공통으로 만들어져 있다. 따라서 송수신기와 마이크, 헤드 셋트 간에 조절기를 설치하면 한번 조작으로 마이크, 헤드 셋트를 각종 장치에 연결하여 바꿀 수 있다. 이 접속 변경을 하는 장치가 오디오 셀렉트 판넬(Audio Select Panel)이다.

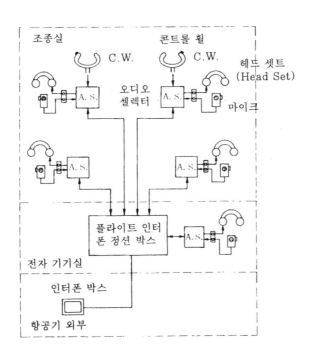

그림 5-1 플라이트 인터폰 시스템(Flight Interphone System)

1) 프라이트 인터폰 (Flight Interphone)

플라이트 인터폰은 항공기의 통신 계통을 제어하는 시스템으로써 운항 승무원 상호 통화와 통신 항법 시스템의 오디오 신호를 각 승무원에게 분배하여 자유로이 선택하여 청취시키고, 또 마이크로폰을 통신 장치에 접속하는 기능을 가지고 있다. 이들의 조작은 오디오 셀렉트 판넬(Audio Select Panel)로 한다. 통상 핸드 마이크(Hand Mike)와 헤드 세트(Head Set)로 통신하지만, 이착륙 등에서 조종간에서 손을 뗄 수 없는 경우에는 마이크와 헤드 셋트가 일체가 된 붐 마이크(Boom Mike)를 이용한다. 이 마이크를 이용하여 송신하려면 조종간에 붙어 있는 PTT(Press To Talk) 스위치를 사용한다. 산소 마스크 사용중에는 핸드 마이크나 붐 마이크를 사용할 수 없으므로, 마스크에 내장되어 있는 산소 마스크 마이크(Oxygen Mask Mike)를 사용한다. PTT 스위치는 마스크에 부속되어 있는 것도 있고 조종간의 PTT 스위치를 이용하는 경우도 있다.

2) 서비스 인터폰(Service Interphone)

서비스 인터폰은 내장 전화로서 다음과 같은 장소의 연락에 이용된다.
① 조종실과 객실 승무원과의 연락
② 조종실과 지상 정비사와의 연락(이착륙때, 지상 서비스할 때 사용)
③ 객실 승무원간 상호 연락

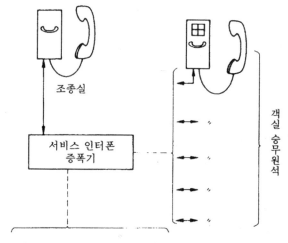

그림 5-2 서비스 인터폰 시스템(Service Interphone System)

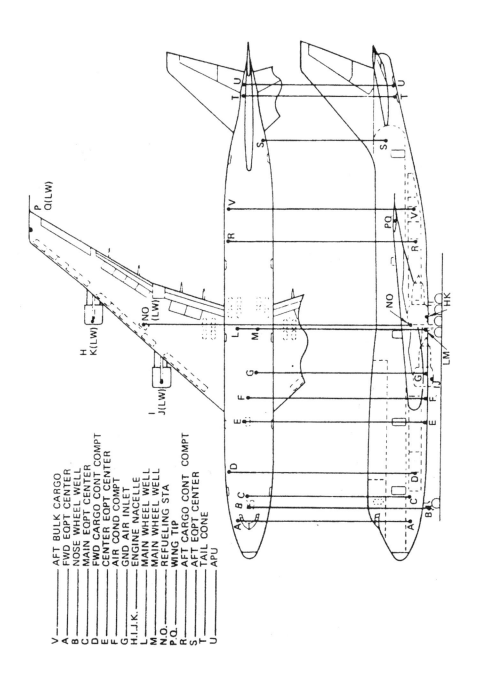

그림 5-3 서비스 인터폰잭 위치(Service Interphone Jack)

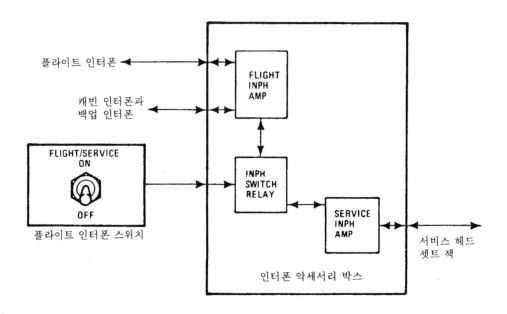

그림 5-4 서비스 인터폰/플라이트 인터폰 블럭 다이아그램

사용 방법은 극히 간단하여 핸드 셋트를
올리고 상대방의 호출 보턴을 누르면 상대방의
호출등이 점등되고 챠임(Chime)이 울리므로
호출을 받고 있는 것을 알 수 있다. 따라서
상대방이 핸드 셋트를 올리면 통화를 할 수 있는
구조가 되어 있다.

3) 콜 시스템(Call System)

호출 장치는 두사람 사이의 호출을 할 때
사용되며 청각 및 시각적으로 호출한다.
 ① 조종석↔지상 작업자
 ② 조종석↔객실 승무원
 ③ 조종석↔퍼서(Purser)
 ④ 퍼서↔조종실 승무원

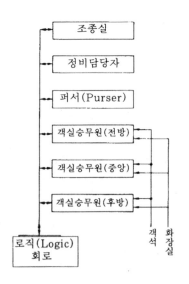

그림 5-5 콜 시스템

⑤ 승객↔객실 승무원
⑥ 화장실↔객실 승무원
⑦ 객실 승무원↔객실 승무원

그림 5-5는 호출 장치의 예이다. 승객 좌석의 호출 장치 스위치는 독서등 스위치, 기내 오락 방송 선택 스위치(P.E.S)등은 같은 판넬에 있다.

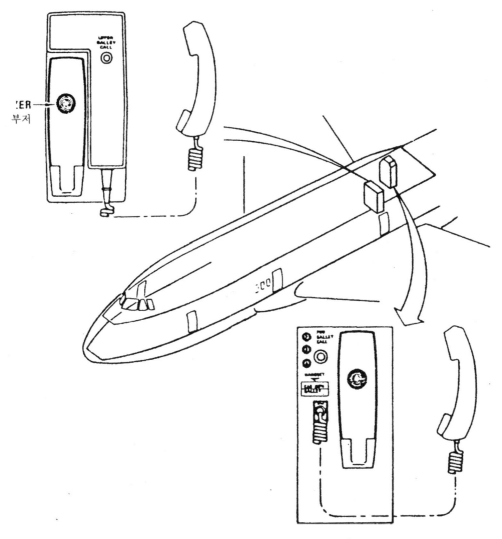

그림 5-6 갤리 인터콤의 위치(Galley Intercom)

4) 메인터넌스 인터폰(Maintenance Interphone)

대형 항공기의 경우, 기체 각 부분과의 통화 연락용으로 인터폰이 배치되어 있으며 이를 메인터넌스 인터폰이라고 부르고 있다. 메인터넌스 인터폰은 기체 정비 작업시에만 사용하는 것이므로 핸드 셋트는 장치되어 있지 않고 작업자가 핸드 셋트(Hand Set)를 가지고 기체의 외부에 장치되어 있는 인터폰 잭에 핸드 셋트이 플러그를 꽂아 사용한다. 이 메인터넌스 인터폰은 호출 장치가 없으므로 상대방을 음성으로 호출하게 된다. 지상에서는 메인터넌스 인터폰과 서비스 인터폰을 접속할 수 있는 기종이 많다.

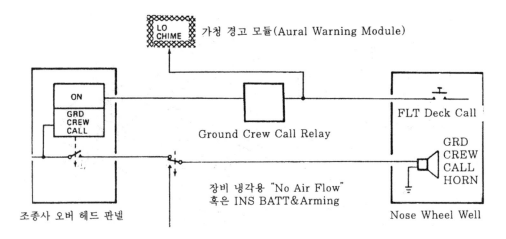

그림 5-7 지상 정비사 콜 시스템(Ground Crew Call System) 계동도

5) PA 시스템(Passenger Address System)

조종사 또는 객실 승무원이 승객들에게 각종 안내 방송을 하기 위한 시스템으로써 항공기 탑승시 배경 음악(Back Ground Music) 방송에도 이용할 수 있다. 이것은 비상 사태가 발생한 경우 위급 방송에도 이용할 수 있는 중요한 시스템으로 제1순위는 Cockpit 방소, 제2순위는 Cabin 방송, 제3순위는 Music순으로 우선 순위가 정해져 있다.

항공기 내 소음이 크므로 승객이 어디에 있어도 청취할 수 있도록 스피커는 캐빈 천정 외에도 갤리(Galley), 화장실(Lavatory), 승무원 좌석 근처 등에 설치되어

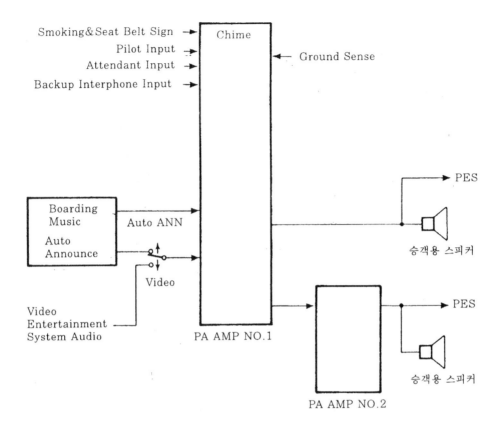

그림 5-8 PA 블럭다이아그램

있다. 중형 항공기에서는 출력이 40~60W 정도의 PA방송기가 1대이지만 대형
항공기에서는 2대로 작동된다.

6) 오락 프로그램 제공 시스템
(Passenger Enterainment System)

대형 여객기에는 승객 서비스를 위하여 오락 프로그램 제공 시스템을 탑재하고
있다. 프로그램 소스(Source)는 클래식 음악, POP 음악 등을 수록한 테이프 코드용
10개 채널과 TV 또는 VTR용 1개 채널 및 라디오용의 1개 채널 등 모두 12개
채널이다.

이들 12채널의 정보를 각각 독립된 전선으로 각 좌석까지 배선하면 전선이 너무

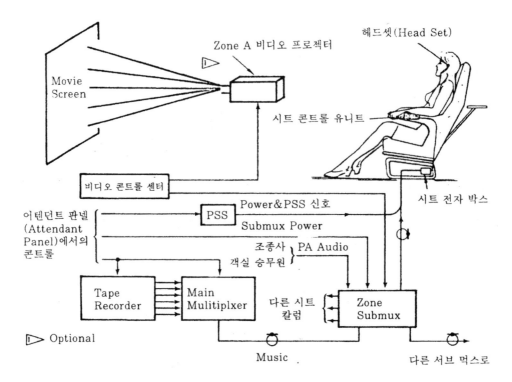

그림 5-9 PES 기본 시스템

무거워지므로 그림 5-9와 같이 다중화 장치(Multiplexer:MUX)를 이용하여 분할 디지탈 방식으로 다중화하고 1개의 동축 케이블로 각 좌석 그룹까지 전송하고 있다. 각 좌석 그룹에는 복조기(Demultiplexer)가 있고 좌석마다 장착되어 있는 PCU(Passerger(or Seat) Control Unit)를 사용하여 승객이 원하는 채널을 다시 조절하면 승객의 헤드폰을 통하여 음성을 보내고 있다.

   승객이 오락 프로그램을 청취하는 동안 중요한 안내 방송을 못 듣는 일이 없도록 오락 프로그램을 일시 중단하고 PA 방송을 우선적으로 우선 순서에 의해서 방송할 수도 있다.

   이 장치는 아래와 같은 방송시 이용되며 그림 5-10에 그 예를 나타냈다.
   ① 조정석에서 승객에게 안내 방송을 할 때
   ② 객실 승무원석에서 승객에게 안내 방송을 할 때
   ③ 승객 호출
   ④ 승객을 위한 오락 방송

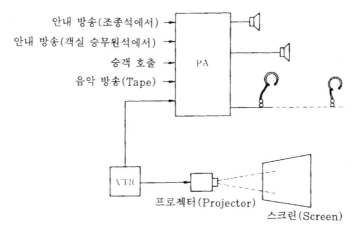

그림 5-10 승객 서비스용 통신 장치

5-2. AIR SHOW 객실 비디오 정보 시스템

에어쇼(Air Show) 객실 비디오 정보 시스템은 승객에게 유용하고 흥미있는 비행 정보를 받는다.

에어쇼에 사용되는 컴퓨터는 다음과 같은 항공기 자체의 항법 계통으로부터 입력 정보를 받는데 다음과 같다.

① INS(Inertial Navigation System)

② VLF/Omega Navigation System

③ FMS(Flight Management System)

④ ADS(Air Data System)

위의 정보 소스(Source)로 부터 받는 정보는 DIU(Digital Interface Unit)에 의해 처리되어 항공기 모니터 혹은 프로젝션 스크린(Projection Screen)에 보내진다. 에어쇼에서 지시 내용은 다음과 같다.

① 비행로가 지시된 지도가 항공기의 현재 위치와 이전의 비행로(Flight Pach)와 함께 나타난다.

② 현재 비행 정보(속도, 고도, 거리, 목적지까지의 시간)가 문자 및 숫자로 표시된다.

③ 항공회사 혹은 국가의 로고

④ 안내문 혹은 승객을 위한 그래픽

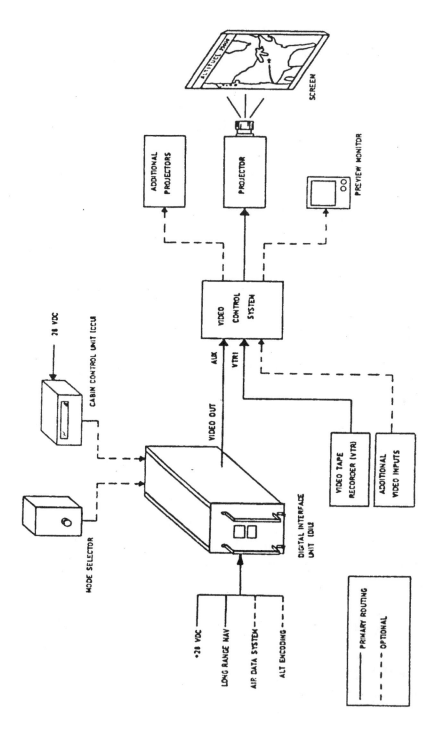

그림 5-11 에어쇼 시스템 다이어그램

객실에서 다음과 같은 4가지 모드를 선택할 수 있다.
① AUTO Mode(모든 내용(사진)이 자동적으로 순환한다.)
② MPA Mode(고선명도의 지도)
③ INFO Mode(비행 정보)
④ LOGO Mode[(항공사 로고와 메세지(Message)]

5-3. 통신 계통

항공기(민간 항공기)의 통신 장치에는 다음과 같은 것이 있다.
① 항공기와 지상국, 또는 항고기와 항공기 사이의 무선 통신
② 항공기 내에서이 유선 통신
③ 음성 및 각종 데이터이 기록

이들 장치는 항공기의 크기, 또는 용도에 따라 장착되며 불필요한 경우도 있다.
①의 무선 통신은 VHF(30~300MHz)중 항공 통신용으로 할당된 118.00~136.00MHz의 전파를 쓰는 VHF 통신 장치(VHF Communication System,
 VHF COMM으로 약칭) 및 HF(3~30MHz)의 전파를 이용하는 HF 통신 장치(HF Communication, HF COMM으로 약칭)가 사용된다.
②는 항공기 내부에서 조종실 내 탑승자, 객실 승무원, 승객 사이에 통신을 하는 것으로 항공기가 지상에 있을 때는 지상 정비사와 통신을 할 수 있다. 이들 통신은 유선 방식으로서 다음과 같은 것이 있다.
ⓐ Flight Interphone System
ⓑ Service Interphone System
ⓒ Call System
ⓓ Passenger Address and Entertainment System

③에는 운항중인 항공기의 VHF 또는 HF에 의한 통신 내용, 조종실 내에서의 대화 및 음(Sound) 등을 기록(녹음)하는 음성 기록 장치 CVR(Cockpit Voice Recorder) 및 항공기 고도, 속도 등의 비행 데이터를 기록하는 비행 기록 장치 FDR(Flight Data Recorder), 또는 FDR을 디지탈화하는 DFDR(Digital Flight Data Recorder)등이 있다. 그림 5-12는 통신 장치(FDR은 생략함)의 개요이다.

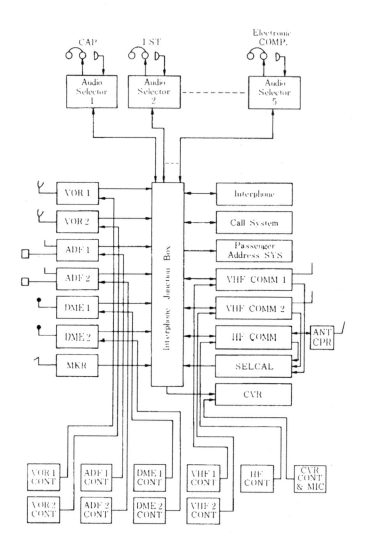

그림 5-12 통신 장치(Communication System)

1) HF 통신 장치

그림 5-13은 HF 통신 장치의 예이다. 송수신기는 원격 조작형, 28,000채널(주파수는 MF(Medium Frequency)의 일부를 포함하여 2~30MHz,

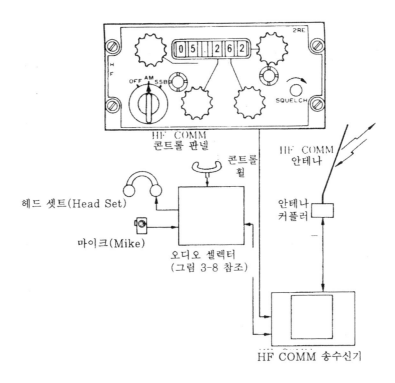

그림 5-13 HF 통신 장치

주파수 간격 1KHz)로 E/E(Electronid Equipment Avionics Compartment)에 장착되어 콘트롤 판넬에 의해 조종실에서 원격 조작된다. HF 통신에는 통신 방식으로서 AM(Amplitude Modulation) 및 주파수 셀렉터(Frequency Selector) 및 통신 방식을 선택하는 모드 셀렉터(Mode Selector)가 있다.

   HF파에서는 파장에 이용되는 안테나가 매우 크지만, 항공기의 구조와 고속성 때문에 큰 안테나는 장비하지 못하므로 파장에 비하여 작은 안테나를 사용한다. 또 사용 주파수도 2~30MHz로 범위가 넓기 때문에 송수신기와 안테나의 전기적인 매칭(Matching)이 어렵다. 그래서 사용하는 주파수로 적정한 매칭이 이루어지도록 자동적으로 작동하는 안테나 커플러(Antenna Coupler)가 부착되어 있다.

   마이크 및 헤드폰의 음성 신호는 VHF COMM과 마찬가지로, 오디오 셀렉터에서 전환되어 HF 송수신기에 접속된다.

2) VHF 통신장치

항공기를 운항하기 위해 필요한 음성 통신은 그 대부분이 VHF COMM에서 행해진다. 그러나 VHF파는 교신 가능한 범위가 근거리 통신이고 장거리 통신에는 HF COMM를 사용한다.

VHF COMM에서 사용되는 전파는 118,000~135,975MHz이며 주파수 간격은 25Hz로 각국의 주파수가 할당 된다. 따라서 VHF COMM에는 전체적으로 720채널이 주파수가 있다.

그림 5-14는 VHF COMM의 예이다. 송수신기는 720채널, 원격 조작형(Remote Control, 직접 조작형도 있다)인 VHF AM 송수신기로, 보통은 E/E에 장착되며 콘트롤 판넬에 의해 조종실에서 원격 조정된다.

마이크 및 헤드폰이 음성 신호는 오디오 셀렉터(Audio Selector)를 통해 송수신기에 접속된다. 오디오 셀렉터에서는 마이크 및 헤드폰을 다른 계통(HF COMM, 인터폰 등)으로 전환할 수 있다.

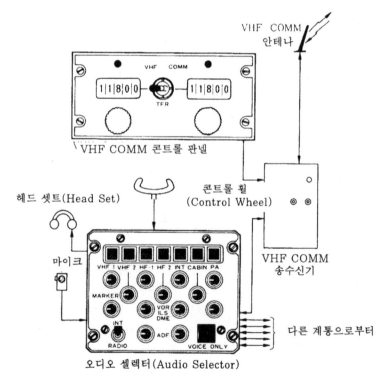

그림 5-14 VHF 통신 장치

콘트롤 판넬에는 2개의 주파수 선택 장치(Frequency Selector)와 전환 스위치(Transfer Switch)가 있고 미리 주파수를 설정해 두어 항공 관제가 복잡한 영역을 비행할 때, 주파수의 전환이 단시간 내에 가능하도록 되어 있다. 또 주파수 선택 장치의 상부에 녹색등(Green Light)이 있어, 어떤 주파수로 작동하고 있는지를 나타낸다.

5-4. 셀콜 시스템(SelectiVE Calling System)

부호	주파수 （Hz）	부호	주파수 （Hz）	부호	주파수（Hz）
A	312.6	G	582.1	P*	1,083.9
B	346.7	H	645.7	Q*	1,202.3
C	384.6	J	716.1	R*	1,333.5
D	426.6	K	794.3	S*	1,479.1
E	473.2	L	881.0		
F	524.8	M	977.2		

[참고] ① 위의 호출음은 어떻게 구성되더라도 고주파가 일치하는 일이없도록 선택된다.

② 별표가 붙은 부호는 1985년부터 사용되었다. 이것의 사용으로 10,920대의 항공기를 구별하여 호출한다.

항공기로는 2~3대이 VHF 통신기를 장착하고(소형 항공기에는 1대만 장비하고 있는 것도 있다) 관제기관과 소속하는 항공회사로부터의 호출에 대하여 곧 응답할 수 있도록 항상 통신을 모니터하고 있다. 그러나 관제기관과 항공회사는 한개의 채널로

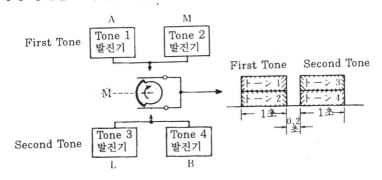

그림 5-15 SELCAL의 지상 호출 장치

다수의 항공회사와 교신하고 있으므로 언제 자기가 호출될지 모르므로 모든 통신을 모니터하고 있지 않으면 안되게 된다.

이·착륙 시간이 짧으면 자기 항공기의 전방과 후방에 이착륙하는 항공기의 상황을 모르는 것이 편리하지만 장시간 비행할 때는 전체의 통신을 모니터하는 것은 승무원에게 상당한 부담이 된다. 그래서 보통의 전화와 같이 항공기에 미리 등록 부호를 주고 지상에서 호출시 통신 전에 호출 부호를 송신하다. 항공기의 부호 해독기(Decoder)는 해당 항공기의 호출 부호를 수신했을때만 챠임(Chime)이라는 호출등이 점멸로 승무원에게 지상으로부터의 호출을 알리는 셀콜 시스템(선택 호출 장치 : SELCAL)이 이용되고 있다. SELCAL은 4개의 호출음(Tone)의 짜임으로 호출 부호가 정해져 있다. 호출음은 그림 5-15와 같이 A~M까지 16종류의 음이 결정되어 있고 이것으로 2,970기의 항공기를 구별하여 호출할 수 있다.

1) SELCAL 지상 호출 장치

SELCAL의 지상 호출 장치는 A~M까지의 16개의 톤 발진기(Tone Osillator)에서 만들어지고 있다. 예를 들면 호출 부호가 AM-LB라고 하는 항공기를 호출하는 경우는 그림 5-15와 같이 우선 첫번째 TONE을 am으로 선택하고 다음으로 두번째 Tone을 LB로 선택한다. 이것으로 준비가 완료됐으므로 동작 버튼을 누르면 모터가 회전하고, 1(초)간 첫번째 Tone이 송신되고 0.2(초)의 간격을 두고 두번째 Tone이 1(초)간 송신된다.

2) SELCAL 항공기 부호 해독 장치

동일 채널을 수신하고 있는 모든 항공기에서는 「Pi-Po」라고 하는 SELCAL의 호출음이 들리지만 인간의 귀로는 어느 항공기가 호출되고 있는 것인지 해독할 수

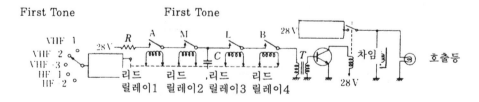

그림 5-16 SELCAL 부호 해독 장치의 계통도

없으므로 그림 5-16과 같이 전용 해독 장치(SELCAL Decoder)가 부호의 해독에 이용되고 있다.

VHF와 HF 수신기에서의 음성 신호가 셀콜 디코더(Selcal Decoder)에 보내어진다. 디코더 안에는 12개의 리드 릴레이(Read Realay)가 있다. 리드 릴레이는 미리 정해진 주파수로 작동하면, 리드쪽이 크게 진동하여 보통은 열려있는 회로를 닫게 하는 방법이다. 호출 부호 AN-LB의 항공 셀콜 디코더로, AM 첫번째 tone을 1(초)간 수신하면 A와 M의 리드 릴레이가 open하고 직류 29V는 R을 통하여 C를 충전한다. 계속하여 다음의 1(초)간 LB 두번째 톤을 수신하면 L과 B의 리드 릴레이가 닫히고 트랜스 T의 1차측에 음성 대역의 신호 전류가 흐르고, 트랜지스터로 증폭되어 릴레이를 막고 챠임을 울리며 호출등을 점명하여 지상에서 호출하고 있는 것을 알린다.

SELCAL은 지상에서 항공기를 호출하기 위한 장치이고 항공기에서 지상국을 호출하는 특별의 장치는 없으며 음성에 의한 호출뿐이다.

제6장 착륙 및 유도 보조 장치

이 계통의 항법 장치는 VHF 항법(VOR/ILS) 계통, 마커 비콘(Marker Beacon)계통, LRRA(Low Range Radio Altimeter)계통, MLS(MicrowaVE Landing System)으로 이루어져 있으며 자동 조종 계통과 연계되어 전천후 비행을 가능하게 한다.

6-1. VOR(초단파 전방향식 무선 표식, VHF Omni Directional Radio Range)

VOR에서는 지상국에서 국을 선국한 항공기가 지상국으로부터 어느 방향에 있는지 알 수 있는 신호를 발신하고 있다. (그림 6-1) 항공기 A는 남서쪽을 향해 비행하고 있고 B는 북동쪽을 향해 비행하고 있는데, 둘다 VOR 지상국에서 135°인 방향에 있으므로 A도 B도 VOR 지상국으로부터의 신호에 의해 135° FROM 또는 315° TO을 알 수 있다. C는 VOR 지상국에서 북서쪽 방향으로 A, B와 동일 직선상에 있으나, C인 경우는 지상에서의 신호에 의해 315° FROM 또는 135° TO임을 알 수 있다.

이와 같이 VOR에서는 지상국으로부터 어느 방향에 있는지만 알 수 있고 지상국으로부터 그은 반직선상에 있는 A, B는 전부 같은 정보를 얻으므로 항공기의 기수 방위는 알 수가 없다.

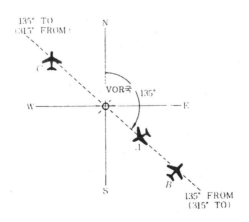

그림 6-1 VOR 지시기의 지시

이어서 VOR의 원리에 대해 설명한다. (그림 6-2) VOR 지상국으로부터는 2종류의 신호가 보내진다. 안테나 A_R로부터는 어느 방향에서 수신해도 같은 30Hz의 신호 R이 수신되는 신호가 보내진다. 안테나 A_V는 무변조의 고주파 전압으로 여진되고 있으며 안테나의 지향성이 자형이고 매초 30회전을 하고 있으므로(실제로는 안테나가 고정되어 있어, 전기적으로 안테나를 회전시킨 것과 같은 결과를 얻는다) 어떤 지점에서 A_V로부터 발사된 전파를 수신하면 VOR 지상국으로부터의 방위에 따라 특유한 위상을 가진 30Hz의 신호 V가 얻어진다. 기상 VOR 장치에서 R과 V와의 위상차를 구하면 그 값에 의해 VOR 지상국으로부터의 방위를 알 수 있다. R과 V의 위상 관계는 그림 6-2에서와 같이 된다.

> VOR 지상국 북에서는 ---- V와 R은 동상
> VOR 지상국 동에서는 ---- V와 R보다 90°뒤
> VOR 지상국 남에서는 ---- V와 R보다 180°뒤
> VOR 지상국 서에서는 ---- V와 R보다 270°뒤

VOR에 할당된 전파의 주파수는 108.00~118.00MHz (주파수 간격 0.1 MHz)이고 VOR 지상국에는 이 밴드내의 특정한 1개의 주파수가 할당된다.

위상 정보를 보내는 R 은 어떤 지점에서도 동일한 위상으로 수신되므로 기준 위상 신호(Reference Phase Signal)라고 부른다. 이에 대해 V는 수신점인 VOR 지상국과의 상대 관계에 의해 위상이 바뀌므로 가변 위상 신호(Variable Phase Signal)라고 부른다.

R과 V는 같은 반송파 (108.00~118.00MHz 내의 1개의 주파수)에 의해 다음과 같이 된다.

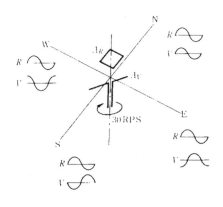

그림 6-2 VOR의 원리

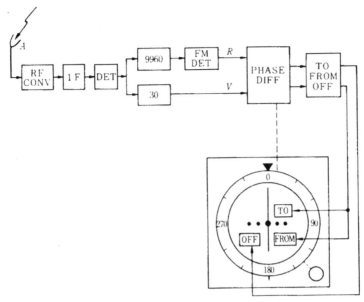

그림 6-3 VOR 수신 장치

① R은 서브 캐리어(Subcarrier) 9,960Hz를 R로 주파수 변조를 한 것으로
   반송파를 진폭 변조하여 송출한다.
② V는 회전 안테나로 공간 변조된다.

따라서 수신한 전파를 검파하면 다음을 얻을 수 있다.
① R로 주파수 변조된 서브 캐리어
② V

해당 항공기에서는 그림 6-3과 같이 R 과 V 의 위상을 비교하여 VOR
지상국으로부터의 방위를 구하고 있다.

6-2. ILS(Instrument Landing System)

ILS는 항공기가 활주로에 진입할 때 적당한 진입 코스를 나타내는 장치로서 다음의
3개의 장치로 구성되어 있다.
① 로컬라이저 수신 장치(Localizer ReceiVEr)
② 글라이드 슬롭 수신 장치(Glide Slope ReceiVEr)
③ 마커 수신 장치(Marker ReceiVEr)

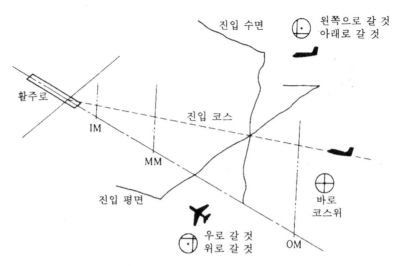

그림 6-4 ILS의 지시와 비행기의 위치

로컬라이저 수신 장치(Localizer ReceiVEr : LOC)는 활주로 중심선을 포함한 수직인 평면(진입 수면)에 대해, 진입중인 항공기가 어떤 위치 관계에 있는지를 나타내는 장치이다. (그림 6-4)

글라이드 슬롭 수신 장치(Glide Slope ReceiVEr ; GS)는 진입중인 항공기가 진입 평면에 대해 어떤 위치 관계에 있는지를 나타내는 장치이다.

따라서 LOG도 GS도 각각 평면상에 있는 것을 지시하면 항공기는 진입 코스에 있음을 알 수 있다. 또, 활주로 중심선의 연장선인 활주로 끝단에서 정해진 거리의 점에 상향으로 전파가 발사되면 진입시에는 그 전파를 수신하여 활주로로부터의 거리를 알 수 있다. 이것이 마커 수신 장치 (Marker ReceiVEr;MKR)이다. LOC의 경우는 그림 6-5와 같이 150Hz와 90Hz로 변조된 전파가 발사되므로, 진입 수면에서는 양쪽 신호(150Hz 및 90Hz)가 같은 세기로 수신되는데, 예를 들어 오른쪽에 있으면 150Hz의 신호가 강하게 수신되어 항공기가 오른쪽으로 치우쳐 있는 것을 알 수 있다.

GS는 경우는(그림 6-6) 예를 들어 진입 평면에서 아랫쪽에 있으면 150Hz의 신호가 강하게 수신되므로 아래있는 것을 알 수 있다.

그림 6-7에 나타낸 ILS 지시기의 지시예는 진입로로부터의 벗어남과 지시의 관계를 나타내고 있다. 어떤 경우라도 지침(수직 지침 및 수평 지점)은 진입 수면이나 진입 평면을 나타내므로, 따라서 지침의 진동 방향으로 비행하면 진입로로 들어갈 수 있다. 이러한 지침의 지시를 코멘드 인디케이션(Command Indication)이라고 한다.

〔참고〕①케리어 주파수 : 108.1～111.9MHz. ② NAV RCVR OUTPUT＝75μ A/DEGREE

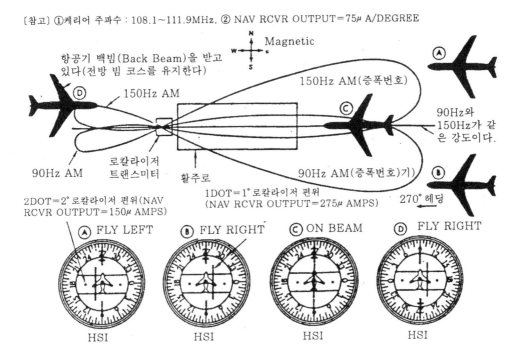

그림 6-5 VHF Navigation-Localizer의 원리

〔참고〕① 캐리어 주파수 329.5～335.0MHz 자동적으로 LOC 주파수와 동조된다.
　　　② G/S를 위한 Back Beam이 없다.
　　　③ NAV RCVR out put＝214μA/DEGRE

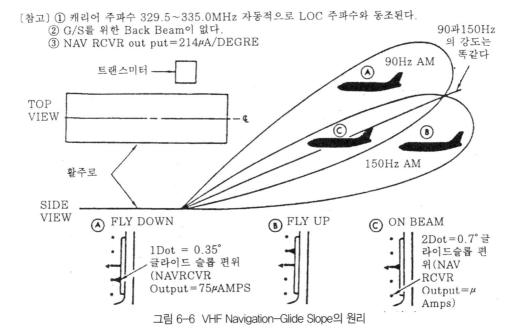

그림 6-6 VHF Navigation-Glide Slope의 원리

LOC에 할당된 전파는 108.10~111.90MHz 사이의 소수 첫째자리가 기수인 20가지 주파수로서 GS에는 LOC의 20가지 주파수와 조합되어 329.30~335.00MHz인 UHF파의 20가지의 주파수가 할당된다. LOC와 GS의 전파 주파수의 조합은 표6-1와 같이 정해진다.

마커의 경우는 모두 75MHz인 전파가 지상에서 발사되어, 아우터 마커(Outer Marker, OM)에서는 400MHz, 미들 마커(Middle Marker;MM)에서는 1,300Hz, 인너 마커(Inner Marker:IM)에서는 3,000Hz로 변조된다. (그림 6-4)

그림 6-8은 마커 수신 장치의 원리이다.

수신기 R의 출력은 400Hz, 1,300Hz, 1,300Hz 및 3,000Hz인 밴도 패스 필터를 통해 청색 라이트(Blue Light), 앰버색 라이트(Amber Light) 및 백색라이트(White Light)에 공급된다. 진입중인 항공기가 만약 미들 마커 상에 있다면 마커 수신기로부터는 1,300Hz의 신호가 출력되므로 앰버등이 점등되어 미들 마커 상이 통과중임을 알 수 있다.

또 마커 수신기의 출력은 음성 기호로 오디오 시스템에 공급된다.

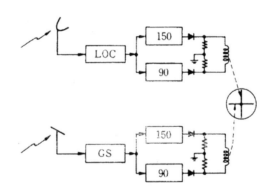

그림 6-7 ILS의 수신 장치

6-3. 마커 비콘(Marker Beacon)

항공기에서 활주로까지의 거리를 알기 위해서 마커 비콘이 이용되며, 활주로에 가까운 쪽에서부터 인너 마커(Inner Marker) 미들 마커(Middle Marker), 아웃 마커(Out Marker)의 순으로 설치되어 있다. 이외에 항공로 마커 비콘이 있다.

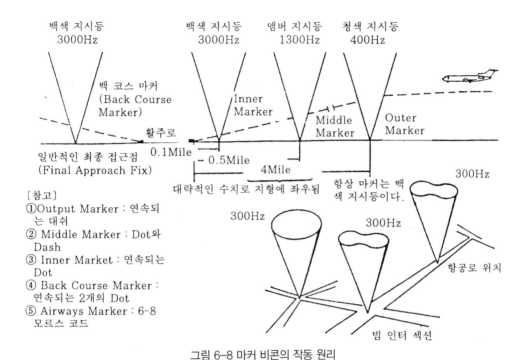

그림 6-8 마커 비콘의 작동 원리

마커 수신기의 출력은 글라이드 인터폰에 접속되어 있고, 400, 1,300, 3,000Hz의 신호음으로 활주로 끝에서 항공기의 위치를 나타냄과 함께 계기 판넬에 설치되어 있는 청색, 앰버(Amber), 백색의 마커등을 점등한다. ILS

LOC	GS	LOC	GS
108.1 MHz	334.7MHz	110.1 MHz	334.4MHz
108.3	334.1	110.3	335.0
108.5	329.9	110.5	329.6
108.7	330.5	110.7	330.2
108.9	329.3	110.9	330.8
109.1	331.4	111.1	331.7
109.3	332.0	111.3	332.3
109.5	332.6	111.5	332.9
109.7	330.2	111.7	333.5
109.9	333.8	111.9	331.1

표 6-1

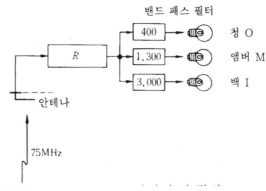

그림 6-9 마커 수신 장치

에 병설되어 있는 마커를 수신할 경우, 항공기와 마커국과의 거리가 극히 가까우므로 마커등의 점등 시간을 조절하기 위해 수신기의 감도를 일부러 내려서 저감도(Lo 위치)로 사용한다. 항공기 마커를 수신할 때는 고감도(Hi 위치)로 바꾸어 사용한다.

6-4. 전파 고도계(Low Range Radio Altimeter)

항공기에는 기압 고도계에 의해 고도를 알 수 있으므로 그외의 고도계는 불필요하다고 생각하기 쉽다. 그러나 기압 고도계는 평균 해수면에서의 고도를 지시하는 계기이므로 지표면에서의 고도를 알 수는 없다. 한편, 항공기의 착륙시에 필요한 정보는 대지 속도이다. 그래서 고안된 것이 대지 고도 (Terrene Clearance Altitude)를 측정하는 전파 고도계(LRRA)로써 주로 착륙할 때 이용된다.

전파 고도계는 그림 6-10에 나타낸 것 같이 항공기에서 아래쪽으로 4.2~4.4(GHz)의 전파를 발사하여 이 전파가 지표면에서 반사되어 다시 항공기 상체 되돌아 오기까지의 지연 시간을 측정하여 지표면을 기준으로 한 항공기의 고도를 구하는 일종의 레이다이며 한 쌍의 송수신기와 두개의 안테나 1~2개의 고도 지시계로 구성되어 있다.

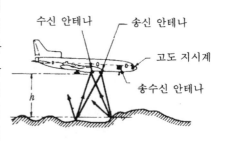

그림 6-10 전파 고도계의 원리

최근의 전파 고도계는 2,500ft 이하의 저고도를 정밀히(고도 오차 2% 이내) 측정하도록 만들어져 있으며, 고도를 고도 지시계에 지시하는 것 외에 지상 근접 경보 장치(GPWS)와 자동 조종 장치(AFCS)에 기체의 고도와 강하율을 알려주는 중요한 장비이다.

전파 고도계의 눈금은 기체가 활주로에 정지하고 있을 때 0(ft)를 지시하도록 조정되어 있다. 그러나, 지면과 안테나까지의 높이와 안테나에서 송수신기까지의 케이블의 길이 등은 기종에 따라서 다르다. 이 때문에 다른 항공기와의 사이에 전파 고도계가 호환성을 잃게 되므로 지표면에서 송수신기까지의 거리(Aircraft Installation Delay:AID)는 40, 57, 80ft의 3가지 종류로 한정하고 있다. 예를 들면 지표면에서 안테나까지의 높이 5ft, 안테나에서 송수신기까지의 케이블의 길이를 35ft가 되도록 제작하여 여분인 5ft의 케이블은 송수신기의 가까이에서 루프 형태로 하여 감아 넣어 둘 필요가 있다. 송수신기는 AID 40ft에 작동하도록 지정된 프로그램 편을 접지하면 지표면에서 착륙간 하단까지의 정확한 거리가 지시된다.

1) FM-CW형 전파 고도계

FM-CW형 전파 고도계는 미국의 코린스사와 벤딕크스사 등에서 제작되고 있고 그림 6-11과 같이 0.005(초)사이에 4,250MHz까지 되돌아간다.

지표면에서의 반사파는 τ(초) 후에 기상에 되돌아오지만 그때의 송신파와 반사파의 사이에는 Δf(HZ)의 주파수 차가 생기고 있다. FM 변조 반복 시간을 T(초) FM

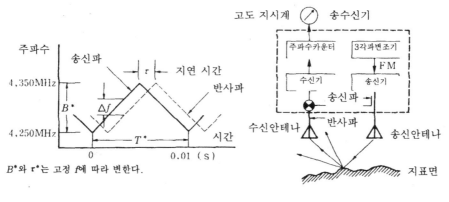

(a) FM-CW파의 파형   (b) FM-CW형의 기본 원리

그림 6-11 FM-CW형 전파 고도계의 원리

편위폭을 B(Hz)로 하면 주파수 편위 Δf(Hz)는 다음과 같이 구해진다.

　지연 시간　　$\tau=2h/c$(초) ----------------------(5-4)
　　　　　　　h : 항공기 고도 ft
　　　　　　　c : 광속(9.84×10^8ft)
　주파수 편위　$\Delta f=2B/T\times\tau=4B/cT\times h$(Hz) ----------(5-5)
　　　　　　　B : FM 편위폭(Hz)
　　　　　　　T : FM 변조 반복 시간(초)

　따라서 주파수 변위 Δf를 주파수 카운터(Counter)에서 세는 것에 의해 고도 h를
알 수 있다.

2) 반사파 리딩에이지 포착형 전파 고도계

　반사파 리딩에이지 검파형 전파 고도계(Spectrum Leading Edge Detection
Radio Altimeter)는 프랑스의 TRT사에서 제작되고 있고 FM-CW형보다 측정
정확도가 뛰어나다고 말할 수 있다. 이 형의 전파 고도계는 FM-CW형의 그것과
비슷하지만, 그림 6-12(a)에 나타낸 것같이 송신파와 수신파의 주파수 편위 Δf가
일정하도록 FM 변조 반복 시간 T(초)를 변화하는 형태의 전파 고도계이다. 이 전파
고도계의 반사파의 주파수 편위는 항공기와 지표와의 최단 거리에서의 반사가 가장
강하며 그림 6-12(b)에 나타낸 것같이 반사파 리딩에이지(Leading Edge)는 예민하게
서고 지표에 비스듬하게 다다른 전파의 반사파는 반드시 주파 편위가 크거나
약해지므로 반사파의 리딩 에이지를 확실히 받아들일 수 있으며 정확한 고도를
측정할 수 있다.

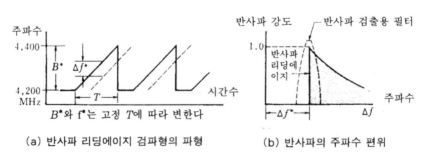

　　(a) 반사파 리딩에이지 검파형의 파형　　　　(b) 반사파의 주파수 편위

그림 6-12 반사파 리딩에이지 포착형 전파 고도계의 원리

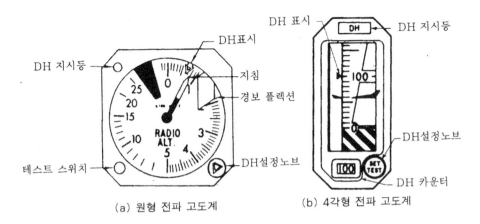

그림 6-13 전파 고도계의 지시

이 전파 고도계에서 고도의 계산은 식(5-5)을 변형하는 것에 의해

FM 변조 반복 시간 $T=2B/c\varDelta f \times h(s)$ ------------(5-6)

로 구해진다. 따라서, 지연 시간 T를 측정함으로써 고도 h를 알 수 있다.

전파 고도 지시계는 그림 6-13에 나타낸 구형 계기가 이용되었지만, 최근에는 항공기가 지표에 접근하는 상태를 알 수 있는 그림 (b)와 같은 계기가 많이 이용된다.

6-5. 마이크로파 착륙 장치 (MicrowaVE Landing Sytem)

현재 사용되고 있는 ILS는 최종 진입 착륙 장치로서는 필수적인 계기이지만 원리상 코스정파가 전방 지형의 영향을 받게 되므로 여러가지 어려운 점이 있다. 공항에 따라서는 카테고리 I의 정밀도 조차도 달성하지 못하는 경우도 있다. 또 VHF대를 사용하기 때문에 방송국으로부터의 전파 방해도 문제가 된다. 더우기 진입 코스를 한가지 밖에 취할 수 없고 커버리지(CoVErage)도 매우 좁다. 이와 같은 문제를 한꺼번에 해결하고 세계의 어떤 공항에 설치해도 소기의 목적을 달성할 수 있는 새로운 착륙 원조 시스템이 요망되어 5,000M대의 마이크로파를 사용하는 MLS가 국제적으로 개발되었다. 이미 국제 표준도 제정되었고 전세계적으로 ILS에서 MLS로 이행하는 이행 계획도 제정되었다. 이것을 한마디로 말하면 1988년까지는 ILS를 사용하고 그 이후는 MLS로 이행한다는 계획이다. 하룻밤 사이에 MLS로 전환되는 것이 아니라, 1990년부터 시작하여 2000년에 완료하려고 하는 계획이다. MLS이 특징은 정밀도가 ILS의 카테고리 Ⅲ이상이며 전파 방해의 염려도 없고, 코스도 여러개 취할 수 있고 우회진입 또는 곡선진입이 넓은 진입 공역에 걸쳐 설정 가능하게 되어 있다는 것이다.

그림 6-14에서 ILS와 MLS를 비교하였다. MLS의 지상측의 가이던스 장치는 그림 6-15아 같이 아래의 3가지가 기본 장치이다.

① 수평 가이던스 ––––––––––– AZ 아지무스 장치
② 수직 가이던스 ––––––––––– EL 엘비베이션
③ 거리 –––––––––––––––– DME

이에 의하여 진입 커버리지(CoVErage) 내에 있는 항공기의 3차원 위치를 연속적으로 측정할 수 있는 가이던스(Guidance) 신호를 제공한다. 도, 확장 구성은 아래와 같다.

④ 후방 수평 가이던스 –––––––– Back AZ 장치
⑤ 정밀 거리 ––––––––––––– DME/P(종래의 DME와 똑같은 기본원리나 거리 정밀도를 향상시킨 것)

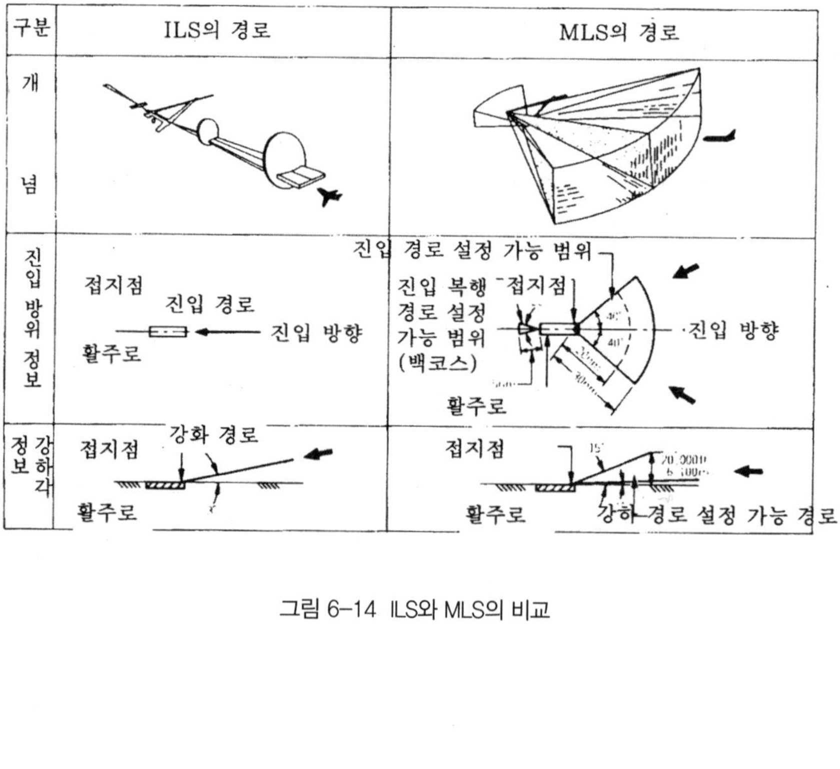

그림 6-14 ILS와 MLS의 비교

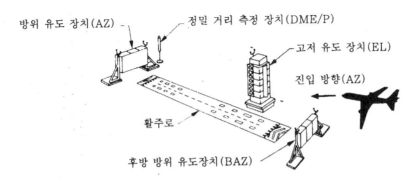

그림 6-15 지상 MLS의 배치

후방 수평 가이던스는 항공기가 포기를 단념하고 진입을 다시 할 경우 이 가이던스 신호를 수신하여 정확한 재진입을 가능하게 한다. 또 DME/P(정밀 거리 측정 장치)는 통사의 DME 대신 설치하며 진입 커버리지내에서 보다 정밀도가 높은 가이던스를 제공할 수 있다.

그림 6-15는 활주로 주위에 설치된 지상 MLS장치의 배치도이다. 통상 DME 또는 ILS의 커버리지와 비교하여 그린 개략도이다. ILS에 비해 넓은 공역에 걸쳐 가이던스 신호를 제공한다.

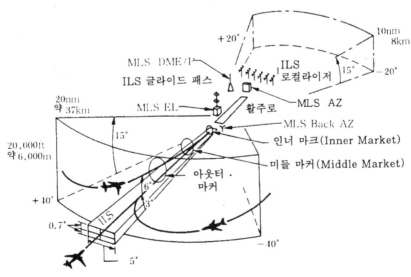

그림 6-16 ILS와 MLS의 비교

1) 동작 원리

A. AZ 장치(수평 가이던스)

MLS는 마이크로파를 사용하고 있으므로 방사 빔을 쉽게 압축할 수 있다. 지상의 수평 가이던스의 AZ 장치에서 방사되는 전파는 마치 부채 모양처럼 되어 있어 부채를 세로로하여 좌우로 부치는 것으로 생각하면 MLS의 방사 패턴이 일정한 속도로 주사(Scan)되어지는 상황을 상상할 수 있다.

그림 6-17은 이와 같이 빔을 주사함으로써 항공기에서 방위를 측정하는 원리도이다. 그림 (a)는 활주로 끝에 놓여진 AZ 장치에서 활주로 중심선을 중심으로 좌우로 빔이 주사되고 있는 상태를 나타낸다.

빔은 매우 좁은 축의 전파의 방사 패턴이다. 그림에서 항공기는 진입 방향에 대해 왼쪽에 있는데 빔을 주사하면 주사의 어느 순간에 항공기는 빔에 닿게 된다. 이때, 항공기의 수신기는 마이크로파의 전파를 받는다. 그림 (a)의 좌측 그림은 빔을 −40℃에서 +40℃까지 일정한 빠르기로 진동시켰을 때인데 이 과정을 TO 주사라고 한다. 그림 (a)의 우측 그림은 빔을 + 40℃에서 −40℃까지 진동시키고 있는 상태로 이것을 FRO, 주사라고도 한다. 이 TO 주사와 FRO 주사에 의해 항공기는 각각 1회 빔속에 들어가게 되어 그때에 마이크로 파의 전파를 수신한다. 그림 (b)의 최하단의 신호가 항공기의 수신기가 포착한 신호이다. 그래서 양자의 신호가 얻어지는 시간의 차이는 항공기의 AZ안테나로부터의 방위에 대응한다. 그림 (b)에 그 관계를 나타냈다. 즉 수신기는 2개의 펄스 모양의 신호를 수신하여 그 시간차를 측정하고 항공기의 방위를 산출한다. 이처럼 MLS의 방위 측정 원리는 매우 간단한 원리이다.

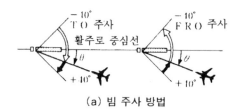

(a) 빔 주사 방법

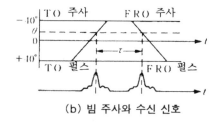

(b) 빔 주사와 수신 신호

그림 6-17 방위 측정 원리

B. EL 장치(수직 가이던스)

이 경우는 부채 모양의 빔을 상하로 진동시킨다는 것뿐으로, 원리적으로는 AZ 장치와 같다.

C. Back AZ 장치(후방 방위 가이던스)

원리적으로 AZ 장치와 같다. 커버리지가 전방에 비해 작다. 한편 DME장치는 MLS의 구성 요소이기는 하지만, 전혀 다른 주파수 및 다른 원리로 작동하는 독립된 시스템이다. 제8장의 DME 시스템을 참고하기 바란다.

그런데 AZ, EL등의 빔 주사를 동시에 할 수는 없으므로 그림 6-18과 같이 순서를 정하여 주사한다. 1주기 약 70m/sec 사이에 먼저 EL을 주사하고 다음에 AZ 이어서 EL 순서로 주사해간다. 이 그림에서 BA는 백 아지무스 EL이나 AZ 장치의 설치 위치 등의 데이터를 보낸다. EL의 주사가 AZ의 주사보다 3배나 많은 것은 최종 진입에서 항공기의 수직 위치 정보를 빈번히 얻어야 할 필요가 있기 때문이다.

그림 6-18 주사의 순서

2) 기상 MLS 장치

지상의 MLS 시설은 설명한 것가 같이 수평 가이던스, 수직 가이던스 및 거리 정보를 항공기에 제공하며 이들 정보를 어떻게 이용하느냐에 따라 MLS의 전체의 기능이 좌우된다. 즉, MLS의 기기 장비에는 4종류의 형태가 있다.

A. 기본 형태

그림 6-19는 기본 형태의 MLS 장비이다. 이 형태에서는 ILS와 같은 직선 진입이 가능하다. MLS 수신기의 출력은 CDI에 가해져 코스로부터의 편위가 나타난다. 또, DME/P의 수신기에서는 마커(Marker) 대신에 활주로끝에서 항공기까지의 거리가 표시된다. ILS와 같은 직선 진입만이 가능하다. ILS와 다른 점은 커버리지 내에서 임의의 직선진입 코스를 얻을 수 있다는 것이다. CDI에는 선택한 직선 진입 코스로부터의 편위가 표시된다. 소형 항공기는 이 기본 형태가 많이 사용되어진다.

B. 계산 중심선 진입 대응의 형태

이것은 지상의 AZ 장치를 활주로 중심선의 연장에 설치할 수 없어 오프셋(offset)하여 설치되어진 경우로써(그림 6-20), 기상 수신기에 장착된 간단한 계산기로 활주로의 중심선 코스를 계산하므로 기본 형태의 장비에 더하여 간단한 계산기가 필요하게 된다. 이와 같이 지상 AZ 시설이 어떤 설치상의 이유로 오프셋되어 설치되었다 하더라도 기본 형태의 직선 진입이 커버리지 내에서 가능하게 된다.

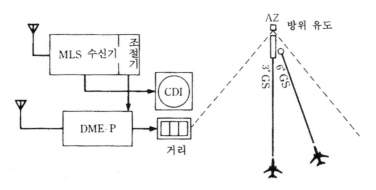

그림 6-19 기본적인 ILS 수신장치

MLS는 이처럼 지상 시설을 어느 정도 자유롭게 설치할 수 있다. 특히 ILS와 MLS가 동일 활주로에 장치될 때(ILS에서 MLS로의 이행 기간에는 ILS를 운용하면서 MLS가 설치된다)에는 MLS를 오프셋하여 설치하는 경우가 발생한다. 항공기측은 이에 따른 형태로 하는데, 마치 AZ 시설이 정규의 위치에 설치되어진 것과 같다. 그림에서 RNAV Circuits으로부터의 출력은 오프셋으로서 필요한 경우 FD 또는 HSI에도 출력된다.

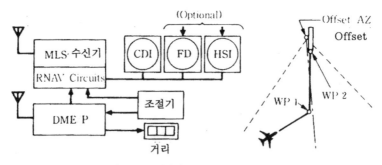

그림 6-20 계산된 중심선과 응답이 원리

C. 우회 진입

그림 6-21과 같이 이 형태에서는 우회 진입이 가능하다. 이때 항공기측은 조금 복잡한 컴퓨터가 필요하다. 다시 말해서 적당히 인정된 웨이 포인트(Waypoing)를 연결한 코스상을 비행하기 위해서는 MLS이 가이던스 정보를 이용하여 계산할 필요가 있는 것이다. 그림에서 RNAV라고 쓰여진 블럭에서 계산을 한다. RNAV 에리어 네비게이션(Area Navigation)에 대해서는 제7장을 참조하기 바란다. 출력은 RNAV에서 CDI로 공급된다. FD, HSI는 옵션이다. 우회 진입을 응용하여 주택 밀집 지역을 피해 비행할 수 있다.

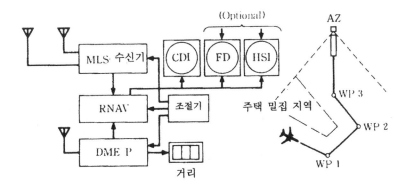

그림 6-21 우회 진입 형태

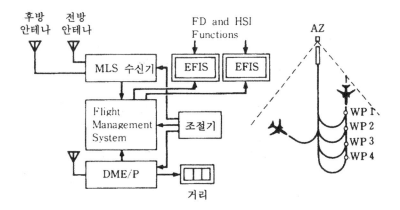

그림 6-22 곡선 진입 형태

D. 곡선 진입

이 형태는 최종적인 높은 고도의 형태로서 에어라인의 형태로서 에어라인의 대형 항공기는 이 형태이다. 이것에 의해 유선 진입을 포함한 자유도가 높은 진입이 가능해진다. 이 장비에서는 절선 진입 장비보다는 더 복잡한 컴퓨터가 필요하며, 그림 6-22에 이것을 Flight Management System(제11장)으로 나타내었다. 또, 이 경우 유선 비행 코스를 종래의 CDI등과 같은 지시기로 표시하는 것은 불가능하므로 새로운 표시 시스템, 즉 전자 비행 계기 시스템(EFIS)이 필요하게 된다.

이상이 MLS의 기상 장비의 개략이며 어떤 형태에서도 오토 파일롯(Auto Pilot)에 신호를 보낼 수가 있다. 특히 최종 상태에서는 유선 진입을 하는 것도 가능하게 되어 있어 조종사가 이 유선상을 수동으로 비행하는 것은 불가능하다. 따라서 오토 파일롯은 이 경우 불필요한 장비가 된다. 오토 파일롯에 대해서는 제9장을 참고하기 바란다.

제7장 자장 항법 장치(Independent Position Determining)

7-1. 개요

이 계통 항법 장치는 지상 항법 보조 시설의 도움없이 독립적으로 작동되어 항공기의 위치 정보를 제공하는 장치이며, 여기에 포함되는 것은 다음과 같다.

① INS(Inertial Navigation System)
② Weather Radar
③ GPWS(Ground Proximity Warning System)
④ Radio Altimeter
⑤ 도플러 항법 장치

7-2. 관성 항법 장치(INS;Inertial Navigation System)

이제까지 설명한 항법 시스템, 즉 NDB-ADF, VOR/DME-VOR 및 DME 수신기, ILS-ILS 수신기(Localizer, Glide Path, Marker receiVEr)등은 모두 단거리용 합법 시스템이었다. 이 중에서 가장 통신 범위가 넓은 NDB라도 약 300NM 정도의 통신 범위이기 때문에, 태평양 횡단을 하는 항공기는 통신 범위가 더 넓은 시스템을 이용하던지 또는 스스로 지상 시설에 의존하지 않고 비행하는 방법을 가질 필요가 있다.

단거리 항법 시스템에는 로란 A(Loran A)가 사용되었고, 장거리 항법으로는 도플러 레이다(Doppler Radar)가 사용되었으나, 최근 우주 기술의 발달로 관성 항법 장치(INS)가 장거리 항법으로서 B747 항공기에 등장한 이래, 이후 장거리 항법으로서는 거의 INS가 장착되어 운용되고 있다. 이 때문에 로란 A 및 도플러 레이다는 지금 자취를 감추고 있으며, 로란 A는 나중에 설명되는 오메가(Omega)로서 도플러 레이다는 INS로 대치되었다고 볼 수 있다.

한편 장거리 항법 장비가 개발중이기도 하지만, 위성을 이용한 시스템이 고안되고 있다. 예를 들면 태평양 상공에 정지위성을 띄우고(2~3개), 그것을 기초로 항공기의 위치를 측정하는 항공위성 시스템, 또 하나는 18개의 이동 위성을 띄우고, 이들 위성으로부터의 전파를 수신하여 자기의 위치를 측정하는 GPS(Global Positioning

System)가 있다.

이들 시스템은 INS 또는 오메가에 비해 매우 정밀도가 높은 것이 특징으로 GPS에 있어서는 500m에서 수m까지의 정밀도를 얻을 수 있기 때문에 이 경우 장거리 뿐만 아니라 단거리 항법으로서도 사용이 가능하다. GPS 수신기만 탑재되어 있으면 세계의 어느 지점에서도 정확하게 위치를 측정할 수 있으므로 아주 획기적인 시스템이라 할 수 있다. 이 시스템은 얼마전까지만해도 군사목적에만 사용되었으나 최근에는 민간 여객기에도 장착운용중이며, 앞으로는 자동차용 항법장치로도 실용화될 전망이다. 단거리 및 장거리 항법을 정리해 보면 다음과 같이 분류된다.

① 단거리 항법
  ⓐ ADF 장치   NDB의 자방위
  ⓑ VOR/DME 수신기   자방위(VOR), 거리(DME)
  ⓒ ILS수신기   진입코스(Localizer, Glide path), 특정 위치(Marker)

② 장거리 항법
  ⓐ 로란 A(Laran A)   위치(위도, 경도)
  ⓑ 도플러 레이다(Doppler Radar) 위치, 항공기의 속도 등
  ⓒ INS   위치, 항공기의 자세, 속도등
  ⓓ 오메가(Omega)   위치, 항공기의 속도 등
  ⓔ 인공위성   위치, 항공기의 속도 등
  ⓕ GPS   위치, 항공기의 속도 등

한편, 표 7-1에서는 현재 및 장래에 가장 많이 사용되리라 생각되는 항법 시스템의 통달 범위, 정밀도 등을 나타내고 있다. 여기서는 현재 가장 많이 사용되고 있는 장거리 항법 장치인 INS에 대한 원리 및 운용을 중심으로 설명하겠다.

INS는 자기의 위치를 알기 위해서는 지금까지 지상 원조 시설(VOR/DME, 로란 등) 없이도 단독으로 자기 위치를 산출할 수 있는 장치이다. 이와 같은 장치를 자장 항법 장치라고 한다. 자장 항법 장치에는 이 외에도 도플러 레이다 항법 장치가 있다. INS는 원래 우주 공간을 비행하는 로켓트의 유도 등을 위해 개발된 것으로서 민간 항공기용으로 사용되기 시작한 것은 점보기(B747)가 취항한 이래로 아직 유래가 짧다.

다른 항법 시스템과 비교한 것을 표 7–1에 나타내었으며, 이 장치를 탑재하고 있으면 전세계를 제한없이 비행할 수 있다. 다만 INS는 시간의 경과와 함께 오차가 커지는 결점이 있으며 1시간당 약 1~1.5NM의 오차가 생긴다. 또 가격도 다른 항법 장치에 비해 비싸며 오메가 수신기와 비교해서도 약3배 이상의 가격이 비싸다.

태평양을 횡단하는 항공기에는 신뢰성을 향상시키기 위하여 INS를 3대 탑재하고 있으며, 자이로스코프(Gyroscope)를 이용한 복잡한 장치이므로 정비비도 비싸다.

	NDB -ADF	VOR /DME	INS	오메가	도플러 레이더	GPS	ILS
통달 범위	출력에 의함. 대 전력인 것으로 200nm 이상	제한 거리	제한 없음	전세계	제한 없음	전세계	로컬라이 저 25nm 글라이드 패스 10nm
정밀도	±5°	VOR : ±2.5° DME : 160m	1시간당 1~1.5 nm	1~5nm (RMS)	0.5~1% CEP	500m(민간용) 50m 이하 (군용)	약 ±0.2° (미들 마 커 부근)
데이터	상대 방위	VOR : 자방위 DME : 거리	3-D 위치 3-D 속도 자세 등	2-D 위치	3-D 위치 3-D 속도 기타	3-D 위치 3-D 속도 기타	코스로부 터의 편위
조종사의 조작	ADF 채널 선택	VOR 채널 선택	1) 웜 업 2) 초기 얼 라인먼 트(약 17분) 3) 웨이 포 인트 입 력 4) NAV 모드에 스위치	날짜, GMT 현 재 위치, 자기 편차 및 웨이 포인트를 입력	NAV 데이터의 입력	현재 위치 및 시간 그 밖의 NAV 데이터를 입력	로컬라이 저 채널 (VHF) 선택

표 7–1

이처럼 INS는 가격, 유지비와 같은 문제 때문에 대형기에서 이용되었지만, 이것을 탑재하면 전세계를 어디나 자유롭게 비행할 수 있으므로, 현재는 국제선을 비행하는 항공기에 필수적인 항법 장치가 되었다.

1) 작동 원리

INS의 기본 원리는 항공기가 이동할 때 가속도 운동을 하므로, 가속도를 검출하는 가속도계를 플랫폼(Platform) 위에 설치하고 얻어진 가속도를 계산기로 2회 적분하여 위치를 산출한 것이다. 그림 7-1은 플랫폼 위에 동서방향 및 남북 방향으로 놓여진 2개의 가속도계에 의해 평면상의 위치를 산출하는 항법이다. 최초의 출발점 위치를 알고 있으면 일정 시간 뒤에 항공기의 위치는 양쪽 가속도계에서 얻어진 가속도를 2회 적분함으로서 평면상의 위치를 산출할 수 있다.

문제는 지구상의 가속도계가 놓여있는 플랫폼을 어떻게 하는가가 기술상이 최대 과제이다. 그림 7-2(a)는 수평으로 설치된 가속도이다. 가속도가 있으면 한가운데의 질량은 좌우로 이동한다. 그림(b)는 오른쪽으로 가속도 운동을 하여 이동했을 때 한가운데의 질량이 왼쪽으로 이동한 상태이다. 그림(c)는 가속도계를 기울였을 경우, 중심 질량은 중력 때문에 가속도 운동을 한 것처럼 왼쪽으로 이동하므로, 그림 (b)와 같은 상태가 된다. 즉 가속도계가 가속도 운동을 하지 않았는데도 가속된 것과 같은 상태가 되어 큰 오차가 생긴다. 따라서, 가속도계는 지구에 대해 수평으로 설치되어야만 한다.

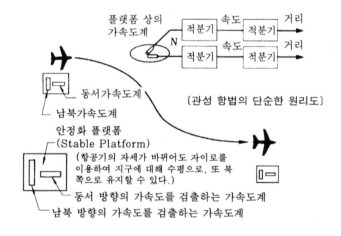

그림 7-1

그럼 가속도계를 수평으로 유지하는 방법은 나중에 설명하기로 하고 가속도계의 예를 그림 7-3에 나타내었다. 감응축을 따라 가속도가 있으면 펜쥬럼(진자처럼 생긴 것)가 피봇(Pivot)을 중심으로 편위(회전)된다. 이 회전이 편위량을 픽 오프 코일(Pick Off Coil)에 의해 전기신호로 바꾼후, 앰프로 증폭하여 가속도 신호는 출력되지 않는다. 가속도가 없으면 펜쥬럼(Pendulum Mass)는 중립 위치에 오게 되고 가속도 신호의 출력은 없다. 항공기는 3차원 공간을 이동하므로 실제의 INS에서 가속도계는 3개의 축(X축,Y축 및 Z축)이 사용된다. 이 3개의 가속도계를 플랫폼 위에 3축에 따라서 설치한다.

　그러므로 플랫폼을 수평으로 유지하는 것과 이 플랫폼의 방향을 항공기 운동에 관계없이, 항상 북쪽을 향하게 유지시키는 것이 2가지를 정확히 실행하면 플랫폼위에 설치된 가속도계에 의해 위치를 계산할 수 있다는 것을 쉽게 알 수있다. 이것을 행하기 위해 자이로스코프(Gyroscope)가 이용된다. 자이로는 고속으로 회전하고 있는 코마(Comma)라고 생각하면 된다.

　고속으로 회전하고 있는 코마는 외력이 가해지지 않는 이상 절대 공간에 대해 일정한 방향을 계속 유지한다. 실제로는 고속으로 회전하고 있는 코마를 지탱해야 하므로, 그림 7-4에서처럼 테두리의 베어링으로 코마를 받친다. 테두리도 고정 플랫폼에 설치되어진 베어링으로 지탱된다.

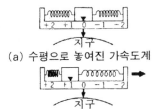

(a) 수평으로 놓여진 가속도계

(b) 진의 가속도가 더해진 경우

(c) 기울여져 놓여진 경우

그림 7-2 지구 중력에 기인하는 가속도

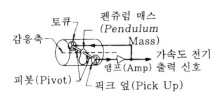

그림 7-3 가속도계의 일례

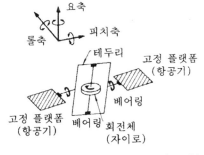

그림 7-4 자유도 1의 자이로 (피치축)

   이때, 이 자이로의 테는 고정 플랫폼의 주변 밖으로 회전되지 않는다. 이것은 자유도 1인 자이로로서 자이로를 회전시키는 동력은 전기 또는 공기압을 이용하지만, 그 상세한 메카니즘은 생략한다.

   고정 플랫폼은 항공기에 고정된다. 자이로의 회전축이 그림 7-4와 같이 수직 방향으로 향해 있으면, 항공기(고정 플랫폼)가 피치 축에 대해 기울어지더라도 자이로의 회전 축 방향은 변하지 않으므로 고정대(Roll Axis Alignment Surface)와 바깥 테두리의 편위치(Outer roll Gimbal)로 피치 각을 알 수 있다. 롤 축(roll Axis), 요 축(Yaw Axis)에 대한 편위를 알려면 그림 7-4 전체를 90° 회전한 위치로 배치하면 된다. 즉, 단순히 생각하면 3개의 자이로를 이용하여 항공기의 기울기나 방위를 알수가 있다는 것이다. 실제, 항공기 자세를 보여주기 위해 사용되는 자이로[VG(VErtical Gyro)나 DG(Directional Gyro)]는 자유도 2인 자이로지만, 이해를 쉽게 하기 위해 위와 같이 자유도 1인 자이로도 설명했다. 외력이 작용하지 않는 한, 자이로의 회전 축은 절대 공간에 대해 일정한 방향을 향하고 있게 된다. 그러나, 그림 5-4에서 항공기(고정대)가 롤 축에 대해 기울어져 있다고 한다면 자이로의 불가사의한 성질에 의해 테(Gimbal)는 피치 축에 대해 기운다. [이를 프리세션(Precession:세차성)이라 함] 따라서 그것으로는 결함이 발생되므로 어떤 방법으로든 수정하여 기울지 않게 하려는 방법이 여러가지로 고안되고 있다.

   그림 7-5는 이러한 것을 고려하여 플랫폼을 수평으로 유지하려 한 예이다. 자이로의 테는 플랫폼에 고정된 베어링에 의해 지탱되고 있다. 항공기가 롤축에 붙어 기울면 프리세션(Precession)에 의해 자이로의 테는 피치 축에 대해 기울므로, 이 기울기를 검출기로 검출하여 증폭한 다음, 모터로 기울여진 만큼 플랫폼을

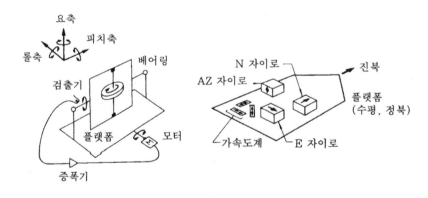

그림 7-5   그림 7-6

반대측으로 기울게 하면 플랫폼은 수평으로 계속 유지할 수 있다. 이와 같은 자유도 1인 자이로를 3개 이용함으로서 플랫폼을 3차원 공간에 대해 안정화할 수 있게 된다.

그림 7-6의 플랫폼 상에 자유도 1인 자이로 3개를 그림처럼 배치한다. 화살표는 자이로의 회전 방향이다. 동쪽으로 향한 E 자이로, 북을 향한 N 자이로, 수직 방향인 AZ 자이로가 있다면 플랫폼의 최초의 설정은 플랫폼이 지구에 대해 수평이고 진북을 향하게 한다. 최초에 이와 같이 플랫폼이 지구에 대해 수평이고 진북을 향하게 한다. 최초에 이와 같이 플랫폼을 설정하는 것을 얼라인먼트(Alignment)라고 한다. 그렇게 하면 항공기가 상승, 하강하므로, 플랫폼은 지구에 대해 수평이고 진북을 향한 채로 있게 된다. 3축의 자이로(AZ, E, N 자이로)에 의해 항공기의 자세, 방위를 알 수 있으므로, 이들 정보를 ADI나 HSI에 공급하는 것도 가능하다.

이처럼 수평이고 북쪽을 향해 설정되어진 플랫폼 상에 가속도계를 그림 7-6과 같이 설치하면 항공기의 이동에 따라 항공기 가속도를 검출하고 이 신호를 추출하여 INS용 계산기로 계산함으로서 항공기 위치를 산출할 수 있다. 이것만 있으면 INS는 비교적 쉬운 장치라고 생각되지만, 아쉽게도 현실의 지구상에서는 다음의 2가지 고려해야 한다.

① 지구의 자전이 플랫폼이 주는 영향
② 항공기의 이동이 플랫폼에 주는 영향

A. 지구의 자전이 플랫폼에 주는 영향

한편, 그림 7-7 (a)는 지구를 남극에서 본 경우로서 어떤 시간에 A점에 수직으로 놓여진 AZ 자이로이다. 지구는 자전을 하고 있으므로 시간이 경과하면 A점의 자이로는 B점에 오지만, 자이로의 회전 축은 절대 공간에 대해 같은 방향을 향한 채로 있으므로, B점에서는 지구에 대해 수직인 방향을 향하지 않게된다. 즉, A점에서 INS의 플랫폼은 B점에서는 기울게 된다. 즉, A점에서 수평으로 놓여있던 가속계는 자전과 함께 기울어지게 되며, 항공기의 정확한 가속도를 측정할 수 없어 좋지못하다. 그래서 자전의 속도를 알면 자전에 의해 지구에 대해 기우는 비율을 보정하면

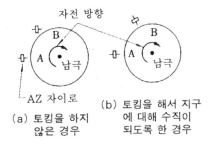

그림 7-7
회전축이 지구에 대해 수직 방향을 향하도록 설치된 AZ자이로에 대한 자전의 영향

좋다. 이를 위해서는 자이로 축에 강제적으로 토큐를 걸고, 자이로이 회전 축 방향을 보정하면 된다. (이를 토킹이라 함)

그림 7-7 (b)는 토킹을 하여 보정한 경우의 자이로의 회전 축 방향을 나타낸다. 또 그림 7-8 (a)는 자이로의 회전 축을 지구에 대해 수평으로 놓은 경우인데, 이 때도 토킹을 행하여 보정할 필요가 있다. 그림 7-8 (c)는 지구의 자전축에 대하여 자이로의 회전 축을 같은 방향으로 놓은 경우이며, 이 때는 자전의 영향이 없으므로 토킹을 할 필요가 없다. 그림 7-8 (b)는 그림 7-6과 같은 AZ 자이로인 경우이다.

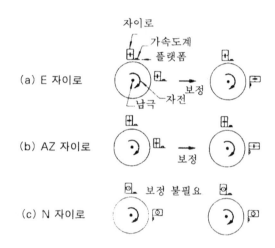

그림 7-8 지구 자전이 각 자이로에 주는 영향 및 토킹에 의한 보정

B. 항공기 운동(이동)이 플랫폼에 주는 영향

그림 7-9는 지구를 적도 상공에서 보았을 경우의 N자이로이다. 항공기가 ⓐ점에서 ⓑ점으로 이동하면, 앞에서 설명한 바와 같이 자전의 경우와 마찬가지로 N자이로는 절대 공간에 대해 처음 향하던 방향을 유지한다. [그림 7-9 (a)] 따라서, 자전하는 경우와 마찬가지로 토킹을 하여 보정할 필요가 있는 것이다. 이 때의 보정은 해당 항공기 위치를 구하면서 그 위치를 파악한뒤 보정량을 결정하게 된다. 즉, 해당 항공기가 이동하여 지구상의 어디에 있는가를 알고 보정을 해야 하는 것이다.

그림 7-9 (b)는 토킹을 해서 보정한 N 자이로이다. INS는 정밀도를 높이기 위해 매우 짧은 시간 간격으로 항공기 위치를 구하고 있다. 항공기 위치를 구하면서 플랫폼을 보정하는 것과 앞에서 설명한 지구 자전에 의한 보정이 동시에 이루어지기 때문에 항공기가 시간에 따라 이동하더라도 플랫폼은 최초 설정한 상태를 유지하게

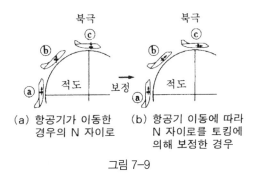

(a) 항공기가 이동한
경우의 N 자이로
(b) 항공기 이동에 따라
N 자이로를 토킹에
의해 보정한 경우

그림 7-9

된다. 이와 같이 플랫폼을 전 북으로 계속 유지하는 점에서 이 시스템을 노스
슬레이브 시스템(North SlaVEd System)이라고 부른다.

　조종사는 INS의 스위치를 ON(STBY)으로 하고 항공기 위치를 입력하는데,
INS는 이 조종사의 입력에 의한 위치 정보 또는 자전의 가속도를 검지하여 플랫폼
방향을 정확히 북을 향하게 하고, 플랫폼을 중력의 방향에 대해 수직(즉 지면에 대해
수평)이 되게 한다. 이것을 얼라인먼트(Alignment)라고 한다. 얼라인먼트가 약 20분

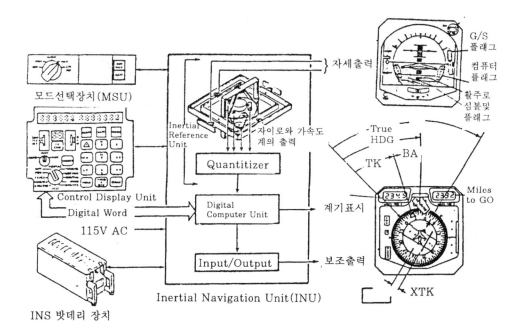

그림 7-10 INS 구성품 블럭다이아그램

정도로 완료된 다음, NAV 모드로 한다. 이 상태에서는 INS는 플랫폼에 놓여진 3축의 가속도계로 검출한 가속도를 적분하여 위치나 속도를 계산하면서 앞에서 말한 자전에 대한 보정, 항공기의 이동에 의한 보정을 하여 플랫폼의 방향을 북(North)을 향하게 보정한다. 이렇게 하여 플랫폼 위에 놓인 가속도계를 계속 적분함으로서 위치를 구할 수 있게 된다.

이상이 관성 항법 INS의 원리인데, 실제의 INS에 있어서 가속도계는 실제 항공기 가속도 외에 회전하고 있는 물체(지구) 상을 이동하고 있으므로 코리올리의 힘에 의한 가속도 및 지구의 편평에 기인하는 가속도를 받기 때문에 이 불필요한 가속도 성분을 제거하고, 해당 항공기의 정확한 위치를 계산하도록 되어 있다.

2) INS의 운용

그림 7-11은 INS이 콘트롤 판넬이다. 먼저 그림 (a)에서 모드 스위치를 OFF에서 STBY로 한다. 이 상태에서 INS는 ON이 된다. 조종사는 그림 (b)의 스위치를 POS로 하고, 항공기의 현재 위치를 그림(b)이 우측의 키보드를 이용하여 위도, 경도를 입력한다.

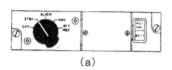

(a)

이어서 ALIGN모드로 하면 자동적으로 얼라인먼트가 시작된다. 얼라인먼트란 플랫폼을 바른 위치로 하는 것이다. 얼라인먼트는 약 20분 정도가 소요되는데, 그것이 끝나면 그림 (a)의 우측 RDY/NAV 램프가 점등된다. 얼라인먼트 중에는 항공기는 정지하고 있어야 한다.

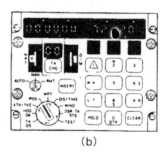

(b)

그림 7-11 콘트롤 판넬

얼라인먼트 종료의 RDY/NAV 라이트를 확인하고, 이어서 NAV 모드로 한다. NAV 모드는 항공기가 이동하기 전에 해야 한다.

NAV 모드로 한 뒤에 항공기가 이동하면 INS는 각종 항법 데이터를

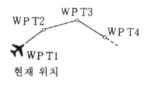

그림 7-12

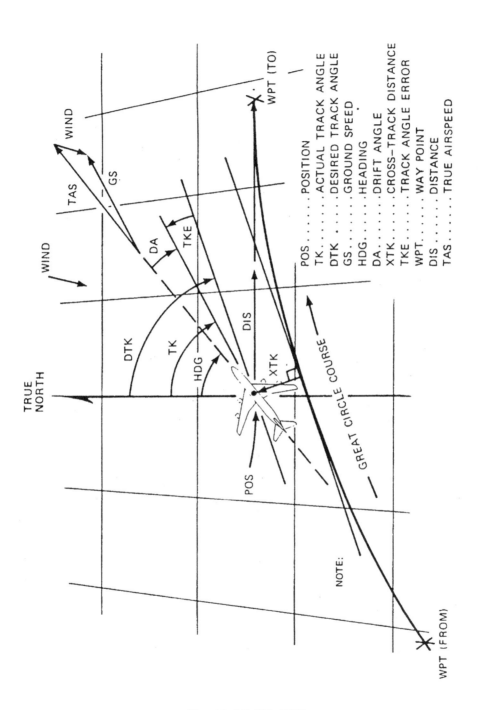

그림 7-13 INS 항법 데이터

TRUE NORTH
WIND
WIND
TAS
GS
DA
TKE
DTK
TK
HDG
DIS
XTK
POS
GREAT CIRCLE COURSE
WPT (TO)
WPT (FROM)
NOTE:

POS......POSITION
TK.......ACTUAL TRACK ANGLE
DTK......DESIRED TRACK ANGLE
GS.......GROUND SPEED
HDG......HEADING
DA.......DRIFT ANGLE
XTK......CROSS-TRACK DISTANCE
TKE......TRACK ANGLE ERROR
WPT......WAY POINT
DIS......DISTANCE
TAS......TRUE AIRSPEED

계산하다.

조종사는 비행 코스를 입력할 필요가 있는데, 이것은 보통 모드 스위치가 얼라인먼트 시에 목적지까지의 경로를 입력한다. 그림 7-12는 웨이 포인트WPT 1에서 출발하여, WPT 2, WPT 3, WPT 4, ……로 비행해가는 경우를 표시한 것이다.

각 웨이 포인트(Way-point)의 위치를 INS에 입력하려면 그림 7-11 (b)의 스위치를 WPT로 하고, 왼쪽 상단에 WPT라고 씌어진 웨이 포인트의 번호 선택 스위치를 2, 3, 4 ……로 전환해 가며, 웨이 포인트 위치(경도, 위도)를 그림 7-11 (b)의 오른쪽 키보드로 입력한다. 또, 웨이 포인트를 비행중 변경하는 것도 쉽게 실행할 수 있다.

INS는 오토 파일럿(Auto Pilot)과 연결이 가능하므로 이륙후 오토 파일럿을 입력해 두면 항공기는 자동적으로 미리 입력된 웨이 포인트를 따라 비행할 수 있다. 각 웨이 포인트 통과를 파일럿에게 알리기 위해 웨이 포인트에 도달하기 2분전에 경보가 울리게 되어 있으며 도달후는 경보가 꺼진다.

태평양 횡단 항공기는 신뢰성을 향상시키기 위해 INS를 3대 탑재하고 있으며, 3대의 INS가 산출하는 위치 정보의 평균값을 취하며 비행하는데, 이 위치 정보에 커다란 차이가 나면 조종사에게 경보를 울려 주도록 되어 있다. 이렇게 하여 높은 신뢰성을 확보하고 있으므로, 조종사는 INS를 오토 파일럿에 연결하면 거의 자동 비행이 가능하게 되어 조종사의 워크 로드(Work Road) 경감에도 도움을 주고 있다.

이와 같이 보통, 오토 파일럿에 연결하여 비행하므로 INS가 제공하는 다른 데이터를 볼 필요는 별로 없으나, 필요하면 해당 항공기가 희망하는 코스로부터 편위, 코스의 방위각, 기수 방위, 드리프트(Drift) 각, 풍향 속도(이 때, 에어 데이터 컴퓨터로부터의 진대기 속도가 필요함) 등의 데이터를 볼 수 있다.

또 INS는 1시간당 1~1.5NM의 오차로 생기지만, VOR/DME 등에 의해 항공기의 정확한 위치를 알면 현재 위치를 바꾸고(즉 오차를 없앰), 다시 정확한 비행을 하게 된다. 현재 국제선 뿐만 아니고 국내선에도 이용되고 있으며, B747, L-1011, DC-10 등에도 탑재되어 조종사의 워크 로드(Work Road)의 큰 경감에 도움을 주고 있다.

7-3. 에리어 네비게이션(RNAV)

에리어 네비게이션(Area Navigation)이란 간단히 말해서 항공기가 임의의 희망하는 비행 경로로 비행하는 것이 가능한 항법으로서 보통 「RNAV」로 줄여 말한다.

현재 한국의 항공로는 그림 7-14처럼 지상에 설치된 VOR/DME국을 연결하는 직선 경로로 설정되어 있고, 공항과 공항 등의 두 지점 간을 연결하는 항공로는 VOR/DME 등 지상국(Ground Station)의 배치나 설치수에 의해 정해진다. 따라서, 이와 같은 상황에서 항공 교통량을 늘이려고 하는 경우, 동일 항공로 상에서 항공기의 비행 간격을 단축하던지 또는 비행 고도에 상호 고도 차를 두어 항공로를 늘이는 방법 외에는 없다. 그러나, 이 수단은 항공기의 안전 운항 확보라고 하는 면에서 제한이 있고, 또 지상국의 증가도 경제적인 면에서 제약이 수반된다.

RNAV는 이와 같은 고정화되어진 현행 항공로가 가지는 문제점을 해결하고, 공역의 유효 이용을 도모하기 위해 고안된 것으로 그림 7-15에서처럼 임의의 항공로를 설정하고 이 위를 자유롭게 비행 가능한 항법이다.

현재, 공항의 터미널 공역에 있어서 항공기의 이착륙 경로는 VOR/DME등 지상 시설을 기준으로 설정되어 있고, 이것이 공항의 이착륙 용량을 대폭으로 제약하는 요인이 되고 있는데, RNAV의 도입은 특히 이 같은 상황을 완화하기 위해서도 유효하리라 생각된다. 이 밖에 RNAV 도입 효과는 다음과 같이 정리해 볼 수 있다.

① 혼잡한 공역을 회피한 루트(Route)의 설정이 가능하다.
② 에너지 절약을 고려한 최단 경로의 설정이 가능하다.
③ 레이타 벡터 경로를 조종사 단독으로 항법 가능하게 된다.
④ 최적 위치에서 홀딩 패턴(Holding Pattern)의 설정이 가능하게 된다.
⑤ 하나의 트랙(Track)에 대해 다중 루트의 설정이 가능하다.
⑥ 공항으로의 계기 진입 능력의 증대를 꾀할 수 있다.
⑦ 소음 대책으로서 회피 루트의 설정이 가능하다.
⑧ 속도, 그외의 운항 특성을 고려한 트랙(Track)의 분리가 가능하다.
⑨ STOL(단거리 이착륙)기, 헬리콥터 등의 운항에 적합한 순서(Procedure) 설정이
  가능하다.

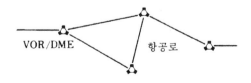

그림 7-14 종래의 항공로

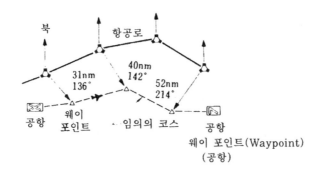

그림 7-15 RNAV 항공로

1) 원리

　RNAV에서는 희망하는 비행 경로를 지도상에 웨이 포인트(Waypoint : 이하 WPT라함)라고 부르는 임의의 점에 놓고, 이 WPT를 잇는 경로를 설정한 뒤, VOR/DME 또는 INS와 같은 항법 장치로부터의 위치 정보를 기초로 컴퓨터로 코스를 산출한다. 이 정보를 오토 파일롯(Autopilot)에 입력하면 자동적으로 희망하는 코스를 비행할 수 있게 된다. WPT의 위치(좌표)는 그림 7-16(a)와 같이 지도상의 특징 VOR/DME국으로부터의 자방위와 거리로 지정하는 경우와 그림 7-16(b)와 같이 지구면 위의 점으로서 위도와 경도로 지정하는 경우가 있다.

　그림 7-16(a)처럼 WPT를 설정하고 RNAV 항행하는 경우, 항공기는 VOR/DME국으로부터 위치 신호를 항상 수신하여 컴퓨터로 계산하면서 희망하는 코스상을 비행하게 된다.(Station-orented Navigation이라고 함) 이 항법은 지상

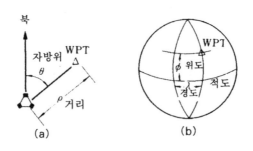

그림 7-16

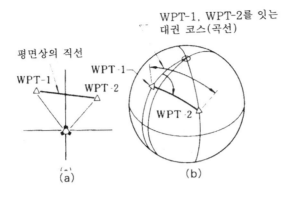

그림 7-17

VOR/DME국이 전파 범위 내에서만 이용 가능해진다. 또 이때, 희망하는 코스는 그림 7-17(a)처럼 두개의 WPT를 잇는 평면상의 직선으로 설정, 계산된다. 한편, 그림 7-16(b)에 의한 WPT의 설정에는 희망하는 코스를 그림 7-17(b)에서와 같이 구면상의 두개의 WPT간의 최단코스인 대권(곡선) 코스로 설정, 계산되고(Earth-oriented Navigation)이라 함), 입력소스(Entry Source)로서는 VOR/DME 외에 INS와 같은 자립 항법 장치도 이용되며 지구상의 어디에서도 RNAV에 의해 운행 가능해진다. 보통, 200NM을 넘는 거리에서 WPT를 설정하는 시스템에서는 지구 곡률의 영향을 고려해야 하며 WPT의 좌표 설정은 위도, 경도로 설정할 필요가 있다.

　항공기가 실제로 특정한 두 지점간을 RNAV에 의해 비행하는 경우, 출발 공항에서 목적 공항까지 차례로 WPT-1, WPT-2, WPT-3라는, 몇 개의 WPT를 설정하여, 이 WPT 사이를 잇는 경로(Flight-Leg)에 따라 비행하게 된다.

　플라이트 레그는 그림 7-18처럼 어떤 WPT에 대해 해당 WPT를 출발점으로 하는 것을 From-Leg, 지나가는 점으로 하는 것을 To-Leg라고 불러 구별한다. 또, RNAV에서는 그림 7-19처럼 해당 코스에 대해 오른쪽 또는 왼쪽으로 평행한 비행 코스를 희망 코스로 지정하게 되어 있는 것이 보통이며, 이같은 코스를 평행 오프셋 코스(Parallel Offset Course)라고 한다.

　그림 7-20에 RNAV 장치의 기본적인 계통을 나타내었다. RNAV 장치의 입력 신호 소스는 보통 VOR/DME 등 지상 무선국으로부터의 방위, 거리 정보, 항공기의 에어 데이터 컴퓨터 시스템(ADC)으로 부터의 비행속도나 고도(3차원 RNAV의 경우에만)에 관한 정보, 자기 콤파스로부터의 기수 방위 성보 등이고, 위치

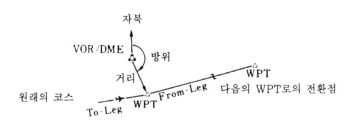

그림 7-18 플라이트 레그(Flight Leg)

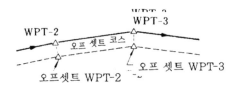

그림 7-19 평행 오프셋트 코스(Parallel Offset Course)

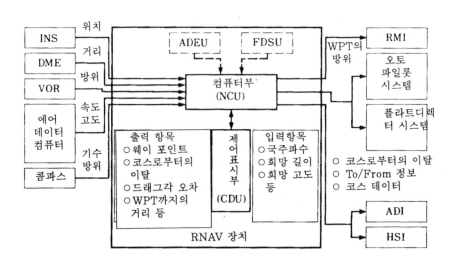

그림 7-20 RNAV 계통도

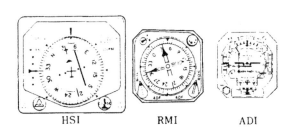

HSI   RMI   ADI

그림 7-21 RNAV에서의 출력 표시

정보소스로서는 VOR/DME 외에 INS 를 이용 할 수 있는 것도 있다. 이들 입력 정보는 RNAV의 항법 컴퓨터(Navigation Computer Unit : NCU)로 계산 처리되어, 그림 7-21처럼 RMI(Radio Magnetic Indicator)나 HSI(Horizontal Situation Indicator), AD(Attitude Director Indicator) 등의 항법 계기에 현재 지점의 WPT에 대한 방위각, 또는 희망 코스로부터 벗어날 때의 정보등이 표시된다.

또, RNAV의 출력은 보통, 항공기의 오토 파일럿 시스템이나 플라이트 디렉터 시스템(Flight Director System)과 결합 가능하게 되어 조종사는 이것을 이용하여 RNAV를 자동 비행할 수 있게 된다.

RNAV의 주요 구성품으로는 NCU 외에 콘트롤 디스플레이 유니트(Control Display Unit : CDU)가 있다. CDU는 조종사와 NCU와의 인터페이스(Interfaces)의 역할을 하는 것으로 조종사는 이것을 이용하여 지상에 입력함과 동시에 조종사의 선택에 따라 항공기의 WPT까지의 거리나 소요 비행 시간, 설정 코스로부터의 이탈 등의 위치 정보를 표시한다.

RNAV 장치에는 이외에 CDU 대신, 데이터 카드(Data Card) 등을 이용하여 많은 국의 데이터, WPT 데이터 등을 간단히 입력 가능한 오토매틱 데이터 입력 유니트(Automatic Data Entry Unit : ADEU), 많은 WPT국의 좌표를 기억 가능한 플라이트 데이터 기억 유니트(Flight Data Storage Unit : FDSU)등이, 부가되는 경우도 있다. 또, 보다 복잡한 RNAV 장치에서는 신뢰성의 향상을 위해 컴퓨터를 비롯하여 구성 요소가 이중화된다.

한편 RNAV에서 사용되는 기본적 파라미터는 희망 코스의 자방위[(또는 진방위)(Desired Track Angle : DTK)], 및 WPT에서(까지)의 거리(Distance/from Waypoint : DIS)인데, 그 외의 파라미터는 그림 7-22에서와 같다.

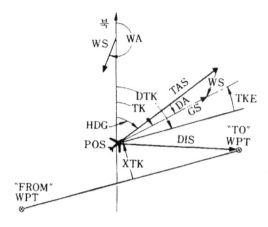

DA   : Drift Angle
DIS : Great Circle Distance
       From POS to Next WPT
       or Destination
DTK : Desired Track Angle
GS   : Ground Speed
HDG : True Heading
POS : Present Position

TAS : True Airspeed
TK   : Ground Track Angle
TKE : Track Angle Error
WA   : Wind Angle
WPT : Way Point
WS   : Wind Speed
XTK : Cross Track
       Distance

그림 7-22 RNAV 수평면 파라미터

2) 3차원/4차원 RNAV

지금까지 설명했듯이 각 WPT의 좌표를 지상국으로부터 거리 및 방위, 또는 위도, 경도 등의 2차원 정보를 받아 수평면 내에서만 자유롭게 항법을 행하는 것을 2차원 RNAV라고 하며, 이에 대해 WPT 좌표에 고도의 정보도 추가하고 희망 코스를 3차원 공간 내의 코스로 설정하여 수평면에 가한 고도에 대한 항공기를 조절하는 것을 3차원 RNAV라 한다.

또 항공기를 일정한 3차원 위치에 비행 계획대로 시각에 유도하도록 3차원 RNAV의 위치 조절과 시간 조절을 합한 것을 4차원 RNAV라고 한다. 4차원 RNAV는 아직 실용화되지 않았으나 RNAV 장치의 최종적인 모습으로 그 효과가 기대된다. 해당 RNAV에서는 항공기를 지정한 시각에 지정된 위치로 정확히 유도가 가능하므로, 이것을 이용하여 계획적인 운항을 하면 터미널 공역에서의 조종사의 워크 로드(Work Road)의 대폭 경감, 공항 용량의 증대 등을 얻을 수 있으리라 생각된다.

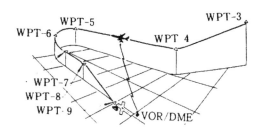

그림 7-23 터미널 공역에서의 에리어 네비게이션

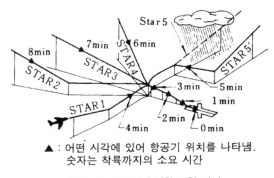

▲ : 어떤 시각에 있어 항공기 위치를 나타냄.
숫자는 착륙까지의 소요 시간

그림 7-24 RNAV에 의한 공항 진입

그림 7-23는 터미널 공역에서 3차원 RNAV 장치를 이용하여 항공기를 유도하고 있는 모습이다. 그림 7-24에서는 장래의 모습으로서 공항 진입 관제소로부터의 지시에 의해 RNAV 장치를 이용하여 항공기가 최종 진입 경로상에 정확히 1분 간격으로 늘어서게 유도되어 착륙 진입의 능률화를 꾀하는 예를 보이고 있다. 그림에서 STAR(Standard terminal Arrival Route : 표준 도착 경로) 5는 악천후를 피하기 위해 지상 관제소로 부터의 지시(Data Link를 이용)에 의해 STAR 5′로 변경되고 있다.

3) RNAV의 운용

RNAV 장치는 그 사용 목적에 따라 각종 능력, 기능을 가진 것이 실용화되고 있는데, 실제의 기능 및 사용법에 대해 3차원 RNAV 시스템인 미국 리톤사 제품인 LITTON-101을 예로서 간단히 설명하겠다. 다른 RNAV 시스템에서도 부가적 기능의 차이는 있으나 기본적으로는 같다.

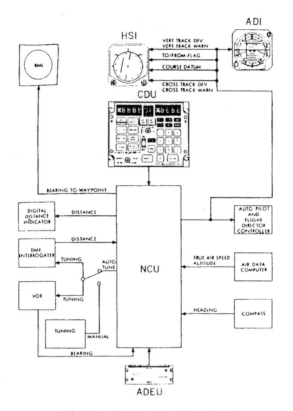

그림 7-25 LITTON-101 RNAV 시스템

A. 구성

해당 RNAV 시스템은 그림 7-25에서처럼 다음 세개의 유니트(Unit)로 구성되어 있다. (그림 7-20 참조)

a. CDU(Control Display Unit)

운용모드(Mode)의 선택, 항법 데이터 파라미터의 수동 입력 및 확인, 비행 경로의 선택 및 계산되어진 항법 데이터의 출력 표시를 한다.

b. NCU(Navigator Computer Unit)

컴퓨터부, 데이터 변환부, 전원 공급부로 되어 있고, 에어 데이터 콤파스헤딩(Air Data Compass Heading), 교정 기압 고도, VOR/DME 정보등 모든 센서 입력을 처리하여 CDU를 비롯한 HSI, ADI 오토 파일럿, 플라이트 디렉터 시스템으로 필요한 정보를 출력한다.

c. ADEU

항법 데이터 파라미터(Navigation Data Parameter)를 데이터 카드에 의해 NCU에 자동 입력하는 기능을 가진다.

B. 조작 및 기능

조종사는 이륙전 NCU에 대해 표준 출발방식(Standard Instrument Departure : SID) 및 엥루트(Enroute)상의 WPT에 관한 데이터를 ADEU를 이용하거나(자동 입력) 또는 CPU의 입력 키보드를 사용하여 입력한다.(수동 입력)

ADEU는 조종실에 장비되어 많은 WPT나 비행 코스에 관한 데이터를 데이터 카드를 써서 한번에 자동 입력 가능한 장치이며, 여기서는 CDU를 이용하여 데이터를 수동 입력하는 경우는 순서를 설명하겠다.

CDU의 전면은 그림 7-26과 같이 되어 있고, 그 각부의 기능은 표 7-2에, 입력·출력 파라미터는 그림 7-27에 표시한 대로이다.

WPT 데이터 등 RNAV 항법에 필요한 데이터를 CDU에 입력할 경우의 순서는 다음과 같다. 그림 7-33에 선택한 코스를 나타내었으므로 그림 7-26을 참조할 것.

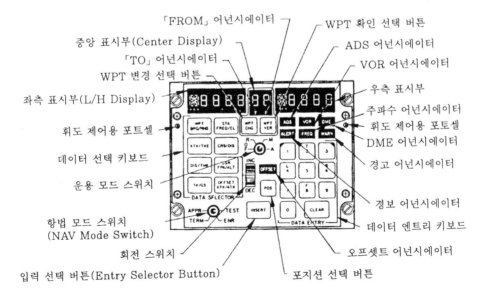

그림 7-26 CDU(Control Display Unit)

조작부 명칭	기 능
데이터 셀렉터 (Data Selector)	그림 6-14에서처럼 시스템에 입력하는 파라미터 및 CDU의 디스플레이 상의 표시되는 출력 파라미터의 종류를 선택할 때 사용한다. 선택한 입력 파라미터의 실제 데이터는 데이터 입력 키(Key)를 이용하여 입력한다.
데이터 엔트리 (Data Entry)	데이터 셀렉터에 의해 선택된 입력 파라미터에 관련된 데이터를 숫자 키로 입력한다. 숫자 키를 누른 뒤 INSERT 버튼을 누르면 입력이 완료된다.
운용 모드 스위치 (Operation Mode Switch)	입력 파라미터의 입력 방법(자동 또는 수동)의 전환 및 플라이트 레그(Flight Leg) 순서의 자동 제어를 선택한다.
항법 모드 스위치 (Navigation Mode Switch)	터미널, 엔루트, 어프로치 각각에 대해 HSI의 코스 편위 지시계 및 글라이드 슬롭(Glide Slope) 지시기의 편위 감도를 변화시킨다.
어넌시에이터 (Annunciator)	VOR/DME 등이 이용 불가능이 되었을 때, 시스템 자체가 이상이 생겼을 경우 등에 경보 표시가 된다.
표시부 (Display)	중앙 및 좌우의 표시부로 나누며, 중앙 표시부에는 WPT 번호, 플라이트 레그의 구분(TO 또는 FROM)이, 좌우의 표시부에는 WPT, 희망 코스에 걸리는 각종 파라미터의 데이터가 숫자 표시된다.

표 7-2. CDU 각부의 기능

① 입력 파라미터

- 방위/거리(VOR/DME국에서 WPT까지의)
- 주파수/해발 높이(VOR/DME국의)
- 코스/거리(WPT까지 또는 WPT로부터의)
- 희망 고도/강하(상승)각
- 크로스 트랙/얼롱 트랙 오프셋 양

② 출력 파라미터

- 크로스 트랙 거리/트랙각 오차
- WPT까지(로부터의 거리/WPT 또는 전환점까지의 소요시간
- 현재의 트랙각/대지 속도

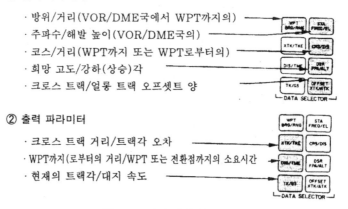

그림 7-27 입력 및 출력 파라미터

a. WPT 번호와 플라이트 레그를 선택

운용 모드 스위치를 M(Manual)으로
하고, WPT VER 스위치와 INC(DEC)
스위치에 의해, 중앙 표시(Led Matrix
Pisplay)를 보면서 WPT 번호의 설정 및
플라이트 레그의 선택(To나 From)을 한다.
그림 7-29에서는 WPT-3에의 To-Leg가
선택되어진다.

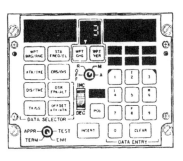

그림 7-28

b. WPT의 지상국으로 부터의 방위 및 거리를 선택

VOR/DME국에 대한 WPT의 방위와
거리를 WPT BRG/RNG, 데이터 엔트리
및 인서트의 각 키(Key)를 사용하여
입력한다. 입력 후의 데이터는 WPT VER
키에 의해 확인한다. (이하 같음) 그림
7-29는 WPT -3을 지상 VOR/DME국에서
방위 120.5°,거리 102.3NM인 점의 위치에
설정한것이다.

그림 7-28

c. VOR/DME국의 주파수 및 고도 선택

b.항에서 선택한 VOR/DME국의 송신 주파수 및 설치 고도를, STA FREQ/EL,
데이터 엔트리 및 인서트의 각 키를 사용하여 입력한다.

그림 7-30에서는 송신 주파수 113.90MHz, 설치 고도 610ft가 입력되어 있다.

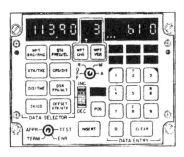

그림 7-30

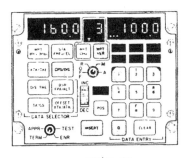

그림 7-31

d. 희망 코스 및 거리 입력

CRS/DIS, 데이터 엔트리, 및 인서트의 각키에 의해 선택한 플라이트 레그의 자방위 및 거리를 입력한다.

그림 7-31에서는 자방위 160°, 거리 100nm 로 설정되어 있다.

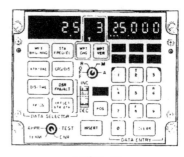

그림 7-32

e. 희망 경로의 각도 및 고도 설정

DSR FPA/ALT, 데이터 엔트리 및 인서트 및 인서트의 각 키를 사용하여 희망 경로의 수직면 내에서의 각도 및 고도를 설정한다.

그림 7-32에서는 강하각 2.5°, WPT-3에서의 고도 25,000ft로 설정되어 있다. 이상에서 설정된 희망 코스는 그림 7-33와 같이 된다.

위의 설명처럼 하여 비행 루트에 관계된 각 WPT 및 희망 코스의 데이터가 일단 입력되면 RNAV 시스템은 항행중 HSI, RMI 등의 비행 계기, CDU 및 오토 파이럿/플라이트 디렉터에 항법 데이터를 공급하여 조종사는 자동 또는 수동으로 항공기를 설정된 코스에 따라 비행시킬 수 있게 된다. 그림 7-34는 HSI의 표시예로 RNAV 시스템으로부터의 출력 신호에 기초하여 코스 지침에 희망 코스가 코스 편위 바에 항공기의 RNAV 코스로부터의 횡방향 편위(XTK)가, 거리계에 WPT까지의 거리가, 그리고 글라이든 슬롭 지시게에 항공기 코스로부터의 고도방향의 편위가 표시된다.

한편 RMI의 지침은 WPT에 대해 방위각을 지시한다.(단지 CDU POS 보턴을 누르고 있을 때는 VOR/DME국에 대한 방위각을 표시) 또, CDU 상에서는 데이터 선택키(Key)를 적절히 선택함에 따라 항공기 위치의 WPT까지(에서)의 거리(DIS)와

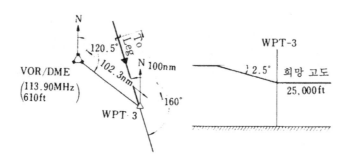

그림 7-33 선택된 희망 코스

시간, 설정 코스에서의 수평 방향의 어긋남(XTX), 각도 오차(TKE) 딩이 숫자로 표시된다.

또, 이 장치에서는 비행중, OFF SET XTK/ATK 키를 누름으로서 평행 오프셋 코스의 선택 및 WPT에서 일정 거리 떨어진 점에서의 고도의 지정이 가능하게 된다. 이 경우, CDU 상의 오프셋 어넌시에이터(Annunciator)가 점등한다.

표준 도착 경로(Standard Terminal Arrival Route : STAR)의 WPT는

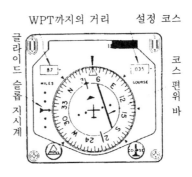

그림 7-34
HSI의 RNAV 정보 표시예

엥루트로 비행중, 수시로 앞에 말한 것과 같은 방법에 의해 입력이 가능하다. 더우기 본 시스템에서는 비행중, 자동 모드와 수동 모드의 선택이 가능하게 되어 있어, 자동 모드에서는 각 경로의 WPT 데이터가 컴퓨터 메모리에서 차례대로 호출된다. 또, 항공기 VOR/DME 수신기의 수신 주파수는 지상 VOR/DME의 송신 주파수에 자동 동조된다.

4) RNAV의 정밀도

RNAV 장치에 의한 항법 오차는 ①VOR/DME(VORTA C) 지상국의 방위/거리 신호 오차, ②VOR/DME(VORT AC) 기상 수신 장치의 오차, ③조종사 조작에 기인

하는 오차, 및 ④RNAV 장치 본체의 오차가 있고, 시스템 종합 오차는 이들 오차의 평균 제곱근으로 나타난다.

미국 연방 항공국(FAA)의 어드버서리 서큘러 AC 90-45A(1975년 2월 21일 발행)에 의하면 RNAV 시스템에 있어서 지상국 및 조종사 오차로서 표7-3과 같은 기준을 채용하여 이것에 근거하여 앵루트, 터미널, 어프로치(Approach) 각 페이스

항 목		허용 오차
지상국	VOR	±1.9°
	DME	±0.1nm
조종사	앵루트	±2.0nm
	터미널	±1.0nm
	어프로치	±0.5nm

표 7-3 RNAV에서의 오차 기준

별로 RNAV의 정합 오차가 규정되어 있다. 단지, 이 오차 규정은 수평면 내일 때로서 수직(고도) 방향에 대해서는 특별한 규정이 없다. RNAV에 있어서의 루트 폭도 현행 VOR 루트의 루트폭의 설정 기준(VOR국에서 51nm 이내로 8nm, 그 이상에서는 ± 4.5°로 확대)과의 양립성을 고려하여 정하고 있다.

7-4. 기상 레이다(Weather Radar)

민간 항공기에 의무적으로 장착하게 되어 있는 기상 레이다는 조종사에 대해 비행 전방의 기상 상태를 지시기(CTR)에 알려주는 장치로서, 안전 비행을 하기 위한 것이다. 항공기는 비행중 악천후를 만날 가능성이 있고, 특히 폭풍권이나 발달된 비구름 등은 매우 위험하다. 비행중 만약 이러한 악천후를 만난 경우는 멀리 우회하거나 고도를 변경해야 하며, 이들 기상 변화를 미리 탐지해 놓거나, 혹은 그 위치를 탐지한다는 것은 낮에라도 곤란하므로 특히 야간에는 더한층 불가능하다. 따라서 진로의 기상 상황을 계속 관찰하면서 안전 비행을 가능하게 한 기상 레이다의 중요성은 더 높아지고 있다. 현재는 구름의 상태를 칼라로 표시하는 칼라 디스플레이도 나타나고 조종사는 쉽게 기상 상태를 판단할 수 있게 되었다.

기상 레이다의 이점은 아래와 같다.
① 저기압권 내에서도 안전히 비행할 수 있다.
② 돌풍이나 번개에 의한 항공기의 손상 등을 미연에 방지할 수 있다.
③ 우회 비행을 최소로 하게 하여 경제적인 비행을 할 수 있다.
④ 동요가 적은 안전하고 편안한 비행을 할 수 있다.

1) 원리

이 원리는 1차 레이다의 원리와 똑같다. 즉, 구름이나 비에 대해 반사되기 쉬운 주파수대(항공기용 기상 레이다는 X밴드)인 9.375MHz를 이용하여 피크 출력(Peak Power) 50kw, 펄스폭 2.2μs인 펄스를 안테나로 발사한다. 이 전파가 전파상의 물체(이 경우 비나 구름)와 충돌하면 비나 구름 중의 수분의 밀도 또는 습도에 따라 레이다 전파의 반사 현상이 달라진다. 이 반사파를 수신 증폭하여 그것을 지시기에 표시한다. 영상은 예를 들어 반사파가 강할수록 밝아지고 반사파가 약할 때는 어둡게 표시된다. 현재에는 반사파의 세기를 처리하여 색으로 표시하는 칼라 디스플레이가

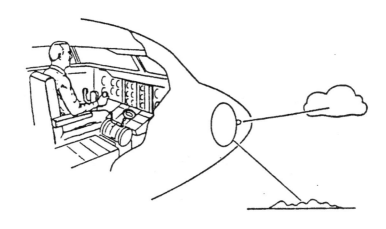

그림 7-35 기상 레이다

나왔다. 그림 7-36은 기상 레이다의 원리이다. 송신기는 펄스 전파를 발생하여 송수신 전환 회로를 매개로 파라볼라 안테나(Parabola Antenna)에 가한다. 송수신 전환 회로로는 송신시에는 송신측에, 수신시에는 수신측에 전기적으로 접속된다. 안테나는 민감한 지향성을 가지고 있어 펄스 전파 일정 방향으로 집중시켜 방사한다. 전파가 목표물에 닿아 돌아온 반사파를 같은 파라볼라 안테나로 잡아, 이 때 수신기측에 접속되어 있는 송수신 전환 회로를 매개로 수신기에 들여 보낸다. 수신기로 증폭, 검파하여 지시기로 보내진다. 지시기는 필요한 처리[칼라 디스플레이(Color Display)일때는 전파의 강도를 몇 종류의 칼라로 표시하기 위한 처리]를 하여 지식에 표시한다.

　펄스 전파가 발사되고 나서 그 전파가 목표물에 반사되어 돌아올 때까지의 시간이 목표물까지의 거리에 비례하므로, 이 시간을 지시기(그림 7-40)에 표시하고 관측함에 따라, 목표까지의 거리를 측정할 수 있다. 목표물의 방위를 측정하려면 안테나의 지향성을 이용하면 된다. 안테나가 올바로 목표물의 방향으로 향하고 있을 때 가장 강한 반사파가 수신된다. 따라서 가장 강한 반사파가 수신되어지는 안테나의 방향으로부터 목표물의 방위(기수 방위를 기준으로 한 방위)를 측정할 수 있는 것이다. 넓은 범위를 관측하기 위해 안테나는 필요한 각도에서 회전하도록 되어 있다.

A. 안테나(Parabola Antenna)

그림 7-37과 같이 안테나는 포물선의 반사기가 있고, 그 때문에 발사 전파는 예민한 지향성을 가진다. 안테나는 송수신 공용으로 전방의 넓은 범위를 관측하기 위해 항공기의 기수에 장착된다. 보통, 기수는 전파를 투과하는 레이돔(Radome)이 씌워져 있다. 안테나는 필요한 작동범위를 얻기 위해, 일정 범위의 각도로 회전 가능하도록 되어 있다. 더우기 항공기의 자세가 움직여도, 안테나 자체는 움직이지 않도록 자이로를 이용한 안정화 장치에 의해 안테나가 안정적으로 유지될 수 있게 구성되어 있다. 안테나 패턴(Antenna Pattern)은 그림 7-38과 같이 펜슬 빔(Pencil Beam)과 코세컨트 스퀘어 패턴(Cosecant Square Pattern)의 2종류가 복사 가능하게 되어 있고, 펜슬 빔은 본래의 목적인 구름이나 비의 상태를 보기 위해 사용된다. 코세컨드 스퀘어 패턴은 지상이 지형을 보기 위해 지면을 향해 전파를 발사하는 것 같은 패턴이

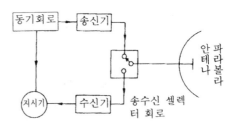

그림 7-36 기상 레이더의 원리

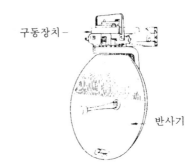

그림 7-37 안테나

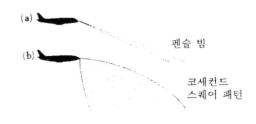

그림 7-38 빔의 패턴

되어있어 지표의 지형을 볼 수 있으므로 조종사는 어느 부근을 비행하고 있는지 알수 있다. 이것을 맵 모드(Map Mode)라 한다.

B. 표시 장치

레이다의 지시 방식으로서는 그림 7-39와 같이 PPI(Plane Position Indication) 지시 방식이 많이 사용된다. 이 형식에서는 브라운관의 형광면이 중심을 기점으로

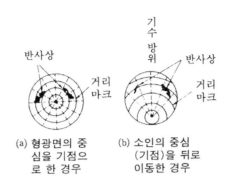

그림 7-39 PPI 표시

전자빔을 중심에서 밖으로 향해 직선적으로 발사하고 그 기점을 거리의 기준점으로 하고 있다. 이 스윕 빔(Sweep Beam)은 안테나의 회전과 같은 주기로 회전한다. 따라서, 형광면 상에 목표물의 거리와 방향과를 지시하는 것이 가능해져 관측점을 중심으로 레이다 도형을 표시한다.

또 전방을 유효하게 관측하기 위해 스윕 빔(Sweep Beam)의 중심을 뒤로 이동시킬 수도 있다. [그림(b) 또한 거리 측정의 편리함을 위해 형광면 상에 동심원 형태의 거리 마크가 나타나도록 되어 있고, 방위 측정의 편리를 위해서는 지시기 상에 기수 방위를 기준으로 한 방위 눈금이 붙어 있다. 최근에는 칼라 표시기(Color CRT)도 나타나고 있으며, 이 경우에는 구름의 상태가 몇 종류의 색으로 구분되어 표시된다.

2) 운용

그림 7-40의 콘트롤 판넬(Control Panel)의 기능 스위치가 NORMAL 모드일 때가 펜슬 빔으로 구름의 상태를 보고 있는 상태이다. 그림 7-42에서처럼 안테나의 경사각(업 또는 다운)의 콘트롤은 우측의 틸트 콘트롤 노브에 의해 할 수 있다. 어떤 경사각(Tilt Angle)을 설정하면 그 경사각에서 안테나는 수평 방향의 어떤 범위만큼 회전 운동을 하여 수평면을 스윕한다. 그리고 구름을 캣치하는 것이다. 이 콘트롤 판넬에서는 NORMAL과 CTR의 2개의 모드가 있는데, CRT(콘터)의 포지션은 구름의 상태 표시에 있어서 가장 심한 강우 지역으로 부터의 강한 반사파가 수신기 내의 회로에 의해 보정되어 그림 7-41에서 양자를 비교한 것처럼 브라운관 상에 반짝이는 선으로 둘러쌓인 점으로 표시되고, 이 경우 영역을 빠져 나가게 하는

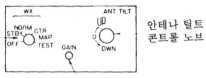

기능 선택 스위치
(Funetion Selection
S/W)

안테나 틸트
콘트롤 노브

게인 콘트롤 노브(Gain Control Knob)

그림 7-40 콘트롤 패널

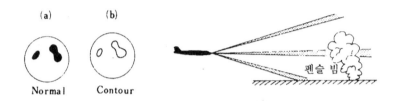

그림 7-41 표시의 상태   그림 7-42 안테나 경사각 (Antenna Tilt Angle)

효과도 가진다. 새로운 타입의 칼라 디스플레이의 경우는 칼라별로 구름의 상태를 더한층 명확하게 할 수 있다.

기능 선택(function Selector)을 MAP(맵) 모드로 하면, 안테나로 부터 그림 7-38(b)와 같이 코세컨트 스퀘어 패턴(Cosecant Square Pattern)이 복사되어 지상의 지형을 알 수 있게 된다.

7-5. 지상 접근 경보 장치(GPWS)

GPWS는 Ground Proximity Warning System의 약자이다. ICAO(Internaional Civil Aviation Oranization)에서는 Ground 대신에 Terrain이라는 단어를 사용하고 있으므로 TPWS라고도 한다.

최근의 항공기는 이 장치를 대부분 탑재하게 되어, 항공기와 산악 또는 지면과의 충돌 사고를 방지하는데 중요한 역할을 하고 있다. 이 시스템을 한마디로 말하면 항공기가 지상이 지형에 대해 위험한 상태에 빠지는가, 또는 그 가능성이 있는가를 자동적으로 검출하여 감시하는 장치라고 할 수 있다. 이를 위해 항공기에 전용 컴퓨터를 탑재하고, 기존의 센서(항공기의 속도, 고도, 강하율, 및 형태-랜딩기어이 위치, Take off, Cruise 또는 Approach and Landing Mode)에서 얻어진 입력 신호를 처리하여, 여러가지 지형에 따라 필요한 경보 지시를 내린다. 항공기와 지형의 상대적인 관계에 따라 Mode 1에서 Mode 6까지의 상태를 설정하고 있다.

1) GPWS 계통도

그림 7-43에 GPWS의 계통도를 나타내고 있다. 이 장치로의 입력 소스로는 전파 고도계, ADC(기압 고도계 및 속도), G/S 수신기, 랜딩기어 스위치, 플랩 위치 스위치 플랩 오버라이드 스위치(옵션) 등이다.

이들 신호는 GPWS 컴퓨터에 들어가 필요한 데이터 처리가 행해진 후, 그림 7-43 우측과 같은 경보 출력을 제공한다. 이것은 조종사에게 9종류의 음성에 의해 스피커 또는 인터폰으로 지상 접근 경보 및 회피 지시를 내린다. 또 GPWS의 고장을 감시하고 조종사에 통지하는 고장 모니터 시스템이 있다. 음성 경보 및 회피 지시에 대응하여 Pull Up 라이트 및 Below G/S 라이트는 호박색(Amber)의 램프로 글라이드 슬롭 이하가 되면 점등된다.

이들 경보 및 회피 지시가 어떠한 상태에서 나타나는지 차례로 설명한다.

2) GPWS의 각 동작 모드

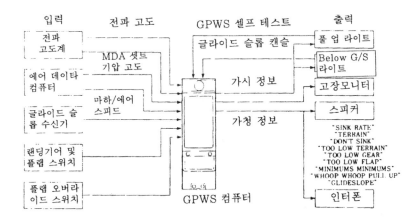

그림 7-43 GPWS의 계통도

A. 모드1-과도한 강하율

예를 들어, 항법 에러 등에 의해 정상적인 비행로로 부터 벗어난 미지의 지형 상공을 헤메고 있을 경우, 어떤 이유로 과도한 강하율로 강하하면 경보가 울린다. 그림 7-44에서처럼 최초 Sink Rate의 음성으로 과도한 강하율임을 알리고 이어서 회피 지시를 필요로 하는 단계에 들어가서 Whoop, Whoop Pull Up이라는 음성으로 조종사에게 회피 지시를 내린다. Pull Up의 적색 램프(Red Lamp)도 점등된다.

이 모드를 효과적으로 이용 가능한 또 하나의 윈드 쉐어는 그림 7-45과 같다. 예를 들어 항공기가 3°의 글라이드 패스를 따라 강하하고 있을 때, 윈드 쉐어를 만나 과도한 강하율이 된 경보 및 회피 지시를 내리는 것이 가능하다.

그림 7-46은 모드1이 구성된 조건을 나타낸다. Sink Rate의 경감과 Pull Up의 영역을 주의해서 보자. 횡축은 기압 고도의 강하율을 취하고 종축은 전파 고도를 취하고 있다. 항공기가 Sink Rate 영역에 들어오면 Sink Rate, Sink Rate라고 하는 연속음을 낸다. 파일롯이 음성으로 강하율을 수정하는 경우에는 문제가 없으나 수정하지 않고 Pull Up 영역으로 돌입하면 음성 경보는 Whoop Whoop Pull Up,

그림 7-44 모드1 과도한 강하율(예1)

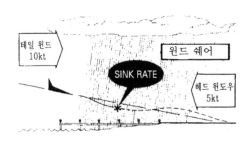

그림 7-45 모드1 과도한 강하율(예2)

Whoop Whoop Pull Up으로 바뀌어
조종사에게 회피 지시를 한다. 이것은
조종사에게 긴급 회전 동작을 요구하는
것으로 즉시 조작하지 않으면 충돌하게
된다.

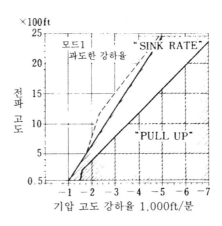

그림 7-47은 1975년에 윈드 쉐어
(Wind Shear) 때문에 뉴욕에서 일어난
사고의 예이다. 충돌 14초전에 윈드 쉐
어가 시작되어 H727은 급격히 강하하
고 있다. 항공기가 GPWS를 탑재하고 있
었다면 충돌 8~10초 전에 Sink Rate,
Sink Rate란 음성이 계속되어 Whoop

그림 7-46 모드1 과도한 강하율

Whoop Pull Up, Whoop Whoop Pull Up의 회피 경보가 울렸을 것이므로, 이에 의
해 충돌 사고는 회피할 수 있었으리라 생각된다.

B. 모드2-지형으로의 고도한 접근
어떤 항법 계기의 에러(Error) 또는 ATC의 에러 등에 의해 항공기가 산악 지대의
상공을 헤메고 있을 때는 항공기가 산에 충돌할 가능성이 커진다. 이것은 과거
20년간에 여러번 발생되었다. 그림 7-48에서처럼 항공기가 산에 충돌할 것 같이 되면
Terrain Terrain의 음성이 나온다. 이어서 Whoop Whoop Pull Up이 들리고 또
추가로 "Terrain"의 음성이 들리게 된다.

그림 7-49는 모드2의 동작 조건이다. 한번 경보가 울린 경우, 이 경보를 제거하려

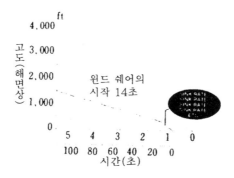

그림 7-47 윈드 쉐어에 의한 사고의 예

그림 7-48 모드2 지형으로의 과도한 접근

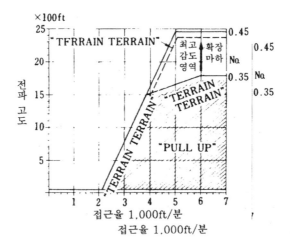

그림 7-49 모드2 지형으로의 과도한 접근

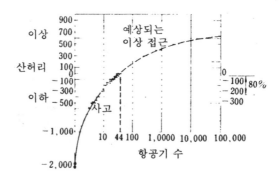

그림 7-50 지형으로의 충돌사고가 났을 경우의 고도

면 300ft의 고도 상승을 해야 한다. 그림 7-50은 이것을 설명한 것이다.

그림 7-50에서 알 수 있듯이 산 허리와의 충돌 사고 중 80%는 정상에서-300ft 이내에서 발생하고 있다. 이와 같은 통계 테이터를 기초로 일단 경보가 울린 경우, 300ft의 상승을 하지 않으면 모드 2의 경보는 꺼지지 않는다.

이 모드가 유효한 예를 그림 7-51로 나타냈다. 조종사는 이 지방을 몇 번이나 비행했었지만, 실수로 위치를

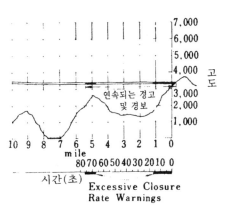

그림 7-51 예상되는 항로

잘못 파악하여 앞에서 설명한 통계 데이터에서와 같이 산정에서 300ft 이내의 산에 충돌하고 있다. GPWS를 탑재하고 있으면 그림 7-51의 최초 경보점에서 Terrain Terrain Whoop whoop Pull Up 이라는 음성이 들리고 그 뒤 계속하여 연속적으로 Terrain Terrain이라고 울린다. 더욱 산에 근접해 가면 Whoop Whoop Pull Up이 울린다. 조종사는 고도를 300ft 이상 상승하면 경보음은 꺼지고 산에 충돌하지 않고 산정을 넘어 비행할 수 있게 된다.

C. 모드3-이륙 후의 강하

그림 7-52와 같이 이륙후 즉시 어떤 이유로 인해서 하강한 경우, 모드3이 동작한다. 이 때는 Pull Up의 말을 사용하면 다른 모드와 구별되지 않을 우려가 있으므로, "Don't Sink"라는 말을 사용하도록 설계되어 있다.

그림 7-52 모드3 이륙 후의 강화

그림 7-52는 모드3의 작동 조건이다. 항공기가 이륙 후 700ft에 달하기까지는 항공기의 고도가 10% 저하되면 "Don't Sink"라는 경보가 나온다. 예를 들어 500피트 고도에서 고도가 50피트 떨어지면 경보가 울리는 것이다. Don't Sink라는 말은 Pull Up보다도 이 경우

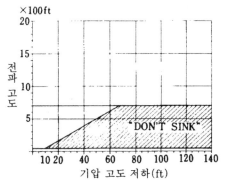

그림 7-53 모드3 이륙 후의 강하

적절하다. 왜냐하면 조종사는 이륙 후, 만약 한쪽 엔진이 고장난 경우 항공기의 상승율을 유지하던가, 또는 수평 비행으로 하여 항공기 한쪽 엔진이 아웃(OUT)된 상태로 이륙을 진행시킬 수 있고 Pull Up은 행해지지 않을 경우가 있기 때문이다.

그림 7-54는 모드 3의 전형적인 사고 예이다. 항공공기는 700ft 근처까지 상승하다가 그 후 강하한다. GPWS를 탑재하고 있으면 충돌까지의 약 22초간 Don't Sink 경보를 냈을 것으로 생각되어진다.

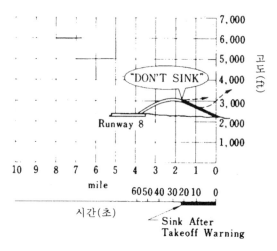

그림 7-54 항로

D. 모드4-지형으로의 과도한 접근

그림 7-55에서 알 수 있듯이, 항공기가 지상에 과도히 접근하면 "Too Low Gear"의 음성이 나온다.

그림 7-56은 모드 4A의 동작 조건을 설명한 것이다. 마하 0.45를 넘어 항공기가 1,000ft 이하가 되어 랜딩기어를 Down하지 않은 경우에는 Too Low Terrain의 음성이 나온다. 마하수가 감소됨에 따라 고도도 낮아져 고도 500ft, 마하 0.35 이하의 점에 달한다. 이 점에서의 경보음은 "Too Low Gear"로 바뀐다. 즉, 높은

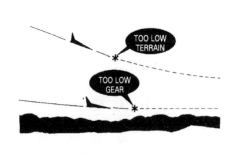

그림 7-55 모드 4A 지형으로의 과도한 접근

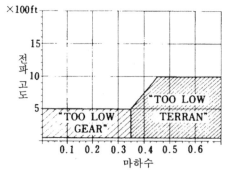

그림 7-56 모드 4A 지형으로의 과도한 접근

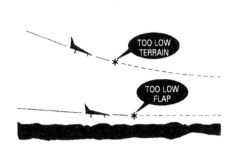

그림 7-57 모드 4B 지형으로의 과도한 접근

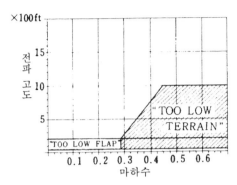

그림 7-58 모드4B 지형으로 과도한 접근

마하 수에서 1,000ft 이하가 되었을 경우는 언제나 모드 4가 동작하게 된다. (랜딩기어를 Down하지 않는 조건에서) 그림 7-55는 모드 4B의 동작 조건을 설명한것이다.

　이것은 모드 4이지만, 플랩(Flap) 위치에 관련된 것으로 모드 4B와 같은 Too Low Terrain 또는 Too Low Flap이라는 음성 정보가 울린다.

　그림 7-58에서 알 수 있듯이 랜딩기어의 위치에 관한 모드 4A와 같이 모드 4B 경우는 마하 0.45 이상에서 1,000ft 이하가 되면 "Too Low Terrain"이라는 경보가 울린다. 여기서 랜딩기어가 다운(Down) 되었다고 가정하고, 고도 200ft, 마하 0.28인 점에 도달했다고 하면, 플랩이 풀 플랩(Full Flap)의 위치가 아닌 경우에는 Too Low Flap, too Low Flap이라고 경보가 나온다. 진입이 시작되어 랜딩기어가 다운 상태이고,어떤 이유로 하여 다시 들어가서 (플랩은 풀 플랩인 상태인 채로) 항공기가 200ft에 도달하면, "Too Low Gear, Too Low Gear"이라는 경보음이 나오게 되어 있다.

　그림 7-59는 모드 4가 적용되는 전형적인 사고의 예이다. 이 예에서는 고도 약

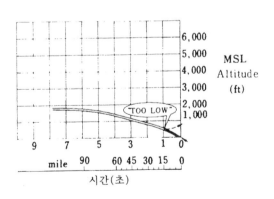

그림 7-59 항로

500ft인 점에서 Too Low 경보가 울렸을 것이다. 랜딩기어는 내려져 있으나, 플랩은 내려가지 않았으므로 Too Low Terrain, Too Low Terrain이란 경보음이 울렸을 것이라 생각된다. 또 그림 7-59에서 알 수 있듯이 높은 강하율 때문에 모드 1의 경보도 충돌 9초 전에서부터 시작되었으리라 추정된다. 강하 곡선의 끝 부분에서는 그림 7-59에서 약 2,200ft/min 이상의 과도한 강하율이 되어 있음을 알 수 있다.

E. 모드 5–글라이드 슬롭 이하의 강하

이 모드는 항공기가 약 3°의 글라이드 슬롭 이하로 하강한 경우에 "Glideslope"의 경보 음성을 내게 된다. 그림 7-61은 이것을 보여준다.

그림 7-61에서 알 수 있듯이, 항공기가 1,000ft 이하가 되면 시스템은 암(Arm)의 상태가 된다. 이 때, 항공기가 글라이드 슬롭으로부터 1.3도트 이상 아래로 하강한 경우에는 Glideslope의 음성이 나와 엠버 라이트(Amber Light)가 점등된다. 조종사가 수정 동작을 하지 않으면 이 상태는 고도 300ft인 지점까지 이어진다. 고도가 더 내려가 코스 편위가 2도트 이상이 되면 앞보다 높은 상태의 Glideslope이라고 하는 음성이 나온다. 시계 상태일 때, 파일롯이 글라이드 슬롭의 아래로 비행하는 코스를 취하고 싶으면 Glideslope Light를 눌러이 모드를 멈추면 된다. 그러나 항공기가 고도 50ft 이하가 된 경우 또는 1,000ft를 넘는 경우는 다시 암(Arm)된다.

그림 7-60 모드 5 글라이드 슬롭 이하의 강하

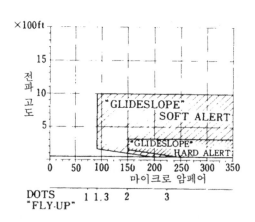

그림 7-61
모드 5 글라이드 슬롭 이하의 강하

F. 모드 6-미니멈 고도(Minimum Altitude) 이하의 고도

이 모드는 HD의 설정 이외의 아무것도 아니지만, 조종사에게 음성으로 DH에 도달한 것을 알려 준다. 예를 들어 그림 7-62에서 전파 고도계(Radio Altimeter)가 400ft에 셋트되어 있다고 하면 그 고도 이하가 될 경우에 음성으로 Minimums, Minimums을 알리게 된다.

그림 7-63은 모드 6이 동작하는 사고 예이다. 좌측에서 항공기는 활주로를 향하여 진입하고 있으나, 강(RiVEr)의 상공을 통과하고 언덕의 상공에 도달한 부분에서 약 400ft의 고도가 되어 거기서 Minimums, Minimums의 음성이 울렸을 것이다.

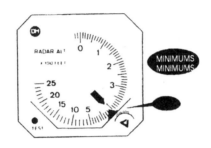

그림 7-62 모드 6 미니멈 고도 이하의 강하

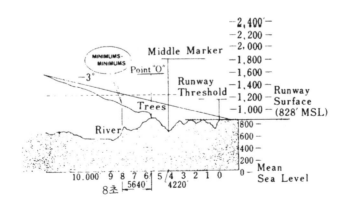

그림 7-63 플라잇 패스 프로필

7-6. 전파 고도계(Radio Altimeter)

항공기에 사용되는 고도계에는 현재, 기압 고도계와 전파 고도계가 있는데, 전파 고도계(Radio Altimeter)는 그림 7-64(a)와 같이 항공기에서 전파를 대지를 향해 발사하고, 이 전파가 대지에 반사되어 돌아오는 신호를 처리함으로서 항공기와 대지 사이의 절대 고도를 측정하는 장치이다.

이에 대해 기압 변화를 이용하는 기압 고도계(Baromatric Altimeter)는 항상 기압 보정이 필요하지만, 전파 고도계는 절대 고도를 지시하는 것이 특징이므로 정밀도도 높고(오차는 수cm~수십cm), 대형 항공기나 헬리콥터의 저고도 및 착륙시에 비행에 이용되고 있다.

전파 고도계의 종류는 크게 다음과 같이 2가지로 나눈다.
① FM형 전파 고도계(저고도용)
② 펄스형 전파 고도계(고고도에서도 사용가)

고고도에는 기압 고도계가 주로 사용되지만, 현재에는 고도용의 FM형 전파 고도계가 사용되고 있다.

1) 동작 원리(FM형 전파 고도계)

기본적으로 전파의 전달 속도가 일정하다고 하는 사실에 기초하고 있으며, 저고도를 측정하는 경우에는 측정 고도(수직 거리)에 대해 전파 속도가 너무 크기 때문에 펄스형과 같이 항공기와 지표면과의 왕복에 필요한 시간을 측정하여 고도를 산출하는 방법에서는 매우 곤란하며 동시에 정밀도도 떨어져 주파수 변조 방식이 이용되고 있다.

그림 7-64(b)에서는 송신기의 발진기에서 주파수 4,300MHz를 발진하고 이것을 50MHz에서 주파수 변조를 한다.(즉, 송신 주파수를 4,250MHz에서 4,350MHz까지 시간과 함께 직선적으로 변화시킴) 피변조파가 안테나에서 발사되어짐과 동시에 일부가 수신기에 결합된다.

송신 안테나에서 발사된 전파는 지표면에서 발사되어 그 반사파가 수신 안테나를 거쳐 수신기로 수신되어진다.

전파가 발사되어 수신될 때까지 소요된 시간에 얼마만큼 발사 주파수가 변화했는지를 주파수 계산기로 계산하여 그 값으로 지시계에 고도 표시를 한다. 좀 더 자세히 설명하면 그림 7-65(a)의 송신 안테나로부터 1초 사이에 100회의 비율로

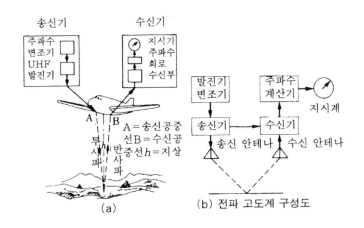

그림 7-64

4,250MHz에서 4,350MHz로 주파수가 변화하는 전파를 발사한다. 그림에서 톱날 모양을 하고 있는 실선 부분은 송신할 때 주파수 변화이며, 점선이 수신한 경우의 주파수 변화이다.

　어떤 순간을 생각하여 T_1에서 발사한 전파를 T_2에서 수신했다고 하며 전파가 왕복시 소요된 시간은 ΔT가 된다. 이 ΔT사이에 주파수는 F_1에서 F_2로 변화하고 있다. 주파수 계산기는 이 주파수의 변화 ΔF를 측정한다.

　(단지 이것은 왕복에 필요한 시간 ΔT에 있어서의 주파수 변화이므로 순간는 이 1/2의 값이 표시된다.)

　수 신 기 에 서 는　송 신 파 와 수신파의 비트 주파수(주파수 차ΔF)를 취하면 시간에 대해 그림 7-65(b)처럼 변화 한다. 그림에서 평탄한 부분의 비트 주파수는 고도에 비례하고 있으므로 이 주파수를 측정함으로서 고도를 측정할 수 있다.

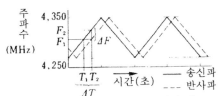

(a) 송신 주파수를 톱날모양의 파형으로 변화시킨다. (실선) 수신 주파수는 점선으로 나타냈듯이 ΔT시간 늦게 수신된다.

(b) 송신 주파수와 수신 주파수 차의 파형 ΔF가 고도에 대응한다.

그림 7-65

2) 지시기 및 운용

전파 고도계의 지시기는 그림 7-66과 같은 형태(민간 항공기 탑재용)가 있다. 어느 것이나 저고도용으로 측정 범위는 0~2,500ft이다.

그림 7-66에 있어서 결심 고도(Decision Height:DH)는 매우 중요한 것으로서 항공기가 활주로에 진입한 경우, 공항마다 어느 고도까지 진입 가능한 지가 정해져 있다. 예를 들어 결심 고도(DH)=200ft로 정해져 있으면 (이 위치는 미들 마커(Middle Marker) 상공에서 진입 활주로 끝으로 부터 약 1km의 위치), 시계가 나쁜 날에 ILS 사용 고도에 항공기가 진입하면 조종사는 그대로 활주로에 착륙 가능한지 또는 착륙을 포기해야 할 지를 결정해야 한다. 만약 활주로가 보이지 않으면 거기서 착륙을 포기하고 다시 진입할 조작을 한다.

조종사는 미리 공항마다 그림 7-66의 결심 고도 셋트용 단추를 돌려, 결심 고도를 셋트한다. 그렇게 하면 전파 고도계로 측정된 고도가 결심 고도가 되면 그림 7-66의 결심 고도 라이트가 점등하여 조종사에게 결심 고도에 도달했다고 알려준다.

전파 고도계는 이 밖에 오토 파일롯(Autopilot)에 의한 진입시, 항공기가 플레어(착륙 몇초 전에 있어서 기수 상승) 등을 할 때 중요한 고도 정보로서 사용된다.

그림 7-67은 L-1011에 장비되어진 전파 고도계 시스템이다. 이 때, 신뢰성을 높이기 위해 이중 장비가 되어있고, 항공기 자세를 나타내는 ADI(Attitude Director Indicator : 자세 지시기)에도 결심 고도를 알리는 DH 램프 점멸 신호를 보냄과

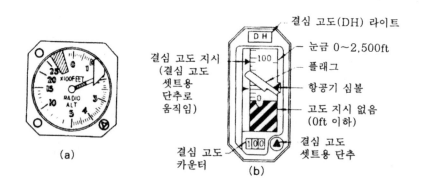

그림 7-66 대형기에 사용되는 지시계

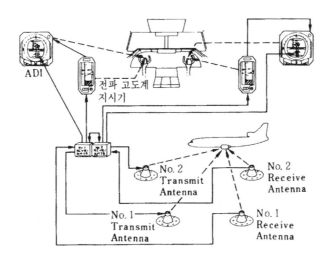

그림 7-67

동시에, NO.1 수신기로 부터의 고도 정보도 ADI 상에도 나타나게 되어 있다. 현재, 항공기용으로서 저고도를 고정밀도로 측정 가능한 것은 전파 고도계 이외에는 없으므로 대형기 뿐만 아니라, 헬리콥터 등에도 필요한 장치로서 앞으로도 점점 많이 이용될 것이라고 생각된다.

7-7. 도플러 항법 장치(Doppler Navigation)

현재, 장거리 항법 장치의 주류는 INS 및 오메가(Omega)로 되어, 오늘날 도플러 항법 장치는 점차 모습을 감추어가고 있으나, 항공 전자 기술 중에서 중요한 도플러 효과를 이용한 장치라는 점에서, 원리에 대해서는 알아볼 필요가 있다고 생각된다.

이 장치는 INS와 같은 자장 항법 장치로 지상의 항행 원조 시설을 필요로 하지 않는다. INS는 안정화 플랫폼에 놓여진 가속도계에 의해 위치를 7-69에서와 같이 항공기에서 전파(Beam)를 대지를 향해 발사하여 반사되어 온 전파 주파수의 편위로부터 자기이 속도 및 편류각을 연속적으로 알고, 이어 자이로 컴파스로부터의 자바위의 정보를 병용하여 지리상의 위치를 안다. 따라서 도플러 항법 장치의 구성은 도플러 레이다(속도 및 편류각의 정보를 얻음), 자이로 컴파스(자방위) 및 계산기의 3개의 주요 기기로 구성되어 있다.

1) 동작 원리

A. 도플러 효과(Doppler Effect)

도플러 효과는 일상 생활에서 우리들이 음(Sound)에 대해 경험하고 있는 현상이다. 1842년 오스트리아의 물리학자인 크리스챤 도플러가 음파에 대해 발견한 것에 따라 도플러 효과라고 명명되었다. 전파(Radio WaVE)도 파동이므로 같은 현상이 발생한다.

그림 7-69는 이 현상을 간단히 설명하기 위한 그림이다. 그림 (a)는 차에 실린 확성기로부터 좌우에 있는 사람(A, B)이 단일 주파수의 연속음 "도(Do)"를 듣는다고 하면, 그림 (a)에서는 차가 정지되어 있으므로 A, B 둘다 같은 높이의 음 "도"를 듣게 된다. 다음에 그림 (b)처럼 차가 오른쪽으로 속도 V로 달리고 있다고 하자. 이 때의 A, B는 어떤 높이의 음을 들을까? 스피커에서 연속적으로 나오는 음은 "도"의 음인데 B는 음원(Speaker)이 가까이 오고 있으므로 스피커가 정지했을 때에 비해 매초당 들을 수 있는 파(WaVE)가 증가할 것이다. 음의 주파수는 매초당 들을 수 있는 파이 수이므로, 이것이 증가한다는 것은 원래의 "도"음이 높아져 "레"이 음에 가깝게 들리게 된다. 이에 대해 A는 음원이 멀어져 가므로, 매초당 들을 수 있는 파의 수가 스피커가 정지되어 있을 때에 비해 감소되어 "도"의 음이 낮아져 "시"의 음에 가깝게 들린다. 스피커가 정지해 있고 사람이 스피커를 향해 다가가거나 멀어져 가는 경우도 마찬가지이다.

이처럼 음원과 관측자의 상대 운동에 의해 파의 주파수가 변화하는 현상을 도플러 효과(Doppler Effect)라고 하며 도플러 효과에 의한 주파수의 변화분을 도플러 주파수(Doppler Frequence)라고 한다. 이 도플러 주파수는 음원과 관측자의 상대 속도에 비례하므로 이것을 측정하면 음원의 속도를 알 수 있다. 이상은 음에

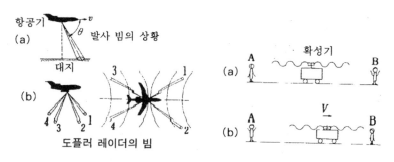

그림 7-68 도플러 레이더의 전파 발사 상황   그림 7-69 도플러 효과

대한 원리인데 전파(Radio WaVE)도 음과 같은 파동이므로 같은 도플러 효과가 관측되리라는 것을 알 수 있을 것이다.

그럼 이 현상을 항공기의 경우에는 어떻게 이용하고 있을까? 이것을 이해하기 위해 다시 그림 7-68에서 설명한다. 그림에서 이동하고 있는 차에 탑재된 스피커에서 연속음 "도"를 발사한다. 이 음은 오른쪽 벽에 닿아 반사되어 차 위에 타고 있는 사람에게 전해진다. 음원(Speaker)도 사람도 벽을 향해 가고 있으므로, 그림 7-68에서와 같이 "도"의 음이 높게 들려, 그림 7-71의 경우에 비해 2배의 도플러 주파수가 얻어진다.

그런데 항공기의 경우, 그림 7-68에 벽에 해당되는 것은 대지이다. 즉 그림 7-68 (a)에서와 같이 전파를 비스듬히 앞으로 발사하면 대지가 벽의 역할을 해주는 것이다.

B. 도플러 레이다(Doppler Radar)의 원리

a. 대지 속도의 산출

그림 7-69에서 항공기는 대지에 대해 속도 V 로 비행하고 있다고 하자. 항공기에서 진행 방향에 대해 θ 의 각도로 단일 정현파의 전파($E_T=A\sin 2\pi ft$)를 발사했다고 하고 이 전파가 대지에 반사되어 다시 항공기에 수신된다고 하면 그 사이에 항공기는 속도 V 로 계속 이동하므로 매초당 수신하는 파의 수는 항공기가 정지했을 때(주파수 f)에 비해 증가하게 된다. 이 증가분이 도플러 주파수이다.

이 때의 도플러 주파수를 계산하면, 송신 전파의 파장을 λ 라 했을 때

$$f_D = \frac{2V}{\lambda} \cos\theta$$

가 된다. θ, λ 는 일정하므로 얻어지는 도플러 주파수 fD 는 항공기의 속도 V에 비례한다. 따라서, 항공기가 수평으로 비행하고 있으면 fD 를 측정함으로써, 대지 속도 V_g 는 V 와 일치하므로, 이것에 의해 대지 속도를 알 수 있다.

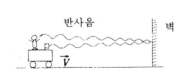

그림 7-70 관측자가 음원과 동시에 이동하고 있는 경우의 도플러 효과

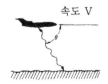

그림 7-71

　그러나, 일반적으로는 항공기가 수평으로 비행할 수 만은 없으므로 대지 속도를 구하려면 그림 7-70에서와 같이 얻어진 V 에서

$$V_g \ = \ | \ V \ | \ \cos\beta$$

로 하여 구해야 한다. 즉, 항공기 축과 받음각 β와는 보통 일치하지 않으므로, 하나의 빔(Beam)에 의한 속도 정보만으로는 대지 속도를 구할 수 없다. 대지 속도를 구하려면 진행 방향으로 전파를 발사함과 동시에 그림 7-73에서처럼 후방으로도 전방과 대칭적인 동일 각도로 전파를 발사해야 한다. 만일 전·후방으로 발사한 전파에서 얻어진 도플러 주파수를 각기 $f\mathrm{D}_1$, $f\mathrm{D}_2$라고 한다면

$$f\mathrm{D}_1 = \frac{2V}{\lambda} \cos (\theta + \beta)$$

$$f\mathrm{D}_2 = \frac{2V}{\lambda} \cos (\theta - \beta)$$

가 되므로 이들 주파수의 차를 구해 보면,

$$f\mathrm{D}_1 - f\mathrm{D}_2 = \frac{2V}{\lambda} \cdot 2\cos\theta \cdot \cos\beta$$

$$= \frac{4\cos\theta}{\lambda} \cdot V\cos\beta$$

$$= \frac{4\cos\theta}{\lambda} \cdot V_g$$

가 된다. $\frac{4\cos\theta}{\lambda}$ 는 일정하기 때문에, 이 전후의 도플러 주파수의 차는 대지 속도 V_g에 비례한다. 따라서, 이 주파수의 차이를 구하면 항공기의 받음각 여하에 상관없이 항상 대지 속도를 구할 수 있게 된다.

　그러나, 여기서 중요한 것은 항공기의 자세에 상관없이 항상 안테나를 수평으로 유지할 필요가 있다는 것으로, 여기서는 가동 안테나를 이용하여 수은 스위치(Mercury Switch)에 의해 수평으로 유지하는 방법이 있다. 또 고정 안테나를 사용하여 V_g 의 계산 과정에서 수정하는 방법이 있는데, 전자에는 안테나가 기계적으로 복잡하게 되고, 또 가동 부분의 마모 결함이 있으며, 또 후자는 계산 회로가 전기적으로 복잡하여 어느 것이나 장단점이 있다.

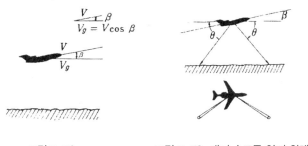

그림 7-72	그림 7-73 대지 속도를 알기 위해 앞뒤로
	2개의 빔을 발사한 예

b. 편류각의 측정

　항공기는 공기중을 비행하고 있으므로 횡풍에 실려 비행하는 경우가 보통이다. 즉, 기수 방향과 대지 속도의 방향과는 반드시 일치하지 않고, 어떤 각도를 가지며 비행하는 것이 일반적이다. 이처럼 기수 방향과 대지 속도의 방향과의 이루는 각을 편류각이라고 하며, 이 각도를 연속적으로 알지 못하면 대지 속도의 방향도 알 수 없다.

　그림 7-72는 기수 방위, 대지 속도 및 편류각의 관계를 나타낸 것으로, 기수 방위를 자이로 콤파스(Gyro Compass)로부터 얻어졌다고 하면, 이 자방위에 기류에 의한 편류각을 더한 자방위가 대지 속도의 방향임을 보이고 있다. 따라서, 편류각을 구하여 대지 속도의 방향을 알 필요가 있다.

　즉, 그림 7-73에서처럼 항공기 축에서 좌우 대칭으로 2개의 빔을 발사한다. 항공기가 바르게 기수 방향에 일치하여 가는 경우에는 좌우 빔에 의해 측정한 도플러 주파수는 같게 된다. 그러나, 바람 때문에 항공기가 왼쪽 방향으로 쏠린 경우는, 왼쪽 빔에 의해 도플러 주파수는 오른쪽 빔에 의한 도플러 [이 안테나를 위글리 안테나(Wiggly Antenna)한다.], 항공기가 바람 때문에 흔들리면 좌우의 도플러 주파수에 차가 생기므로, 좌우의 도플러 주파수가 같아지게 될 때까지 안테나를 회전한다. 이 때, 안테나 축과 항공기 축과의 이루는 각이 편류각이다.

　이상의 설명에 의해서 대지 속도를 구하려면 전후 2개의 빔이 필요하고 편류각을 구하려면 좌우 2개의 빔이 필요하므로, 적어도 3개의 빔을 발사할 필요가 있음을 알았다. 보통은 그림 7-68(b)에서와 같이 또 다른 하나의 빔을 더한 4개의 빔으로 구성되어 있고 대지 속도 및 편류각을 구함과 동시에 오차의 감쇠에 의한 정밀도의 향상을 도모하고 있다.

또 발사 각도는 도플러 주파수가 $\cos\theta$ 에 비례하므로 θ 가 가능한 한 작은 쪽이 바람직하며, θ를 작게 하면 필연적으로 수신 전력이 감소하므로 실험으로 최적인 θ를 결정하고 있다.

2) 도플러 항법 방식

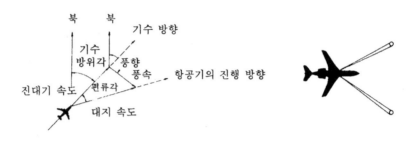

그림 7-74 각 속도 및 방향의 관계   그림 7-75 편류각을 알기 위해 좌우 2개의
                                                        빔을 발사한 예

그림 7-74는 도플러 항법 방식의 계통도를 나타낸다. 도플러 레이다에 의해 얻어진 정보는 대지 속도 및 편류각이다. 그러나 이들 정보만으로는 지구에 대한 상대 관계가 확실치 않으므로, 달리 자이로 콤파스로부터 자방위의 정보를 얻어 계산기로 해당 항공기의 위치를 산출한다.

앞에서 나타낸 그림 7-72는 이 관계를 나타낸 것이다. 대지 속도의 크기와 그 방향을 알면 이것을 코스 성분과 그것에 직각 성분으로 분해하여 각각을 시간에 대해 적분하면, 비행 거리(코스 성분)와 코스로부터의 편위가 구해진다. 계산기에서 얻어진 이들 정보를 오토 파일럿(Auto Pilot)에 보냄으로서 INS와 같이 자동적으로 희망하는 코스를 비행할 수 있게 된다.

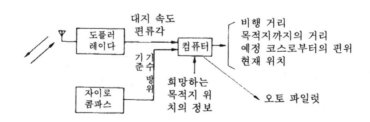

그림 7-76 도플러 비행 방식의 계통도

도플러 항법은 장거리 해상 비행에 있어 민간 항공계에서는 최초로 실용화된 항법 장치로서 1960년대 전반에 도입되었으나, 앞에서 설명한 것과 같이 콤파스 시스템으로부터 자방위 정보를 필요로 하므로, 콤파스의 정밀도가 도플러 항법 장치의 오차에 의해 로란(Loran) 등에 의한 보정이 필요하게 된다. 이 때문에 로란 등의 작동 범위내에 비행 가능한 노선이 한정되는 등의 단점이 있어서, 1970년대에 들어와서는 INS, 오메가 등으로 대치되게 된것이다.

제8장 무선 원조 항법 장치(Dependent Position Determining)

이 계통의 항법 장치는 작동될 때 지상에 설치된 송신소나 또는 트랜스폰더 (Transfonder)를 필요로 한다. 여기서 속하는 항법 장치는 다음과 같다.

① DME(Distance Measuring Equipment System)

② ATC(Air Traffic Control System)

③ ADF(Automatic Direction Finder)

④ Omega

⑤ 2차 감시레이다(Secondary SurVEillance Radar)

⑥ 지상 레이다 시스템

8-1. DME(거리 측정 장치, Distance Measuring Equipment)와 TACAN(Tactical Air Navigation)

TACAN에서는 선국한 지상국으로부터 방위와 거리를 알 수가 있다. 따라서 그 지시값으로부터 항공기의 위치(점)가 완전히 정해진다.(그림 8-2)

DME에서는 선국한 국으로부터 거리만을 알 수 있다. 즉 TACAN의 거리 측정 기능이 DME이다.

바꾸어 말하면 VOR과 DME의 기능을 합친 것이 TACAN의 기능이라고 할 수

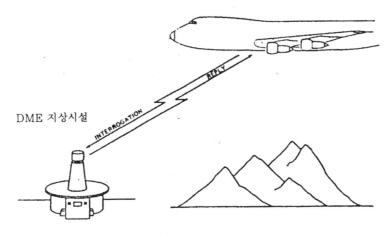

그림 8-1 DME(Distance Measuring Equipment)

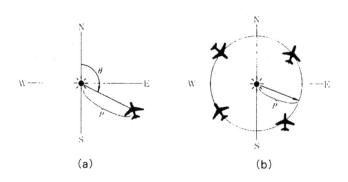

그림 8-2 TACAN과 DME

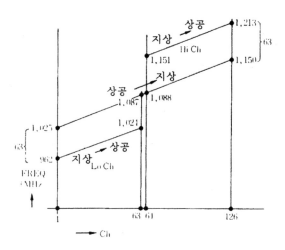

그림 8-3 TACAN, DME의 주파수 할당

있다. 다만, 방위 측정은 VOR과 TACAN의 방법이 다르다.

TACAN(DME)의 주파수 할당은 그림 8-3과 같이 UGF파 126채널로 되어 있고, 채널 간격은 1MHz이다. 어떤 채널도 상공→지상과 지상→상공의 주파수 차는 63MHz이며, 저채널에서는 상공→지상은 지상→상공보다 높고 고채널에서는 낮아진다.

먼저, TACAN(DME)에서의 지상국과 항공기와의 정보 교환에 대한 설명한다.

그림 8-4(a)는 지상국(이 예에서는 64채널)과 그 국을 선국한 항공기 A 및 B가 정보를 교환하고 있는 모습을 나타낸 것이다. A나 B는 같은 주파수 1,088MHz로 지상국에 질문을 보낸다. 지상국에서는 모든 항공기에 대해, 같은 주파수

1,151MHz로 응답을 보낸다. 따라서 A는 A에 대한 응답을, B는 B에 대한 응답을
모든 응답 가운데에서 선택해야 한다. 이런 선택 방법은 다음과 같이 이루어진다.

　　TACAN(DME)에서는 지상국으로부터 항상 매초 약 3,600개의 펄스가 UHF파로
발사되고 있다. [그림 8-4 (b)의 ③]

　　항공기로부터는 불규칙한 펄스가 UHF파로 발사되어 [그림 8-4(b)의 ①]
지상국에서는 그것을 전파의 전파 시간 t만큼 늦게 수신한다. 지상국에서 수신된
펄스에 의해 미리 매초 3,600개의 비율로 발사되고 있던 펄스의 일부가 교체되어
지상국에 생기는 일정한 시간 δ 만큼 늦게 발사된다. [그림(b)의 ③] 따라서
항공기에서는 전파(電波)의 전파(傳播) 시간 t만큼 늦게 수신되게 된다.

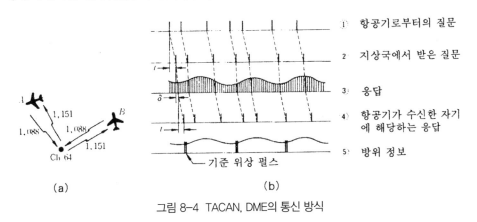

①	항공기로부터의 질문
②	지상국에서 받은 질문
③	응답
④	항공기가 수신한 자기에 해당하는 응답
⑤	방위 정보

기준 위상 펄스

(a)　　　　　　　　　　　(b)

그림 8-4 TACAN, DME의 통신 방식

그러므로 항공기에서는 발신에서 응답을 수신하기까지

$$\mathit{\Delta} = t + \delta + t초$$
$$= 2t + \delta초 \ ------------------(8-2)$$

만큼 늦은 펄스만을 선택하면 그것이 자기에 대한 응답을 고른 것이 된다.

δ 은 모든 국에서 5μs로 정해져 있으므로 $\mathit{\Delta}$ 을 구하면

$$t = \frac{\mathit{\Delta}-50\mu s}{2} 초 \ ------------------(8-3)$$

가 되고, 지상국까지의 거리는 다음과 같다.

$$\frac{\mathit{\Delta}-50\mu s}{2} \times 3 \times 10^{8}m \ --------------(8-4)$$

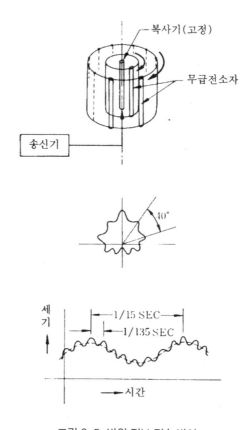

그림 8-5 방위 정보 전송 방식

즉, 자기의 질문에 대한 응답 펄스만을 구하기 때문에, 지체 시간을 구하는 것이 거리를 구하게 되는 것이다.

또 방위 정보는 다음 설명과 같이 송신 출력이 나간다. 지상국 송신기에서 안테나의 복사기에 거리 정보를 포함한 매초 약 3,600개의 펄스가 UHF파에 실려 발사된다. (이 시점에서 진폭은 일정) 그림8-5와 같이 복사기 주위에는 2종의 동심 원통형에 배치된 무급전 소자가 있고(내측에 1개, 외측에 9개) 매초 15회전을 한다. 그 때문에 복사기에서 발사된 전파는 무급전 소자의 영향을 받아 전체적으로 지향성은 그림 8-5(b)처럼 되고 어떤 지점에서 전파를 수신하면 그림(c)와 같이 정보를 얻을 수 있다.

수신 신호의 기본파는 15Hz이며, 고주파는 135Hz(15Hz×9)이다. 항공기 장비에서는 매초 3,600개의 펄스에 포함된 기준 위상을 나타내는 특성의 펄스와

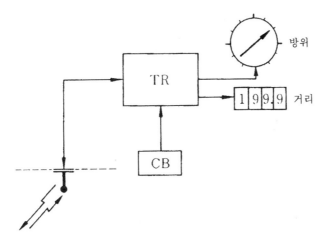

그림 8-6 TACAN 기상 장치

15Hz의 신호대로 대략 그 방위를 알고 기본파의 40 °(360 ÷9)인 범위에서 135hz의 신호에 의해 바른 방위를 정한다. 이것은 시계에서 장침과 단침으로 바른 시각은 아는 것과 비슷하다.

그림 8-6은 TACAN의 전체 계통을 나타낸 것이다.

8-2. ATC 트랜스폰더(Transponder)

이 장치는 항공기를 지상에서 관제하기 위해 해당 항공기에 탑재된 장치로써 모든 항공기에 100% 탑재되어 있다. 소형 항공기에도 지상 레이다 범위 내의 교통량이 많은 특정 공역을 비행할 때는 탑재를 의무화하고 있다. 이 장치는 트랜스폰더(Transponder)라는 이름대로 지상 시설(2차 레이다)로부터 질문에 응답하기 위한 장치이다. 따라서, 해당 항공기는 이것을 이용하여 통신 또는 항법 등을 행하는 것은 아니다. 즉 해당 항공기는 이 장치로부터는 아무런 정보도 얻을 수 없다. 그러나 항공기에 이 장치를 탑재하고 있으므로써 항공 교통이 매우 근대화되어 비행 안전에 기여하고 있는 중요한 장치이다.

보통, 레이다(Rader)라고 하면 1차 레이다를 의미하며, 1차 레이다(Primary surVEillance Radar)는 송신한 전파가 물체(항공기 등)에 닿아, 거기서 되돌아 오는 미약한 전파를 감지한다. 반면 2차 레이다(SSR : Secondary SurVEillance Radar)는 송신한 전파가 물체(항공기 등)에 닿으면 항공기는 이 전파를 수신하고

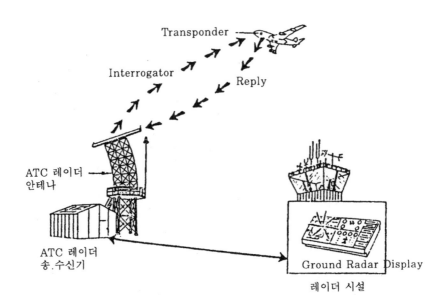

그림 8-7 ATC 트랜스폰더

증폭하여 정보를 추가한 뒤 다시 보내는 방식을 취한다. ATC 트랜스폰더는 이 방식으로 항공기에 장착되는 장치이다.

1) 원리

그림 8-8과 같이 지상 2차 레이다(SSR)로부터 질문(Interrogation)은 수평면으로 된 지향성이 예민한 빔(Beam)을 회전시키며 행해진다. 이 빔속에 항공기가 진입하면 항공기에 탑재된 ATC 트랜스폰더에 의해 응답(Response)이 가능하다. 지상으로부터 질문 전파 주파수 (Interrogation WaVE Frequency)는 1,030MHz이고 트랜스폰더의 응답 주파수는 1,090MHz이다.

그림 8-9(a)는 지상으로부터의 질문 전파 펄스를 표시한 것이다. 질문 형식은

그림 8-8 ATC의 질문과 응답

(a) 질문 펄스
(Interrogation
Pulse)

모드 A 8μs

모드 C 21μs

(b) 응답 펄스
(Response
Pulse)

F1C1A1C2A2C4A4 B1D1B2D2B4D4F2 ID

0.45μs   20.3μs   4.35μs

모드 A 또는 모드 C의 질문에 따라, 위의 펄스 조합으로 코드화한 펄스를 돌려 보낸다. 모드 A의 질문에 대해서는 해당 항공기의 식별 부호를, 모드 C의 질문에 대해서는 해당 항공기의 고도를 보낸다.

그림 8-9 응답 펄스의 예

현재 Mode A라 부르는 간격이 8μs인 간격의 펄스와 Mode C라고 불리는 간격이 21μs인 펄스의 2종류가 사용되고 있다. 즉, 지상(Ground)의 2차 레이다는 Mode A의 질문과 Mode C의 질문을 상호 송신하여, ATC 트랜스폰더로부터의 응답을 수신하고 있다. 항공기의 ATC 트랜스폰터는 Mode A의 질문에 대해서는 해당 항공기의 식별 부호를, Mode C의 질문에 대해서는 해당 항공기의 고도를 각각 부호화하여 응답한다. 그림 8-9 (b)는 응답 펄스의 예이다. 이들 펄스 중, 내측의 12개로 정보를 나타내므로 4,096개 정도(2^{12}=4,096)의 부호화가 가능하다. 즉, 항공기의 식별은 4,096개 정도가 가능하며, 고도는 −1,000~50,000ft까지를 100ft마다 부호화하여 나타낼 수 있다.

그림 8-10은 ATC 트랜스폰더의 계통도이다. 지상의 2차 레이다로부터 질문이 있으면 이것을 안테나로 수신하여 이 질문이 Mode A의 질문인지, Mode C의 질문인지를 판정하고, Mode A의 질문이라면 이미 조종사에 의해 사전에 셋트되어 있는 해당 항공기의 식별 부호, 이 예에서는 0154를 보낸다. Mode C의 질문이라면, 기압 고도계의 아날로그(Analog) 형태의 고도 정보를 고도 부호화 장치(Digital)로 양자화(Quantization)되어진 고도 정보를 보내도록 되어 있다. 이 경우 보내진 기압

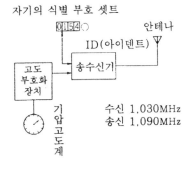

자기의 식별 부호 셋트

0154

안테나

ID(아이덴트)

송수신기

고도
부호화
장치

기
압
고
도
계

수신 1,030MHz
송신 1,090MHz

그림 8-10 ATC 트랜스폰더(기상 상치)

고도는 표준 대기압(29.92inHg)에서의 값이다. 또 지상에서 동일 부호의 2대의
항공기를 식별하기 위해 음성 통신에 의한 아이덴트(Iden)를 누르도록 요구되어진
경우는 ID 버튼을 누름으로서 그림 8-9(b)의 최후의 펄스(ID)가 송신되어 2대의
항공기가 같은 부호라도 ID 펄스의 유무에 따라 어느 것이든 구별할 수 있도록 되어
있다.

2) ATC 트랜스폰더의 운용

조종사가 수행하는 조작은 해당 항공기의 식별 부호를 셋트(Set)하는 것이다.
이것은 그림 8-11의 ATC 트랜스폰더 콘트롤 판넬(Control Panel)에서 조작한다.
식별 부호는 항공기가 출발하기 전에 관제관이 지시한다. 고도는 앞에서 말한 것처럼
기압 고도계로부터의 신호를 양자화한뒤, 트랜스폰더에 자동적으로 보내지므로
조종사의 조작은 불필요하다. 또, 같은 코드를 할당받아 2대의 항공기가 동일 공역에
있는 경우, 지상의 관제관으로부터 ID 버튼(그림 8-11)을 누르도록 요구되는 경우가
있다. 이 버튼을 누르면 그림 8-9 (b)에 나타난 ID 판넬이 나오므로 항공기의 식별
코드가 같더라도 지상에서는 ID를 누른
항공기가 어느 것인지 판단할 수 있다.

그림 8-11이 콘트롤 판넬에서는 왼쪽
위의 스위치로 파워를 ON/OFF한다.
고도를 송신하는 경우에는 오른쪽 아래의
ALT RPTG(고도 리포팅) 스위치를
ON으로 한다. Mode A 및 Mode C의
응답을 하는 경우에는 오른쪽 위의 Mode

그림 8-11 ATC 트랜스폰더 컨트롤 판넬

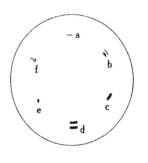

a : 공통   모든 ATC 트랜스폰더로부터의 응답
b : 선택   ATC 트랜스폰더의 코드와 관제관이
           선택한 코드가 일치한 경우
c : 식별   선택하고, ATC 트랜스폰더에서 식별
           신호가 보내진 경우
d : 비상   ATC 트랜스폰더에서 비상 신호가 보
           내진 경우
e : 1차 레이더 에코
f : Raw 비디오 해독전의 SSR 응답 신호

그림 8-12 지상 레이더 지시기 화면상의 SSR 표시(종래 타입)

선택 스위치(Mode Select Swith)를 C의 위치로 한다. 왼쪽 아래의 스위치는 ATC 트랜스폰더를 셀프 테스트(Self Test)하는 경우에 사용된다. 보통은 NORMAL 위치에 둔다.

그리고 참고로 종래 타입의 지상 레이다 지시기 화면상에서 ATC 트랜스폰더 탑재 항공기가 어떻게 보이는지를 그림 8-12에 나타냈다. 1차 레이다 반사파(Echo)도 나타나 있다. 최근에는 컴퓨터를 사용하여 데이터 처리를 한 후, 지시기에 표시되도록 되어 있으며, 이 경우에 표시의 한가지 예를 그림 8-13으로 나타냈다. 이 경우에는 식별 부호에 의하며 KAL의 몇 편 항공기인지도 알 수 있으며 고도도 표시된다. 예를 들면

> KE118
> 150 ↓ 220
>   2025

인 경우, KE118은 KAL 118편, 150↓는 관제관이 15,000ft로 강하하도록 지시한 지시 고도, 220은 현재의 고도 22,000ft, 2025는 SSR 코드 번호이다.

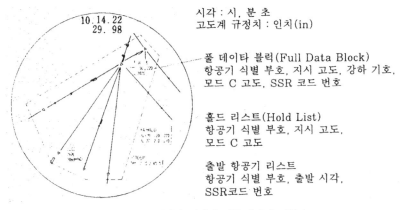

시각 : 시, 분 초
고도계 규정치 : 인치(in)

풀 데이타 블럭(Full Data Block)
항공기 식별 부호, 지시 고도, 강하 기호,
모드 C 고도, SSR 코드 번호

홀드 리스트(Hold List)
항공기 식별 부호, 지시 고도,
모드 C 고도

출발 항공기 리스트
항공기 식별 부호, 출발 시각,
SSR코드 번호

그림 8-13 데이터 처리된 지상 레이더 지시기

8-3. 충돌 방지 장치
(Traffic Alert and collision Avoidance System : TCAS)

현재 이용되고 있는 SSR 모드 항공기에 비하여 종래 이용된 SSR 모드 S에서는 관제의 정확도가 향상되고 공중 충돌 위험은 상당히 피할 수 있지만, 그래도 기기의 틀린 작동과 장비를 조작하는 인간의 실수 등은 피할 수 없으므로 항공기의 충돌

사고와 이상 접근을 완전히 없애는 것은 불가능하다고 생각되고 있다. 이와 같은 사태를 미연에 막기 위해서도 항공기의 레이다로 침입 항공기를 발견, 회항하는 연구가 진행된 적도 있었지만 안테나의 방위각, 상하각의 안정성에 문제가 남게 되어 실행되지는 못하였으며, 현재는 SSR 모드 S의 기능을 이용한 TCAS가 충돌 방지 장치의 주류가 되고 있다.

TCAS는 현재 몇 개 항공사가 실행하고 있지만, 1990년 후반에 가면 전항공사에서 실용화될 전망이며 다음과 같은 특징을 가지고 있다.

① TCAS는 자기 항공기와 상태 항공기에 탑재하고 있는 SSR 모드 S 트랜스폰더를 이용한 장치이다.

② TCAS는 지향성 주사 안테나를 사용하여, 자기 항공기를 중심으로 한 반경 10(해리) 내에 94기의 항공기 밀도가 있어도 작동한다.

③ 지상의 ATC 장치와 완전히 독립인 장치이다.

SSR 모드 S 및 TCAS의 기상 장치는 아직 완성되지 않았으므로, 현재 새로이 제작되고 있는 항공기에는 종래의 장치를 장착하도록 설계되었으며 장치의 완성을 기대하고 있는 단계이다.

1) 대형 항공기에서 이용되는 TCAS의 원리(TCAS-Ⅱ)

지상의 ATC 질문 항공기는 일정한 간격으로 모든 항공기에 질문 전파를 발사하며, 이에 대하여 항공기에서는 코드와 비행 고도를 응답하고 있다. ATC 질문 항공기는 질문 전파와 응답 전파가 되돌아오기까지의 시간차로 상대 항공기까지 거리를 계측하고 고도도 알 수 있으므로 이 원리를 이용하여 충돌 방지에 이용하려고 하는 것이다.

A. 항공기에서 모드 C의 질문 전파 발사

TCAS에서는 항공기 내에 질문기를 가지고 방향성 안테나에서 모드 S, 모드 C의 질문 전파를 발사한다. 주변 항공기는 지상의 ATC 질문기로부터의 질문인가, TCAS로부터의 질문인가를 구별할 수 없으므로 자기 항공기의 고도를 응답한다. 자기 항공기 주변을 비행하는 항공기로부터의 응답 전파는 빠르고, 원거리 항공기에서는 늦게 수신된다. 자기 항공기는 우선 다른 항공기에서의 고도 정보와 상대 거리 정보를 TCAS의 컴퓨터에 수집한다.

B. 충돌 회피에 필요한 여유 시간의 산출

자기 항공기에서의 질문 전파에 대한 응답 전파의 시간 차이에 의해 그 사이의 거리(Range)를 측정할 수 있다. 이러한 질문의 반복으로 거리 변화율(Range Rate)도 계산할 수 있다. 이것들을 이해하면 여유 시간을 다음 식으로 계산할 수 있다.

여유 시간 TAU = 거리/거리 변화율(초) ----------(8-8)

TAU(Time to Closet Approach)는 자기 항공기와 침입 항공기가 조우하기까지의 여유 시간이다. 똑같은 상태로 고도와 고도 변화율도 계산할 수 있다. 만일, 자기 항공기(Own Aircraft)와 침입 항공기(Intruding Aircraft)가 같은 고도로 조우하는 것을 감지하면 TAU가 25(초) 정도가 되었을 때 파일롯에게 고도 방향의 충돌 회피 지시(상승 Climb, 하강 DiVE)를 함과 동시에 SSR 모드 S의 데이터 링크에 의해 자기 항공기가 상승하는가 하강하는가의 회피 동작을 송신하고, 1침입 항공기의 회피 동작과 같지 않도록 조정한다. 그리고 충돌 방지 기술이 진행되면 수평면 내에서의 회피 지시도 하게 된다.

지금까지 설명한 것은 중·대형 항공기에 적용되어 스스로 전파를 발사하여 침입 항공기를 찾아내는 능동적(ActiVE)인 충돌 방지 시스템으로 TCAS-Ⅱ라고 불리우고 있다. 이 장치는 상당히 고가여서 모든 항공기에 장비하는 것은 어려우므로, 소형 항공기에는 보다 간편한 장치가 고안되고 있다.

2) 소형 항공기에 이용되는 TCAS의 원리(TCAS-Ⅰ)

소형 항공기의 경우 충돌 방지 장치는 TCAS-Ⅰ라고 불리우고 스스로는 전파를 발사할 수 없으며, 다른 항공기가 ATC 질문기에서의 질문 전파와 TCAS-Ⅱ에서의 질문에 대하여 응답하는 전파를 수신하고, 그것을 해석하여 파일롯에 근접 경보를 주는 수동적(PassiVE)인 충돌 방지 장치이다.

TCAS-Ⅰ을 장비한 소형 항공기의 주변에 TCAS-Ⅱ을 가지는 대형 항공기가 비행하고 있는 경우를 생각해 본다. TCAS-Ⅱ에서의 질문에 대하여 TCAS-Ⅰ가 응답한다. 대형 항공기는 소형 항공기를 포착하고 대형 항공기에서의 거리, 방위, 고도차 등의 근접 정보를 SSR 모드 S의 데이터 링크에 의해 소형 항공기에 전달하므로 대형 항공기의 회피 동작도 파악할 수 있다.

8-4. 항공기 충돌 방지 장치(ACAS)

ACAS는 Aircraft Collision Avoidance System의 약자이다. 문자 그대로 항공기 간 충돌 방지를 위한 장치로서(그림 8-14) 25년 이상의 기간에 걸쳐 여러 가지 시스템이 제안된 후 어렵게 실용화되기 시작하였다. (그림 8-14) 이러한 것이 이 장치의 실용화가 얼마나 어려웠는가를 말해 준다. 지상의 항공 관제에 의해 항공기의 안전 거리는 엄격히 유지되지만, 만일 어떤 결함으로 항공기간 충돌 가능성이 검출되면 조종사에 대해 적절한 회피 어드바이서리가 내려진다. 그 의미에서 이 장치는 충돌 장치를 위한 최후의 수단이라 할 수 있다. 어디까지나 지상 관제가 우선이고 ACAS는 보조로 사용되는 장치이다. 지상의 레이다 시스템에서도 레이다로 파악한 항공기의 위치 정보로부터 추돌의 가능성을 검출할 수 있지만 그 정밀도가 ACAS만큼 정확하지 않다. 미국에서는 1992년부터 좌석수 30을 넘는 여객기에 대해 이 장치의 단계적 장착을 의무화하고 있다.

1) 동작 원리

ACAS는 원리적으로는 뒤에서 설명(8-7항)할 지상의 2차 레이다(SSR :Secondary SurVEillance Radar)와 같으며, 질문 주파수는 1,30MHz로 SSR과 똑같은 주파수를 사용한다. 이것으로 알 수 있듯이 응답 항공기를 검출하기 위해서는 응답 항공기가 적어도 ATC 트랜스폰더를 탑재하고 있는 것을 전제로 하고 있다. 즉, 현재의 SSR 시스템에 악영향을 주지 않도록 배려하면서 지상의 SSR과 같이 항공기에서

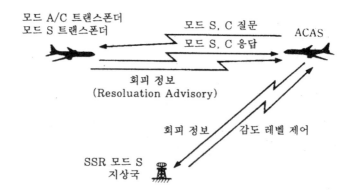

그림 8-14 항공기 충돌 방지 장치

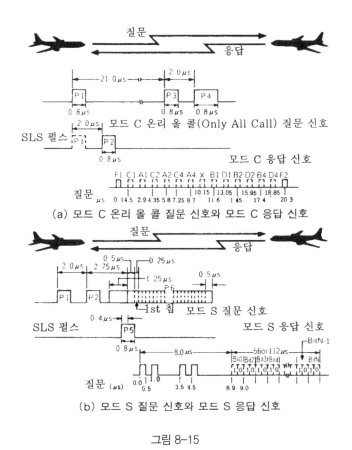

질문

응답

-21 0μs-

2 0μs

P 1

0 8μs

P 3   P 4

모드 C 온리 올 콜(Only All Call) 질문 신호

SLS 펄스

2 0μs

P 1   P 2

0 8μs

모드 C 응답 신호

F1 C1 A1 C2 A2 C4 A4 X B1 D1 B2 D2 B4 D4 F2

질문 μs

0 14.5 2.9 4 3.5 5.8 7.25 8.7 10.15 13.05 15.95 18.85
11 6   1 45   17.4   20 3

(a) 모드 C 온리 올 콜 질문 신호와 모드 C 응답 신호

질문

응답

2 0μs 0 5μs

2 75μs   0 25μs

1 25μs   0 5μs

P6

P1   P2

1st 칩 모드 S 질문 신호

SLS 펄스

0 4μs

P5

모드 S 응답 신호

BitN-1

0 8μs

8.0μs

56or112μs

Bit1 Bit2 Bit3 Bit4   BitN

질문 (μs) 0.0 1.0   3.5 4.5   8.9 9.0
0.5

(b) 모드 S 질문 신호와 모드 S 응답 신호

그림 8-15

ATC 트랜스폰더 탑재 항공기에 질문을 하여 정보를 얻어내고 있다. 이렇게 함으로서 기존의 시스템을 이용할 수 있고, 경제적인 시스템으로 운용할 수 있으므로, 이러한 것이 ACAS의 개발이 촉진되게 된 한가지 이유이다.

한편, 응답 항공기를 검출하기 위해 ACAS가 사용하고 있는 질문 형식은 2종류가 있으며, 그림 8-15와 같이 모드 C와 모드 S의 질문 신호이다.

모드 C는 현재 이미 사용되고 있지만, 모드 S는 종래의 질문 형식에 새로이 추가된 질문 펄스로, 이 모드는 지상의 SSR에서도 앞으로 추가될 것이다. 이미 국제 표준은 확립되어 있다. 모드 S의 추가에 따라 모드 A 또는 모드 C에 비해 보다 많은 정보를 교환할 수 있게 되었으며, 이를 위해서는 종래의 ATC 트랜스폰더를 모드 S로 응답하는 것도 가능한 모드 S 트랜스폰더로 바꿀 필요가 없다. 현재, 항공기는 ATC

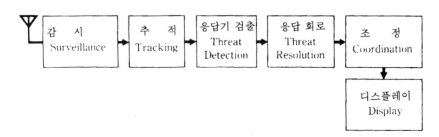

그림 8-16 ACAS 계통도

트랜스폰더를 탑재하고 있지만, 앞으로는 모드 S 트랜스폰더를 탑재하게 될 것이다. ACAS는 현시점에서 대부분의 항공기가 ATC 트랜스폰더를 탑재하고 있으므로 응답 항공기를 검출하기 위해서는 모드 C의 질문을 행해야 한다. 앞으로 모드 S 트랜스폰더 탑재 항공기 또는 ACAS 탑재 항공기가 나타나면 모드 S의 질문을 하게 될 것이다.

그림 8-16은 ACAS의 시스템을 기능별로 나타내었다. 먼저 항공기의 주변 반경 15NM 이내에 있는 항공기를 검출하기 위해 앞에서 설명한 모드 C 또는 모드 S의 질문 펄스를 1초에 1회 송신하여 그 응답 펄스를 수신한다. 그리고 레이다의 거리 측정 원리로 질문 항공기와 응답 항공기와의 거리를 알 수 있게 된다. 또 해당 항공기를 추적함으로서 거리의 변화율을 알 수 있다. 한편, 응답 펄스에는 상대 항공기의 고도 정보가 포함되어 있으므로 여기서 고도와 고도 변화율의 정보를 얻을 수 있다. 앞으로의 ACAS는 여기에 더하여 항공기에 대한 상대 항공기의 방위를 알기 위한 특별한 방위 측정용 안테나를 장비하게 되는데, 현재 그 기능은 없다. 이들 정보에 부가하여 당연한 것이지만 자기 항공의 고도 및 고도 변화율의 정보를 알 수 있다. 그림 8-16에서 감시, 추적 후미(Back)에서 이상의 것을 실행하고 있다. 이어서 이들 정보를 기초로 충돌 위험이 있는 항공기를 검출하여 적절한 회피 동작을 결정할 필요가 있다. 이것을 충돌 회피 알고리듬이라고 하며, 그림 8-16의 응답 항공기 검출 및 응답 항공기 회피의 블록 기능을 한다. 충돌 회피 알고리듬에 의해 조종사에게 출력되는 정보에는 위치 정보(TA :Traffic Advisory)와 회피 정보(RA:Resolution Advisory)의 2가지 있다.

위치 정보 TA는 반경 15nm 이내의 범위에 들어온 항공기 중 어느 정도 충돌의 가능성이 있는 항공기를 검출하여 그림 8-17 (a)처럼 표시한다. 조종사는 이것을

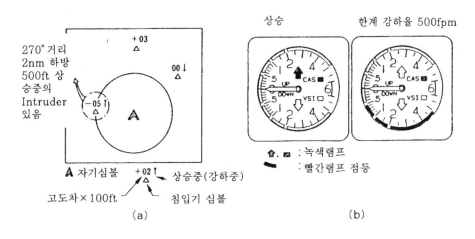

270° 거리 2nm 하방 500ft 상승중의 Intruder 있음

상승

한계 강하율 500fpm

A 자기심볼

고도차×100ft

+02 ↑ 상승중(강하중)

침입기 심볼

(a)

⬆, ◪ : 녹색램프

: 빨간램프 점등

(b)

그림 8-17 승강계에 ACAS의 지시

보고 위험한 항공기가 가까이 오는 것을 시계가 나쁠 때라도 알 수 있다. 보통, 위치 정보 TA는 회피 정보 RA보다 약 15초 전에 나온다. 다음에 해당 항공기가 이대로 가면 충돌하리라 판단되는 경우에는 조종사에 회피 정보 RA를 제공한다. 이것은 그림 8-17 (b)와 같이 승강계에 포함되어진 형태로 표시된다. 현재의 CAS의 회피 조작은 상하 방향(즉 고도변화)만 가능하다. 이 회피 정보 RA는 충돌 20~30초 전에 제공된다. 이 정보(Advisory)는 2개의 타입이 있는데 하나는 현재의 비행 경로를 변화시키도록 조종사에게 조언하는 교정 정보이고, 또 다른 하나는 현재의 비행경로를 변화시키지 않도록 조종사에게 알리는 예방 정보이다. 예를 들어 전자는 항공기가 수평 비행을 하고 있을 때 「상승」또는 「하강」를 보이고 후자는 항공기가 수평 비행을 하고 있을 때 「상승금지」를 나타내는 정보이다. 더욱이, 회피 정보 RA에는 수직 속도 제한 정보가 있다. 이것은 예를 들어 「500fpm」보다 빠른 「상승금지」 등을 나타내는 정보이다.

이상은 응답 항공기가 ATC 트랜스폰더 만을 탑재하고 있다고 가정했을 때이고 만약 응답 항공기가 ACAS를 탑재하고 있는 경우는 어떻게 될까? 이 경우 2항공기 둘다 자신의 ACAS로 상대 항공기가 응답 항공기임을 판단하고 있지만, 회피 방향을 실수하면 반대로 충돌해 버릴 수가 있다. 그 때문에 그림 8-18의 조정(Coordination)이라는 블록에 의해 상대가 상승하는 경우는 해당 항공기는 하강하는 조정이 행해진 뒤 회피 정보 RA가 각각에 대해 행해진다. 이 경우, 이런 복잡한 정보 교환은 모드 S의 질문·응답 형식을 빌어 행해진다. ACAS는 그 구성

부분으로서, 모드 S 트랜스폰더를 탑재하고 있으나 모드 S의 데이터 링크(Data Link)가 사용되어 문제가 없다. 위치 정보와 회피 정보는 말하자면 긴급 사태에 빠졌을 때 발하는 것으로 표시만으로는 불충분하여 GPWS와 같이 동시에 음성으로 조종사에게 알리게 되어 있다.

그런데 조종사에 대한 정보를 어떤 형태로 할 것인가는 항공기에 따라 다르므로, 조종실 스페이스(Cockpit Space)의 관계로 종래의 항공기에서는 위치 정보 TA를 기상 레이다의 표시기에 연결하였다. 또, 회피 정보 RA는 그림 8-17 (b)처럼 승강계에 포함된다. 한편, 신형 항공기에 전자 비행 계기 시스템이 있으면 ACAS의 정보 표시를 여기에 넣는 것은 쉬운 일이다. 앞으로 ACAS에 방위 검출 기능이 추가되면 상대 항공기의 방향을 충분한 정밀도로 알 수 있게 되어 회피 정보 RA도 수직 방향 뿐만이 아니고 수평 방향의 회피 조언도 가능하게 되며 보다 성능이 향상될 것이다.

8-5. ADF(Automatic Direction Finder)

항법 원조 무선에 대하여 설명하려면 특별한 용어를 알아야 하므로 본론에 들어가기 전에 용어에 대해 먼저 설명한다.

그림 8-18(a)는 서북서를 향해 비행하고 있는 비행기이다. 이 경우 북(자북)에서 오른쪽으로 측정한 비행기의 진행 방향까지의 각도(그림에서 315°)를 자방위(Magnetic Heading)라고 한다. 이에 대해 각도를 지도상의 북에서 측정한 경우의 방위를 진방위(True Heading)라고 부른다. 단지 헤딩(Heading)이라고 하는 경우에는 자방위를 말하는 때가 많다. 그림 8-18 (b)는 무선국 R의 남서 방향에서 서를 향해 비행하는 비행기를 나타낸 것이다. 이때, 자북에서 오른쪽으로 측정한

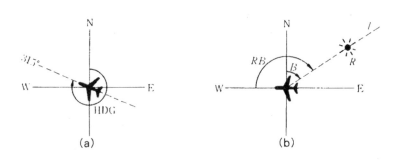

그림 8-18 헤딩과 베어링(Heading & Bearing)

무선국과 비행기의 위치를 연결하는 직선 ℓ 까지의 각도 B를 베어링(Bearing)이라고 한다. 또, 비행기의 진행 방향에서 오른쪽으로 측정한 직선 ℓ 까지의 각도 RB를 렐러티브 베어링(RelatiVE Bearing)이라고 한다. 여기서 주의해야 할 것은 베어링에는 두 가지의 표시 방법이 있다는 것이다.

그림 8-19 (a)와 같이 R을 향해 그린 선에 대해서는 45°(이 예에서)이지만, R에서부터 그린 선에 대해서는 225°이다. 이때 R을 향해 그린 선에 대한 것을 TO 베어링, R에서부터 그린 선에 대한 것을 FROM 베어링이라고 부른다.

이처럼 TO, FROM을 쓰인 이유는 그림 8-19(b)와 같이 비행기가 무선국 S의 우측 위 (a)에 있는지, 또는 좌측 아래 (b)에 있는지를 확실히 하기 위함이다.

A에서는 45° FROM 또는 225° TO
B에서는 45° TO 또는 225° FROM

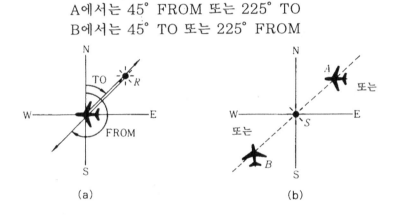

그림 8-19 TO와 FROM

1) 자동 방향 탐지기(Automatic Direction Finder : ADF)

그림 8-20은 서쪽을 향해 가고 있는 비행기 A가 무선국 K 및 L을 선국하여 자기의 위치를 확인하고 있는 모습이다. A의 탑승자는 ADF를 K국으로 선국하여 K국의 렐러티브 베어링이 30°인 것을 알고, 또 L국을 선국하여 L국의 렐러티브 베어링이 270°임을 안다. 비행기가 서쪽을 향해 가고 있다는 것은 자기 콤파스에 의해 알 수 있으므로, 그림 8-20과 같이 2개의 직선 ℓ_1, ℓ_2의 교점으로 사기 항공기의

위치를 정할 수 있다.

이와 같이 ADF의 기수 방향에서 몇 도의 방향에 선국한 무선국이 있는지를 나타내는 장치이다. 바꾸어 말하면 ADF는 선국한 무선국의 렐러티브 베어링을 나타내는 장치이다. 따라서 그림 8-21처럼, 어떤 방향에 있는지 알 수는 없다.

ADF를 위해 설치된 지상 무선국을 NDB(Non-directional radio Beacon)라 하며 200MHz~415MHz 사이의 1개의 주파수가 할당되어 있다.

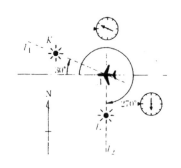

그림 8-20 ADF 지시기의 지시(1)

다음에 그림 8-22에 준하여 ADF의 작동 원리를 설명한다. 도래된 전파에 의해 루프 안테나(Loop Antenna) LA의 2개의 직교하는 코일 A_1, A_2에 전류가 흐른다. 이 2개의 전류는 LA와 도래 전파의 방향과의 상대 관계에 의해 변화하므로 고니오미터(Goniometer) G의 2개의 고정 코일 F_1, F_2에 의해 발생하는 고주파 자계는 고니오미터의 가동 코일 R이 루프 안테나 위치에 놓인 경우와 같은 방향이 된다.

R에 발생한 전압 e_ℓ는 트랜지스터 TR_1에서 증폭되어, 콜렉터 회로의 LC에서 위상이 90° 빨라져(그림 중 $e_{\ell 90}$) 밸런스 모쥴레이터 BM에 공급된다.

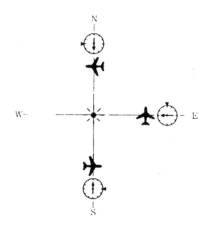

그림 8-21 ADF 지시기이 지시(2)

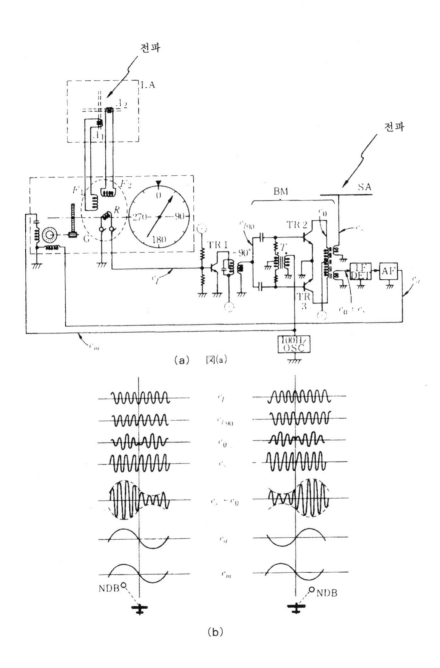

(a) 그림(a)

(b)

그림 8-22 ADF 수신 장치의 직동 원리

BM에는 100Hz(이 예에서는)의 전압이 트랜스포머 T를 통해 가해지므로 T의 2차 전압이 양(+)[Up +]인 동안은 TR₂만 작동하고 음(−)[Up −]인 동안은 TR3만 작동한다. 따라서 BM의 출력 전압 e_0와 같은 파형이 된다. 이 e_0는 센스 안테나(Sense Antenna) SA에 발생한 전압 e_s가 가해져(그림 중 e_0+es), 주파수 변환, 중간 주파수 증폭, 검파 및 저주파 증폭의 과정을 통해 100Hz의 가변 위상 전압 e_a가 되어 2상 서보 모터의 가변 위상 권선에 공급된다.

서보 모터는 톱니바퀴를 통해 고니오미터 및 ADF 지시기의 지침을 구동시켜 그 정지 위치에서 NDB의 렐러티브 베어링을 알 수 있다.

ADF에 사용되는 전파는 앞에서 설명한 것처럼 200MHz~415KHz가 할당되어 있으나, 보통의 ADF는 라디오 방송 주파수(535~1615KHz)도 수신할 수 있도록 만들어져 있다.

8-6. 오메가 항법 장치
(Omega navigaion System : ONS)

주파수가 낮은 전파는 송신점에서 매우 멀리까지 도달되며, 또 전파의 위상도 비교적 안정되어 있다. ONS는 그러한 것을 이용하여 비행중인 항공기의 위치 및 이것에 의해 유도되는 많은 데이터를 정확하게 파악한다.

ONS에 할당되어진 전파는 VLF(0~30KHz)중 10~14KHz인 전파이다.

먼저 ONS에서는 어떻게 하여 지상 오메가국으로부터의 거리를 측정하는가를 설명한다. 그림 8-23 (a)는 오메가국 T에서 발사된 전파의 어떤 순간 모습을 나타낸 것으로 종축은 전계 강도, 횡축은 오메가국으로부터의 거리를 나타낸다. 그림 8-23 (b)는 오메가 수신기로 수신하여 얻어진 오메가국에서 발사된 전파에 의한 출력 R 및 오메가 수신 장치에 부착된 발진기로 부터의 출력 O와 위상 관계를 나타낸 것으로 종축이 전압, 횡축이 시간이다.

Ⓣ는 오메가국의 위치에서 수신한 경우의 출력으로 ①은 오메가국에서 ¼파장 떨어진 위치에서 수시한 경우의 출력이다. O는 오메가 수신 장치의 출력이다.

오메가국의 위치에서는 Ⓣ와 O와의 위상차가 $\varnothing_0$ 가 된다. ¼파장 떨어진 곳에서는 그 사이를 전파가 통과하는데 필요한 시간만큼 위상이 지체되어 ①과의 O와의 위상차는 $\varnothing$가 된다.

$$\varnothing - \varnothing_0 \quad ------------------------- \quad (8-5)$$

이 식(8-5)은 Ⓣ에서 ①까지 전파가 전파되기 위해 지체된 위상이다(그림 8-23의 예에서는 $\varnothing - \varnothing_0 = 90°$이다). 오메가국에서 발사된 전파의 파장은 알려져 있으므로 수신자가 이동한 거리는 다음과 같다.

$$\frac{\varnothing - \varnothing_0}{360°} \times 파장 \text{--------------------} (8\text{-}6)$$

이동한 거리가 거의 1파장이 되면 위상차계는 원래대로 돌아간 상태가 되므로 거기서 1파장 이동한 것을 카운트한다. 그렇게 하여 카운터한 수를 n이라고 하면 이동 거리는 다음과 같다.

$$n \times (파장) + \frac{\varnothing - \varnothing_0}{360°} \text{----------------} (8\text{-}7)$$

이처럼 2개의 오메가국[그림 8-24(a)]에서의 거리 dA, dB를 알면 항공기의 현재 위치 P를 알 수 있다. 실제의 오메가 수신 장치에서는 [그림 8-24(b)] 출발점의 위치 (dA, dB)를 위도, 경도로 셋트하면 오메가 수신 장치 내에서 dA, dB가 계산되므로 이것을 기초로 비행중인 항공기의 위치(dA', dB')가 계산되고 위도, 경도로 표시된다.

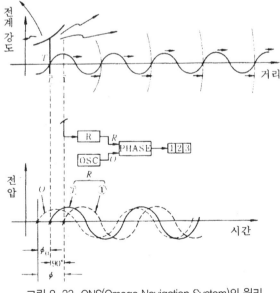

그림 8-23 ONS(Omega Navigation System)의 원리

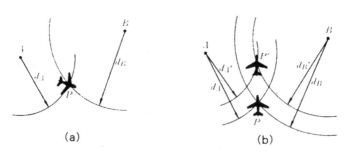

(a)

(b)

그림 8-24 ρ − ρ 방식

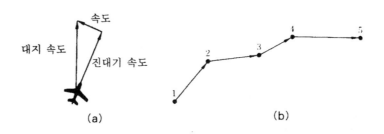

(a)

(b)

국의 식별	장소		
	나라	위도	경도
A	Norway	66° 25′15.00″ N	13° 09′10.00″ E
B	Liberia	6° 18′19.39″ N	10° 39′44.21″ W
C	Hawaii	21° 24′20.67″ N	157° 49′47.75″ W
D	North Dakota	46° 21′57.20″ N	98° 20′08.77″ W
E	La Reunion	20° 58′26.47″ S	55° 17′24.25″ E
F	Argentina	43° 03′12.53″ S	65° 11′27.29″ W
G	Trinidad	10° 42′06.02″ N	61° 38′20.03″ W
H	Japan	34° 36′53.26″ N	129° 27′12.49″ E

그림 8-25

오메가 수신 장치에서는 현재 위치가 변화되는 빠르기와 대지 속도(크기 및 방향)가 계산된다.

또, 기수 방위와 진대기 속도(제2장 참조)를 다른 계측 계통에서 받아 비중의 풍향, 풍속을 알 수 있다. [그림 8-25 (a)]

또, 그림 8-25 (b)와 같이 출발점, 도착점과 도중의 경유점의 위치(위도, 경도)를 셋트하면 그와 같이 비행하기 위한 여러 가지 정보를 알 수 있다. 또 자동 조종 장치에 결합하면 출발점에서 도착점까지 지정된 경유점을 지나 자동적으로 비행할 수도 있다.

오메가 지상국은 8-25와 같이 8국에서 발사된 전파에 의해 전세계를 커버(CoVEr)한다. 이 8국에서는 VLF 3파(10.2KHz, 11.⅓KHz, 13.6KHz)가 발사되고 국의 식별은 그림 8-26과 같은 발신 포맷(Format)에 의해 행해진다.

오메가 수신 장치에서는 수신된 신호와 오메가 수신 장치 내에 설치된 발진기에서 얻은 신호와의 위상차에 의해 거리를 구할 수 있으므로 지상국의 발신 주파수 및 국상호간의 위상 관계가 안정되어 있어야 한다. 그 때문에 지상국에서는 10^{-12}sec/sec(300년에 1μs정도) 정도의 안정된 주파수로 발신하고 있다.

또 항공기의 오메가 수신 장치 내에 발진기도 2개의 오메가국으로부터의 거리를 구하는 방식에서는 10^{-8}sec/sec 정도의 안정도가 필요하다.

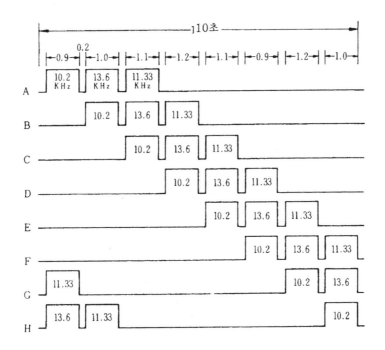

그림 8-26 오메가국의 송신 포맷

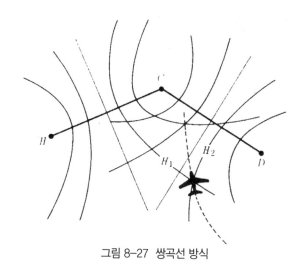

그림 8-27 쌍곡선 방식

항공기의 오메가 수신 장치에 이런 안정된 발진기를 사용하지 않고 그림 8-27과 같이 2개의 오메가국으로부터의 거리 차이로 정해지는 하나의 쌍곡선 H_1및 다른 2국으로부터의 거리의 차로 구한 하나의 쌍곡선 H_2와의 교점에서 현재 위치를 구하는 방식도 있다. 이런 방식을 쌍곡선 방식이라 하며 이에 대해 앞에서 설명한 2개의 오메가국으로부터 거리로 현재 위치를 구하는 방식을 원방식(또는 $\rho - \rho$방식)이라고 부른다.

8-7. 2차 감시 레이다
(Secondary SurVEillance Radar : SSR)

항공기의 비행 방식에는 조종사 자신의 판단으로 비행할 수 있는 유시계 비행 방식(Visual Flight Rules)과 항상 항공 관제 기관의 지시에 따라서 비행하는 계기 비행 방식(Instrument Flight Rules)이 있다.

VFR은 조종사의 시야에 의하여 비행하므로, 충분한 시계가 있는 유시계 비행 상태(Visual Meteorological Condition)일 때만 허가된다.

IFR은 VMC에서 시계가 불량한 계기 비행 상태 (Instrument Meteorological Condition)일 때, 계기 지시를 의지하여 비행하는 방식으로 조종사는 계기 비행 증명의 자격을 소지해야 하며 항공기에는 IFR에 필요한 자세, 고도, 및 위치 또는 침로를 측정하기 위한 ADF, VOR, DME등의 장치를 장비하여야 한다. 물론 VMC일

때 IFR로 비행할 수도 있으며 대형 항공기에서는 언제라도 IFR로 비행하는 것이 예이다.

전국의 주요한 공항 주변에서 비행장 관제가 되고 있는 항공 교통 관제권과 항공로에 따른 항공 교통 관제구를 비행하려면 VHF 송수신기와 ATC 트랜스폰더를 장치하여야 한다.

VMC일 때 시계 비행 방식으로 비행하여 주요 공항에 좀처럼 이·착륙하지 않는 소형 항공기에서는 ADF, 팩, KME, ATC 트랜스폰더 등 고가인 장비는 필요하지 않지만 전 주요 공항에서 정시에 이·착륙하는 항공회사의 대형 항공기와 언제라도 취재 관계로 운항될 수 있는 언론 기관의 중형 항공기에는 앞에서 설명된 무선 항법 기기가 갖추어져 있다.

ATC 트랜스폰더는 관제 기관이 항공기의 위치를 확인하기 위하여 사용하고 있는 레이다의 질문에 대하여 응답하는 장치로서 항공기에는 어떤 정보도 제공하지 않는 드문 장치이다. 그래서 이 장치의 발달 과정을 알아본다.

공항 감시 레이다(Airport SurVEilance Radar:ASR)와 항공로 감시 레이다(Air Route SurVEillance Radar:ARSR) 등의 1차 레이다로 항공기의 소재는 확인할 수 있지만, 레이다 스코프(Scope) 화면에 복수의 타게트(Target)가 나타난 경우, 어느 것이 대상 항공기인가를 식별하기 위해 관제관은 회 비행을 지시하고 그 지시에 따라서 움직인 타게트를 발견하여 식별하고 있다. 공중의 교통량이 많아지면 항공기의 식별을 용이하게 하기 위해 제2차 대전 중에 미국에서 개발된 적과 아군 식별 장치(Indentification Friend or Foe)를 이용하는 방법이 ICAO에서 채택되어 1957년에 SSR이라고 부르는 표준 방식이 정해졌다.

2차 감시 레이다는 인터로게이터(질문기)라고 불리는 지상기에서 1,030MHz의 전파로 질문 펄스를 발사하는 장치이다. ATC 트랜스폰더는 SSR의 질문 펄스를 수신하여 미리 셋트하고 있는 응답 부호를 1,090MHz의 전파로 응답하는 장치로 SSR과 ATC 트랜스폰더가 한쌍이 되어 항공기의 식별을 할 수 있다.

1) 2차 감시 레이다(Seconary SurVEillance Radar : SSR)

항공 교통 관제를 위한 지상 설비로서 1차 레이다와 2차 레이다가 한쌍이 되어 가동되고 있다. 공항에서는 ASR(Aiport SurVEillance Radar)과 SSR이 한쌍이 되어 있고 항공로에서는 ARSR(Air Route SurVEillance Radar:항공기 레이다)과 SSR이 한쌍이 되어 있다. SSR의 질문 안테나는 그림 8-28과 같이 1차 레이다

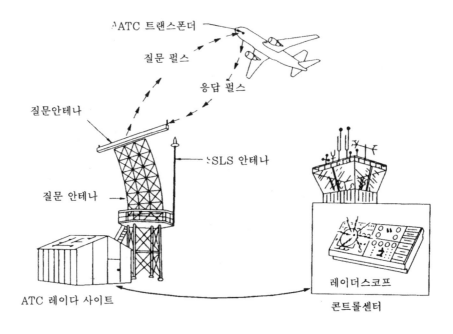

그림 8-28 2차 감시 레이다와 ATC 트랜스폰더

안테나의 바로 위에 설치되어 있는 것이 많다. 1차 레이다 안테나와 질문 안테나가 각각 다른 장소에 설치되어 있는 경우라도 2개의 안테나는 동기하여 회전하고 있고 ATC 레이다 스코프에는 2개의 레이다 화면이 겹쳐서 표시된다.

SSR에 이용되는 안테나는 회전하는 질문 안테나(Interrogator Antenna)로써 수평면 내에서 예민한 지향성을 안테나로 사용하고 사이드 로브 억압 안테나(side Lobe Suppression Antenna)로서 INT 안테나의 사이드 루프를 커버(CoVEr)하는 무지향성에 가까운 패턴을 가진 안테나가 사용된다. SSR에서의 질문 펄스에는 그림 8-29와 같이 2펄스 방식과 3펄스 방식의 2종류가 있다.

2펄스 방식의 경우는 최초의 P_1펄스는 무지향성의 SLS 안테나에서 방사되므로, SSR에서 일정 거리에 있는 모든 항공기는 같은 강도의 P_1펄스를 수신한다. 최초의 P_3펄스는 지향성을 지닌 질문 안테나에서 방사되므로, 질문 안테나가 자기쪽으로 향했을 때는 강하게 수신할 수 있지만 그것 이외는 사이드 로브를 수신하므로 약하게 수신된다. ATC 트랜스폰더는 P_1펄스와 P_3펄스의 진폭을 비교하여 P_3펄스가 P_1펄스의 ⅛ 이상의 진폭을 가지고 있을때 응답한다.

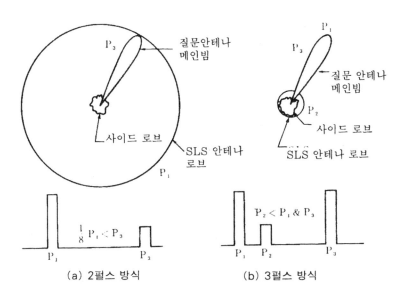

그림 8-29 SSR의 질문 펄스 방식

3펄스 방식의 경우, P₁펄스와 P₃펄스가 질문 안테나에서 방사되고, P₂펄스가 SLS 안테나에서 방사된다. 이 경우 P₂펄스의 강도는 P₁, P₃펄스의 사이드 로브의 강도보다 커지고 있다. ATC 트랜스폰더는 P₁, P₃펄스가 P₂보다 강할 때 자기의 질문과 판단하여 응답하도록 만들어졌다.

2) 질문 모드 펄스와 응답 코스 펄스

지상의 SSR에서 항공기에 향하여 발사하는 질문 펄스를 모드 펄스(Mode Pulse), 항공기의 ATC 트랜스폰더에서의 응답 펄스를 코드 펄스(Code Pulse)라고 부른다.

SSR이 모드는 P₁펄스와 P₃펄스의 시간 간격으로 정해지고 그림 8-30과 같이 A, B, C, D의 4종류의 모드가 있지만, 현재 사용되고 있는 것은 모드 A 및 모드 C 뿐이다.

SSR에서 모드 A의 펄스로 질문받았을 때는 ATC 트랜스폰더는 자기 항공기에 할당된 응답 코드로 답하고 모드 C의 펄스에서의 질문에는 자기 항공기이 고도로 답한다. 관제관은 항공기를 구별하기 위해 조종사에 대하여 4항의 0000~7777의 범위에서 응답 코드를 지정한다. 조종사는 ATC 트랜스폰더의 제어 판넬에 이 응답 코드를 설정한다. 이렇게 하면 ATC 트랜스폰더는 모드 A로 질문을 받았을 때 이

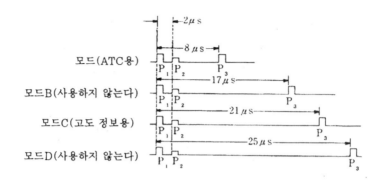

그림 8-30 SSR 모드의 펄스 종류

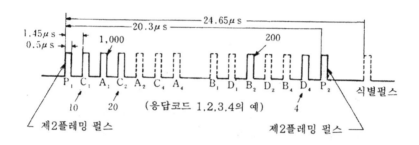

그림 8-31 ATC 트랜스폰더의 코드 펄스계

응답 코드로 답한다.

ATC 트랜스폰더의 코드 펄스는 그림 8-31에 나타낸 것같이 2개의 플레밍펄스(Framing Pulse)와 1개의 식별 펄스(Ident Pulse), 12개의 정보 펄스(Information Pulse)로 구성되어 있다. 플레밍 펄스는 SSR이 응답을 해독할 때 기준이 되는 펄스이다. 제2플레밍 펄스보다 $4.35\mu s$ 떨어진 곳에 식별 펄스가 있다. 이것은 관제간의 요청에 따라서 조종사가 ATC 트랜스폰더의 제어 판넬의 식별 부호 보턴을 누르면 발사하는 펄스로 특히 항공기를 식별하고 싶을 때 사용한다.

12개의 정보 펄스는 $A_1A_2A_4$, $B_1B_2B_4$, $C_1C_2C_4$, $D_1D_2D_4$펄스로 구성되며 A는 1,000의 위를, B는 100의 위를, C는 10의 위를, D는 1의 위를 지시한다. 따라서, 1234로 응답할 경우는 $A_1B_2C_1C_2D_4$의 펄스가 발사된다. 세계 공통으로 긴급 사태(Emergency) 발생일 때는 코드 7700, 통신기 장해일 경우는 코드 7600, 비행기 납치(High Jacking) 발생인 경우는 코드 7500으로 지상에 연락하게 되어 있다.

모드 C로 질문을 받았을 때는 ATC 트랜스폰더는 항공기의 비행 고도를 12개의 정보 펄스로 코드화하고 100ft 간격으로 응답한다. 이때, 응답하는 비행 고도는 기압 고도계의 기압 고도 규정(Barometric Setting)에 관계없이 29.92(inHg)로 기압 규정한 고도를 응답하게 되어 있다.

8-8. 지상 레이다 시스템

항공 교통 관제(Air Trafic Control : ATC)에는 크게 나누어 항공로 관제와 터미널 관제로 구별된다.

항공로 관제는 주로 항공로를 계기 비행 방식(Instrument Flight Rules:IFR)으로 비행하는 모든 항공기가 규정이 고도차, 시간차, 거리를 유지하고 있는지를 감시하거나 유도한다. 이 목적으로 사용되는 것이 항공로 감시 레이다이다.

터미널 관제는 공항의 이착륙을 안전하게 하기 위해서 공항과 그 주변을 관제한다.

① 비행장 관제 : 관제탑의 관제관이 목시에 의해서 항공기의 위치를 확인하고 이착륙 허가를 주고 있다.

② 진입 관제 : 항공로 관제에서 관제를 이어받은 각 방면에서의 착륙 항공기를 관제 간격을 유지하면서 순서를 잘 정리하여 비행장 관제에 인도한다. 여기에서 사용되는 것이 공항 감시 레이다이다.

③ 착륙 유도 관제 : 계기 비행 방식으로 최종 진입 강하하는 항공기를 1기마다 정측 진입 레이다를 사용하여 식별하고 VHF 무선을 사용하여 침로와 하각이 수정을 지시하여 접지점까지 유도한다.

항공 교통 관제를 위해 3종류의 1차 레이다가 사용되고 있는 여기서는 항공기의 정비에 직접 관계는 없지만, 항공 관계자의 상식에 필요한 정도로 설명한다.

1) 항공로 감시 레이다
(Air Route SerVEillance Radar : ARSR)

항공로 감시 레이다는 항공로를 비행하고 있는 항공기의 비행 상태를 관제관이 레이다 스코프로 확인하면서 관제를 하기 위해, 주요한 항공로의 요소에 설치되고 있는 장거리 레이다이다. 이용되는 주파수는 1,300MHz대이고 레이다 출력은 2~6MW 정도로 고도 80,000ft, 반경 200NM까지의 탐지 능력이 있다.

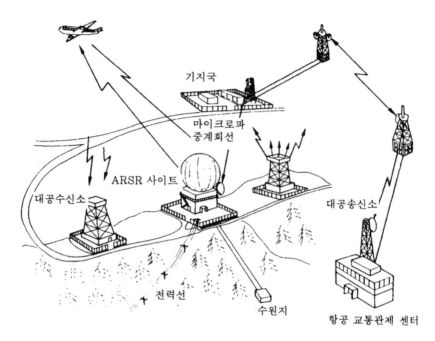

기지국

마이크로파
중계회선

ARSR 사이트

대공수신소

대공송신소

전력선

수원지

항공 교통관제 센터

그림 8-32 ARSR 시설

그림 8-32에 나타낸 것 같이 ARSR 사이트는 항공로를 감시하기 위해서 보통
수백개의 높은 산에 설치한다. ARSR 사이트는 항공기의 식별기능을 가지는 2차
감시 레이다(SSR)와 항공기와 다른 관제 시설과의 무선 연락을 할 수 있는 시설을
갖추고 있다.

즉, 기지국과는 대역이 넓은 레이다 마이크로 웨이브 링크(Radar MicrowaVE
Link : RML)로 전송되고 기지국에서 항공 교통 관제국까지는 대역 압축 전송
장치(Video Band Compression : VBC)로 전송시킨다.

ARSR에 의해서 얻어진 운항 정보는 각 관제부에 있는 항공로 레이다 정보 처리
시스템(Radar Date Recording System)의 컴퓨터에 보내져, 항공기의 자동 식별과
추적을 하고, 관제관이 사용하는 레이다 스크린 상에는 항공기의 편명, 비행고도,
목적지 비행장의 정보도 동시에 표시된다.

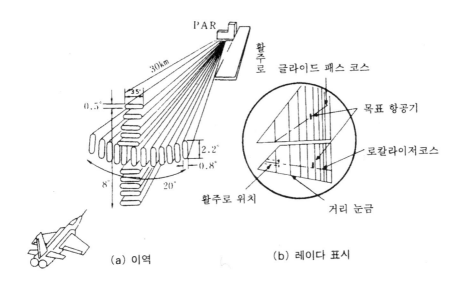

(a) 이역

(b) 레이다 표시

그림 8-33 PAR의 이역 레이다 표시

2) 항공 감시 레이다(Airport surVEillance Radar : ARS)

공항 감시 레이다는 공항을 중심으로 반경 약 70NM 이내 항공기의 진입 및 출발을 관제하는 레이다로서 공항의 건물 위에 안테나를 설치하여 레이다면 위치 표시기(Plane Position Indicator:PPI)는 레이다 관제실에 있고 항공기의 위치(방위와 거리)를 항상 감시할 수 있도록 되어 있다. 항공기는 VOR/ADF, ADF등의 무선 항법 원조 시설을 이용하여 목적지 공항 내의 ASR 유효 범위에 진입된다. 관제관은 PPI 위에서 목표 항공기를 식별하여 VHF 무선 전화로 목표 항공기에 착륙을 위한 정보를 전하여 안전한 착륙 진입 경로에 유도한다. ASR에 이용되는 주파수는 2,800MHz대이며 레이다 출력은 500KW 정도이다. 항공기를 유도 목적으로 이용되는 레이다로 지면 반사파 중 고정 목표에서 반사 신호를 억압하는 기능(Mowing Target Indicator)을 가지고 있다.

최종 착륙 유도는 현재 ILS가 없는 공항에서는 PAR(Precision Approach Radar)을 이용하여 착륙 항공기를 유도한다.

제9장 자동 비행 조종 장치(AFCS)

최근의 고성능 대형 항공기에서는 조종사가 항공기의 동요를 느끼고 나서 동요에 대응을 한다는 것은 적절한 방법이 못된다. 또한, 순항중의 조종 조작은 단조로운 작업이고 장시간에 걸친 조종은 조종사의 피로를 초래하여 업무에 방해가 되므로 운항의 안전에 바람직하지 못하다.

이런 이유로 대형 항공기에서는 자동 조종 장치(AFCS)가 표준으로 되었으며 상승-순항-진입-착륙까지의 비행 자동화를 할 수 있게 되었다. 특히, 최근 항공기는 중요한 시스템이 2중 혹은 3중으로 설계되어 계통의 일부가 고장나도 지장없이 비행할 수 있도록 되어 있다. 자동 비행 조종 장치를 좀더 자세히 살펴보기로 한다.

9-1. 플라이트 디렉터(Flight Director)

이 시스템은 오토 파일롯(Autopilot)과 같은 시스템으로 역시 같은 서보(Servo)기구를 사용한다. 다른 점이 있다면 오토 파일롯이 자동적으로 조종면을 구도 장치로 움직여 희망하는 코스를 비행하거나 자세, 고도, 방위의 제어를 하는데 비해, 플라이트 디렉터는 희망하는 방위, 고도, 코스에 항공기를 유도하기 위한 명령만을 한다는 것이다.

조종사는 이 명령에 기초하여 수동으로 조종면을 움직여야 한다. 오토 파일롯에서는 오토 파일롯이 조종사를 대신하여 조종을 해준다. 여기서도 알 수 있듯이 오토 파일롯과 플라이트 디렉터를 병용하면(보통 이와 같이 사용함) 항공기가

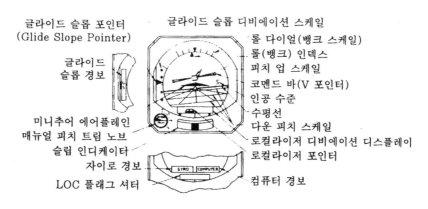

그림 9-1 ADI의 코멘드 바(Command Bar)

오토 파일롯에 의해 희망하는 코스에 잘 오는지를 플라이트 디렉터(Flight Director)로 확인할 수 있다. 즉, 플라이트 디렉터에 의해 오토 파일롯을 모니터할 수 있다.

또 조종사에 대해 조종 명령을 하는 것은 집합 계기인 ADI의 코멘드 바이다. (그림 9-1 참조) 이 코멘드 바 (Command Bar)에 의한 명령(롤축 및 피치축)의 모습을 그림 9-2로 나타냈다.

코멘드 바에 의한 조종 명령은 중앙에 있는 항공기 심볼(Ｓｙｍｂｏｌ)(이것은 움직이지않는다)과 지침의 관계로 나타난다. 그림 9-2 (a)는 우선회 명령, 그림 (b)는 좌선회 명령, 그림 (c)는 피치 업(Pitch Up :상승 콘트롤 휠) 명령, 그림 (d)는 피치 다운(Pitch Down : 하강 콘트롤 휠) 명령이다

이와 같은 명령을 하기 위한 서보 기구는 오토 파일롯 계통과 거의 같다.

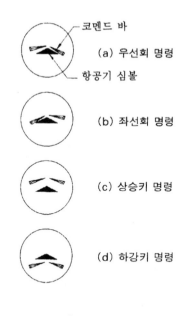

그림 9-2
ADI의 코멘드바에 의한 조타 지령

그림 9-3은 플라이트 디렉터의 기본 계통도이다. 일례로서 희망하는 코스(방위)를 오토 파일롯과 같이 하여, CDI 또는 HSI로 선택하여 설정한다. 그러면 그림 9-3에서 컴퓨터는 그 값을 기억하여 방위 검출 장치에서의 방위 정보 피드 백 신호(Feed-back Signal)와 차이가 있으면 그 차이에 상당하는 전압을 발생시켜(이 크기에는 한도가 정해져 있다) 증폭기에 입력한다. 증폭기는 이것을 증폭시켜 모터 등의 구동 장치를 매개로 ADI의 코멘드 바를 움직인다. 조종사는 코멘드 바의 명령에 따르듯이 조타(Control)를 하여 ADI의 항공기의 심볼과 코멘드 바가 항상 겹치도록 콘트롤

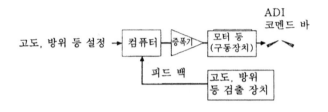

그림 9-3 플라이트 디렉터 기본 계통도

휠을 잡으면 희망하는 코스에 진입할 수 있게 된다. 희망하는 코스를 비행하는 상태가 되면 방위 정보의 피드 백 신호아 설정된 코스와 차이가 없어지므로, 중증폭기에 더해지는 전압은 0(V)가 되며, 만약 이 코스에서 항공기가 벗어나려고 하면 코스에 차이가 생겨 다시 코멘드 바가 작동하여 수정을 위한 선회 명령이 나온다.

이와 같이 명령이 내려지지만, 오토 파일롯을 이용하면 조종사는 손을 번거롭게 하지 않고도 자동적으로 수정이 되므로 보통은 오토 파일롯으로 비행하는 것이 좋다. 그러나, 훈련이나 레이다 구역 등에서 정한 비행을 할 경우에는 오토 파일롯에 비해서 번거롭지 않은 매뉴엘 콘트롤(Manual Control)이 유효한 조종 수단이다.

플라이트 디렉터의 모드로서 고도 유지, 방위 유지, ILS 어프로치(Approach), VOR 등의 기능이 있고 이들의 기능을 위해서 코멘드 바에 의한 명령이 나온다.

9-2. 오토 파일럿(Auto Pilot)

오토 파일롯은 오늘날 대형 항공기에서는 필수적인 장비이다. 프로펠러 항공기 시대의 오토 파일럿은 방위, 자세의 안정, 비행 고도의 유지 등이 주체라서 초보적인 것에 불과했으나, 제트 항공기의 취향과 함께 오토 파일럿도 더욱 더 발달된 것이 장착되기에 이르렀다.

제트 항공기는 공력 특성이 프로펠러 항공기와 매우 다르므로 안정성, 조종성에 대하여 조종사에 의해 조종을 보충해야 할 필요성도 크다.

첫째는 고속이 되어가면 날개의 풍압 중심이 점차 후진하므로, 기수가 내려가는 경향이 커져[이것을 턱 언더(tuck Under)라 함] 이것을 조종사를 대신하여 자동적으로 보정해 줄 필요가 생기게 된다. 즉, 조종사는 기수가 하강되지 않도록 엘리베이터(Elevator)를 움직여 상승 조종면(control Surface)으로 취해야 하는 것이다. 이 기능을 MTC(Mach Trim Compensator)
라 한다. 대체로 속도가 마하 0.8 부근에서부터 작동하기 시작한다.

둘째는 제트 항공기가 큰 후퇴각을 가지고 있으므로 횡방향 및 기수 방향의 안정성이 저하되어, 여기에 돌풍이라도 불면 좌우 번갈아 흔들림이 계속된다. 이 현상을 더치 롤(Dutch Roll)이라고 한다. 조종사가 이 현상을 회복시키기 위해 조작을 하는 것은 매우 어려우므로 조종사를 대신하여 더치 롤에 들어가지 않게 자동적으로 러더(Radder)를 움직여 보정하게 되어 있다. 이것을 요 댐퍼(Yaw Damper) 기능이라고 한다.

이들 두 기능, 즉 마하 트림 컴펜세이터(Mach Trim compensator)와 요댐퍼(Yaw damper)는 항공기의 안정을 유지한다. 그 외에 VOR, ILS, INS, 오메가(Omega) 등에 의한 항법 데이터를 기초로 자동적으로 비행하는 기능도 가지고 있으며 오늘날에는 항공기를 안전하고 효율적으로 비행하기 위해서 자동 조종 장치는 필수적인 장치가 되고 있다.

오토 파일롯의 역할을 요약하면 다음 3가지의 기능으로 분류할 수 있다.

① 항공기의 자세를 안정화한다.(안정화 기능)

ⓐ 마하 트림(Mach Trim)

오늘날의 제트기에서는 고속이 됨에 따라 기수 하강 경향이 강해지므로 이것을 자동적으로 보정한다.

ⓑ 요 댐퍼(Yaw Damper)

더치 롤(Dutch Roll)의 보정

② 상승 또는 선회 등을 콘트롤한다.(조종 기능)

콘트롤용의 작은 노브(Knob)를 돌림으로서, 간단히 항공기를 선회, 상승, 하강시킬 수 있게 되어있다. 또 콘트롤 기능에는 이외에 일정한 고도 상승/하강율, 기수 방위, 속도 등을 유지하는 기능도 포함된다.

③ 항법 장치에서 위치 정보를 받아 자동적으로 항공기를 조종하여 목적지까지 비행시키는 기능(유도 기능)

이를 위해 사용하는 항법 장치는 VOR/DME, ILS 및 INS 등으로, 이들 장치로부터의 정보를 기초로 자동 조종을 한다. 국제선과 같이 해상을 비행하는 경우는 INS, 오메가(Omega) 또는 도플러 항법 장치 (Doppler Navigation)로부터 신호를 받아 자동 조종을 한다.

1) 원리

오토 파일롯의 기본 원리는 서보 시스템(Servo System)이다. 그림 9-4는 서보 시스템의 원리도이다. 그림 (a)는 오픈 루프(Open Loop)라고 불리우는 시스템이다. 이 시스템에서는 직류 전압을 입력시키면 이것이 앰프에 증폭되어 DC 모터를 구동시켜 DC 모터는 회전을 계속하게 된다.

예를 들어 입력 ①에 10mV의 직류 전압을 가했다고 하자, 직류 앰프의 증폭도가 1,000배라면 앰프 출력 ②에는 10V가 나타난다. 이 10V로 DC 모터가 구동된다. 즉, DC 모터는 입력 전압에 비례한 회전수로 계속 회전을 하는 것이다. 그러나 이것은 오토 파일롯의 기본 시스템이 될 수는 없다.

그래서, 그림 (b)에서는 DC 모터의 회전으로 가변 저항기 (Variable Resistor)의 센터(Center)를 움직이도록 하여 움직인 양에 대응하는 전압을 얻게 하였다. 예를 들어 센터가 위로 움직이면 움직인 양에 대응하는 플러스(+)의 직류 전압이 얻어진다. 아래로 움직이면 마이너스(−)의 직류 전압이 얻어진다. 그리고 이 센터의 전압을 서보 앰프의 입력에 가한다고 하자. 이 때 전압의 극성이 매우 중요하다.

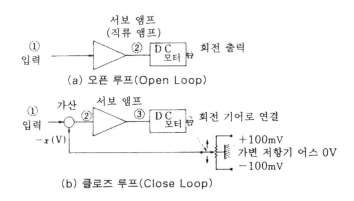

그림 9-4 서보 시스템 원리도

만약, 입력 10mV의 직류 전압을 가하면 이 전압이 앰프에서 증폭되어 DC 모터가 구동된다. 오픈 루프의 경우에는 모터는 회전을 계속하지만, 이번에는 모터의 회전에 의해 저항의 센터가 아래로 움직이도록 구성되었다고 하자. 그러면 마이너스의 직류 전압 $-x$ (V)가 얻어지는데, 이 $-x$ (V)의 전압은 입력으로 되돌아가 직류 앰프에 가해지게 된다.

따라서 입력 전압은 DC 모터가 회전을 시작하면 10mV $-x$ (V)의 전압이 앰프에 가해지게 되는 것이다. 모터가 회전을 계속하고 저항의 센터가 아래로 움직여 $-x$ (V)=−10mV가 되면 앰프에 가해지는 전압은 10mV−10mV=0이되고 DC 모터에 가해지는 전압은 0(V)가 되므로 모터는 정지한다. 그리고 저항의 센터 위치는 −10mV의 위치를 계속 유지한다. 즉, 이 서보 시스템에서 입력 전압 10mV를 가하면 이 전압에 대응하여 저항의 센터 위치를 움직여 입력 전압에 대응하는 위치를 정지시킬 수 있다.

또, 10mV의 입력 전압에 의해 DC 모터가 회전하여 저항의 센터가 이번에는 위로 움직이도록 구성되었다고 해보자. 이 경우에는 어떻게 될까? 이 때에는 10mV의 입력 전압에 의해 모터가 회전하면 저항기의 센터는 위로 움직이고 $+x$ (V)의 전압이 얻어진다. 이것이 압력으로 돌아와 입력 전압에 가해지므로 앰프에 가해지는 전압은 10mV$+x$ (V)가 되어 x는 점점 더 회전하게 된다. 모터가 회전하면 할수록 입력 전압은 더 증가해 가고 모터의 회전수도 증가한다. 따라서 이 경우, 저항기의 센터는 점점 위로 움직여 스톱퍼(Stopper)가 없으면 언제까지라도 정지하지 않게 된다.

위의 두가지 예처럼, 전압으로 돌아가는 전압의 극성에 의해 다음 시스템은 매우 달리 동작함을 이해할 수 있었을 것이다. 첫번째 예와 같이 입력에 가해진 전압과 반대인 극성의 전압을 입력에 되돌리게끔 한 회로를 네거티브 피드 백(NegatiVE Feed Back)이라 한다.

자동 조종 시스템에는 모두 네거티브 피드 백으로 구성되어 있다. 앞에서 본 것처럼 네거티브 피드 백에서는 입력 전압에 대응하여 가변 저항의 가동 접점 위치가 대응된다. 즉, 입력에 명령을 위한 전압을 가함에 따라 가변 저항의 센터 위치를 조절할 수 있다. 그러므로, 이를 기초로 자동 조종 가운데 가장 기본적인 기능인 콘트롤 기능부터 설명하겠다. 다음 설명은 이해가 쉽게 되도록 하기 위해 실제의 구동 장치인 유입 시스템은 생략한다.

A. 콘트롤 기능

a. 뱅크각 콘트롤(Bank Angle Control)

그림 9-5에 콘트롤 기능을 나타내었다. 이 경우 항공기는 계획된 뱅크각으로 비행한다고 하자. 이 때, 명령을 하는 것은 콘트롤 노브(control Knob)이다. 콘트롤 노브의 좌우로 돌리는 각도에 비례하여 전압을 발생시킨다. 현재 수평 비행을 하고 있고 콘트롤 노브는 중앙 위치에 있고 뱅크각 검출 장치(Bank Defector)에서의 출력은 0(V)라고 하자. 에일러론(Aileron)도 거의 중립 위치의 상태에 있다.

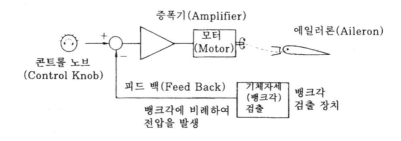

그림 9-5 컨트롤 기능(뱅크)

그리고, 뱅크각 20°로 항공기를 기울이려 하면 콘트롤 노브를 오른쪽으로 뱅크각 20°에 상당하는 위치까지 돌린다. 그렇게 하여 증폭기에 가령 20mV가 가해진다고 하자. 증폭기는 이 전압을 증폭하여 모터를 구동할 수 있을 때까지 증폭하여 모터를 회전시킨다. 모터 축은 유압 시스템을 매개로 에일러론(Aileron)에 결합되어 있다고 하면 에일러론을 오른쪽으로 기체를 기울이도록 움직인다. 이 항공기의 기울기는 뱅크각 검출 장치(자이로 등으로 구성됨)로 검출되어 거기서 뱅크각에 비례하여 전압을 발생시킨다.

이 전압은 피드 백(Feed Back)되어 입력 전압에 더해진다. 이 때는 네거티브 피드 백이기 때문에 입력 전압을 상쇄하려는 극성에 가해진다. 그래서 항공기가 뱅크되고 뱅크각이 20°가 되면, 뱅크각 검출 장치에서의 출력이 −20mV가 되었다고 하면 증폭기에 가해지는 전압은 20mV−20mV=0(V)이 되어 이 상태에서 모터는 정지하고 뱅크각 20°의 상태로 비행을 계속하게 된다.

즉, 이 예에서는 콘트롤하려는 것은 항공기를 일정한 각도만큼 뱅크시키는 것이므로, 피드 백시키는 신호는 항공기의 뱅크각(에 대응하는 전압)이다. 항공기가 뱅크되고 설정된 뱅크각에 도달했을 때의 피드 백 전압에 의해, 항공기가 정확히 뱅크된 것을 알 수 있다. 이때, 서보 앰프에 가해지는 전압은 0(V)가 되어 항공기는 뱅크된 채 비행하게 되는 것이다. 새로 뱅크각을 설정해서 입력 전압이 변화하면 재차 증폭기에 전압이 가해져 모터가 회전하고 새로 설정된 뱅크각이 되도록 에일러론을 움직인다.

b. 상승률/하강률의 콘트롤

항공기를 앞뒤 방향(Pitch)으로 기울게 하는 콘트롤 기능에 대해서도 마찬가지이다. 이 경우는 일정한 상승률 또는 하강률이 되도록 엘리베이터(Elevator)를 움직여 콘트롤한다. 그림 9-6에 기본 시스템을 나타냈다. 상승률/하강률 콘트롤 휠(Rate of Climb/Rate of Descend, Control Wheel)을 돌리면, 돌린 양에 비례하며 전압이

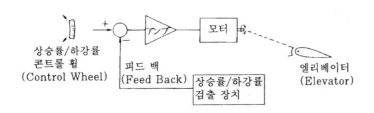

상승률/하강률
콘트롤 휠
(Control Wheel)

피드 백
(Feed Back)

상승률/하강률
검출 장치

アンプ   모터

엘리베이터
(Elevator)

그림 9-6 콘트롤 기능(상승률/하강률)

발생하고 앰프로 증폭되어진 모터가 회전한다. 모터의 회전에 의해 엘리베이터가 움직여 상승 또는 하강하게 된다.

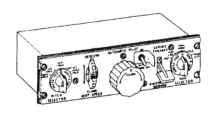

그림 9-7 오토 파일롯 콘트롤러
(Auto Pilot Controller)

항공기의 상승 또는 하강률은 상승률/하강률 검출(Sensor) 장치에 의해 검출되고 상승 또는 하강률에 대응되는 전압이 입력쪽에 피드 백된다. 항공기가 설정된 상승 또는 하강률에 달하면 앰프(Amp)에 가해지는 입력 전압은 0(V)가 되므로 엘리베이터는 정지하고 항공기는 그 상태를 계속 유지한다.

그림 9-7은 오토 파일롯 콘트롤러(Auto Pilot Controller)이다. 그림 중앙에 있는 것이 뱅크각의 콘트롤 노브(Control Hnob)이고 TURN이라고 쓰여 있다. 그 왼쪽에 있는 것이 상승률/하강률 콘트롤 휠(Control Wheel)인데, 이것을 상하로 움직이면 항공기의 상승률/하강률을 콘트롤할 수 있다.

c. 기수 방위 콘트롤

그림 9-8는 기본 계통도이다. 희망하는 기수 방위를 그림 9-9의 CDI 계기의 왼쪽 아래에 있는 Heading Select Knob로 설정한다. 그리고 그림 9-7의 콘트롤러의 HDG SEL 스위치를 ON으로 하면 설정한 코스에 대응하여 전압을 발생시키고, 이것이 앰프로 증폭되어 모터가 회전한다. 이것에 의해 에일러론이 움직여 항공기가 뱅크되고 기수 방위가 변화한다.

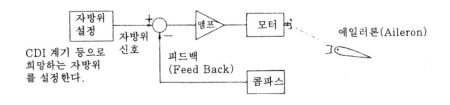

그림 9-8 기수 방위 콘트롤

기수 방위는 콤파스(Compass)로 검출되고 콤파스는 기수 방위에 대응하는 전압을 입력측에 피드 백한다. CDI로 설정된 기수 방위에 기수가 향하게 되면 앰프에 들어오는 입력 전압은 0(V)가 되므로 이 기수 방위로 비행을 계속 할 수 있다.

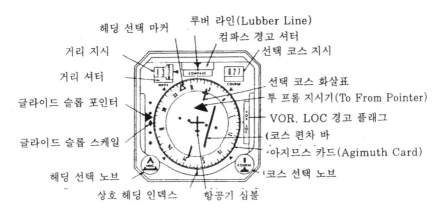

헤딩 선택 마커
루버 라인(Lubber Line)
컴파스 경고 셔터
거리 지시
선택 코스 지시
거리 셔터
선택 코스 화살표
글라이드 슬롭 포인터
투 프롬 지시기(To From Pointer)
VOR. LOC 경고 플래그
글라이드 슬롭 스케일
코스 편차 바
아지므스 카드(Agimuth Card)
헤딩 선택 노브
코스 선택 노브
상호 헤딩 인덱스
항공기 심볼

그림 9-9 CDI 계기 상에서의 기수 방위 선택

이상에서 오토 파일롯의 콘트롤 기능을 살펴보았는데, 이것으로 오토 파일롯의 기본 구성을 이해할 수 있었다고 생각한다. 그림 9-10은 콘트롤 기능을 포함한 기본적인 오토 파일롯의 시스템이다. 먼저 항공기를 어떻게 콘트롤하는지의 명령을 내리는 기능이 필요하다.

인간에 비유하자면 이 부분은 두뇌에 해당하는 것으로 실제의 오토 파일롯에서는 컴퓨터가 담당한다. 컴퓨터는 콘트롤 휠(Control Wheel), CDI, VORDME, ILS, INS, 오메가 등으로부터 입력을 받아 조종면(Control Surface)을 움직이는 적절한 신호를 만들어 낸다.

이 신호는 증폭되어 서보 드라이브(Servo DriVE), 액츄에이터(Actuator) 등이 구동 장치(유압 시스템)를 매개로 조종면을 움직인다. 이것에 의해 항공기의 자세, 방위, 고속, 속도 등이 변화하므로 검출 장치로 검출한다. 그리고 피드 백 루프(feed Back Loop)로 입력쪽에 피드 백한다.

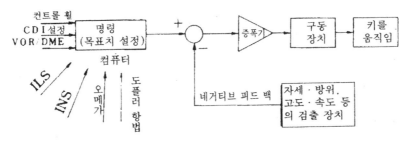

컨트롤 휠
CDI 설정
VOR/DME
명령
(목표치 설정)
증폭기
구동 장치
키를 움직임
컴퓨터
ILS
INS
오메가
도플러 항법
네거티브 피드 백
자세·방위, 고도·속도 등의 검출 장치

그림 9-10 기본적 오토 파일롯 시스템

컴퓨터가 명령 목표치에 도달한 곳에서 증폭기에 들어오는 입력이 0(V)가 되도록 네거티브 피드 백(NegatiVE Feed Back)이 행해지므로 컴퓨터로부터의 명령대로 항공기의 자세, 방위, 고도, 속도를 얻을 수 있다. 이것이 오토 파일롯의 가장 기본적인 개념이다.

B. 안정화 기능

a. 마하 트림 컴펜세이터(MTC:Mach Trim Compensator)

이 기능은 이미 말한 것처럼 제트 항공기 고유의 큰 후퇴각 때문에, 고속이 됨에 따라 기수 하강 경향이 강해지므로 이를 자동적으로 보정하려는 것이다.

그림 9-11은 기본적 계통도이다. 먼저 피토 튜브(Pitot Tube)에서 입력을 받아 에어 데이타 컴퓨터(Air Data Computer)는 속도(마하수)를 계산하고 마하수에 대응하는 필요한 보정량을 계산하여 증폭기로 신호를 보내고 증폭되어진 신호에 의해 구동 장치를 매개로 엘리베이터(Elevator)를 움직인다.

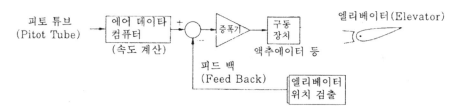

그림 9-11 안정화 기능, 마하 트림 컴펜세이터(MTC)

엘리베이터 위치 검출(Sensor) 장치는 엘리베이터의 위치를 검출하고 이에 대응되는 신호를 발생시켜 입력쪽에 피드 백(Feed Back)한다. 이것에 의해 속도에 대응되는 위치에 엘리베이터의 상승 조종면(Upper Control Surface)이 움직이고 정지한다. 즉, 조종사 대신 엘리베이터를 당기는 것이 되는데, 이 힘은 계속되어 세로의 트림(Trim)이 움직여 0이 된다.

오토 파일롯이라도 조종할 때 이외에는 항상 조타력(Control Force)이 0이 되어야 한다.

b. 요 댐퍼(Yaw Damper)

이 기능도 앞서 말한 것처럼 항공기가 더치 롤(Dutch Roll)에 들어가는 것을

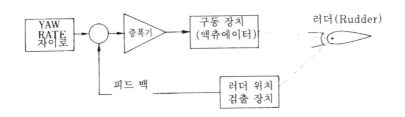

그림 9-12 안정화 기능, 요 댐퍼(Yaw Damper)

방지하기 위한 기능이다. 그림 9-12는 기본 계통도이다.

옆으로 흔들림(Yawing)을 YAW RATE 자이로로 검출하면 요잉(Yawing)의 속도에 비례하여 신호를 발생시키고 이것이 증폭기에 전달된다. 이 신호는 증폭된 뒤, 구동 장치를 매개로 러더(Rudder)를 움직인다. 러더의 움직임은 러더 위치 검출 장치로 검출되어 입력쪽에 피드 백(Feed Back)된다. 요잉 속도에 대응하는 목표 위치로 러더를 움직이면 증폭기의 입력이 없어져 그 위치에서 러더는 정지한다.

이와 같이 항공기가 요잉(Yawing)을 하면 요 레이트 자이로(Yaw Rate Gyro)가 신속히 검출하여 러더를 움직여 요잉(Yawing)에 들어가지 않도록 콘트롤한다. 이것이 요 댐퍼(Yaw Damper)의 역할이다.

C. 유도 기능

a. VOR에 의한 유도

지상 VOR 시설의 전파를 수신하여 항공기를 설정한 VOR 코스로 항행 하기 위해서는 VOR 수신기(VHF·NAV 수신기)로 지상 VOR 스테이션의 주파수를 선택해야 한다. 이것으로 지상 VOR 전파를 수신할 수 있는 상태가 된다.

해당 지상 스테이션(Ground Station)의 VOR의 어떤 코스(예를 들어 자방위로 120°)를 비행하려고 한다면, CDI에서 VOR 스테이션을 향해 120°의 코스를 설정한다. 설정된 코스는 컴퓨터에 입력되고 컴퓨터는 이 값을 기억하게 된다.

이 코스에 진입하려면 항공기를 조종하여(앞에 설명한 콘트롤 기능을 이용하여 조종해도 좋다) 설정한 코스에 대해 그림 9-13에서와 같이 90° 이내에서 교차되도록 비행한다. 설정한 코스에 가까워져 설정한 코스에서 약±2°이내에 오면(이를 Capture라 함) 그림 9-14에서의 컴퓨터는 VOR의 현재 자방위(VOR 수신기로부터의 피드 백 신호에 의해 알 수 있다)와 설정된 VOR 코스와의 차이에 대응되는

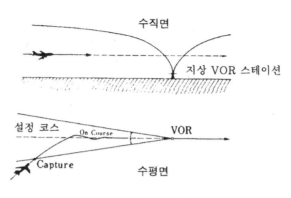

그림 9-13 VOR에 의한 유도

신호를 증폭기에 보낸다. 이 신호는 증폭기에 의해 증폭되어 구동 장치를 매개로 에일러론(Aileron)을 움직여 항공기를 설정된 VOR코스(120°)의 방향으로 향하게 한다.

항공기가 설정한 VOR 코스에 진입함에 따라 설정한 VOR 코스와 VOR 수신기로 부터의 피드 백 신호(VOR의 실제의 방위 정보)와의 차이가 작아져 항공기가 설정한 VOR 코스를 비행하는 상태가 되면 증폭기 입력은 0(V)가 되어 이 상태 (On Course)에서 비행을 계속하게 된다.

이렇게 VOR을 이용하여 항공기를 유도하고 소정이 코스로 이끌 수 있는 것이다.

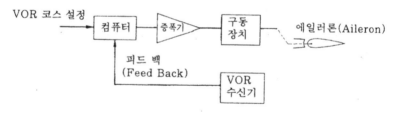

그림 9-14 VOR에 의한 유도 기능 기본 계통도

b. ILS에 의한 유도

ILS에 의한 유도는 항공기를 운항하는데 있어 매우 중요한 기능이며, 오토 파일롯이라고 하면 ILS에 의한 유도가 최초로 떠오를 정도이기까지 하다. 최종적으로는 자동 착륙까지 가능하게 하는 기능이므로 이 계통은 고도의 신뢰성이 요구된다. 여기서는 ILS 유도의 기본 시스템만을 그림 9-15 및 그림 9-16을 이용하여 설명하겠다.

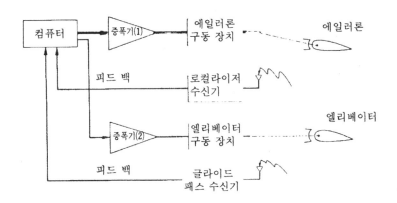

그림 9-15 ILS에 의한 유도 기능

지상 ILS 시설의 전파를 수신하여 항공기를 ILS 코스로 진입하기 위해서는 VOR에 의한 유도와 같이 먼저 ILS 수신기(VHF·NAV 수신기)로 지상 ILS스테이션의 주파수를 선택한다. 이것으로 지상 ILS 전파를 수신 가능한 상태가 된다. 이어서 ILS의 유도 전파(Localizer 및 Gliode Path의 2종류의 전파가 발사되고 있다)가 수신 가능한 위치로 항공기를 접근시켜야 한다.

보통, ILS의 아우터 마커(Outer Maker)의 위치에는 콤파스 로케이터(Compass Locator:소전력의 NDB)가 설치되어 있으므로 조종사는 ADF의 주파수를 해당 콤파스 로케이터의 주파수에 맞추어 ILS 전파를 수신하며 ADF를 이용하여 항공기의 헤딩을 향하게 한다.

그림 9-16 (b)에서처럼 최초 로컬라이저 전파가 수신된다. (Localizer는 수평 유도 전파를 발사하고 있다) 로컬라이저 빔(Beam)의 중심에서 약2°(계기상의 2Dot)의 위치에 오면(이를 Capture라 함) 선회가 시작된다. 즉 그림 9-15는 ILS에 의한 기본적인 서보 시스템(Servo System)인데, 그림에서 로컬르이저 수신기가 로컬라이저 전파를 수신하면 이 정보를 컴퓨터에 피드 백(Feed Back)한다.

컴퓨터는 이 신호에 의해 현재 항공기가 로컬라이저 코스의 우측 또는 좌측으로 어느 만큼 편위되어 비행하고 있는지를 알 수 있다. 즉 온 코스(On Course)에서 어느 쪽으로 떨어져 있는가 정보를 알게 되어 온 코스(On Corse)에서 좌측 또는 우측으로 떨어져 있는 편위에 대응되는 극성의 전압을 만들어서 항공기가 Capture 위치에 오면 이들 증폭기(1)에 가한다.

승폭기(1)에 의해 증폭되어진 신호에 의하여 구동 장치를 매개로 에일러론(Aileron)이 움직인다. 이것에 의해 항공기는 선회하기 시작하고 온 코스(On Course) 진입 방향을 향하게 된다. 항공기가 온 코스에 접근하면 점차로 증폭기에 가해지는 전압이 감소되어 온 코스가 되면 0(V)이 되고 항공기는 온 코스를 비행한다.

한편 글라이드 패스(Glide Path) 전파(이것은 수직면 내의 유도 전파)를 수신하기 위해서는 그림 9-16 (a)와 같이 보통 약 1,000ft의 고도에서 ADF를 이용하여 콤파스 로케이터(Compass Locator)의 방향을 잡는다.

로컬라이저 전파 수신이 계속되어 글라이드 패스 전파가 수신가능하게 되면 그림 9-15의 글라이드 패스 수신기에서 피드 백 신호가 나와, 컴퓨터는 현재, 항공기가 강하 경로의 온 코스 상에서 상하로 얼마만큼 떨어져 있는지 감지한다. 보통, 강하 경로는 2.5°~3°의 경사로 되어 있다.

컴퓨터는 항공기가 설정한 강하 경로에 대해, 어떤 일정한 각도 내에 오면(이것을 Capture라 함) 온 코스(On Course)에서 위 또는 아래로 떨어져 있는 편위에 대응되는 극성의 전압을 만들어 이를 그림 9-15의 증폭기 (2)에 가한다. 증폭기 (2)에 의해 증폭되어진 신호에 의해 구동 장치를 매개로 엘리베이터가 움직인다. 이에 의해 항공기는 글라이드 패스에 진입하도록 피치(Pitch)를 변화하여 글라이드 패스에 정확히 진입하면 증폭기에 가해지는 전압은 0(V)가 되므로 항공기는 온 코스 상을 비행하게 된다.

처음에는 로컬라이저 빔(Localizer Beam)이 Capture되고 이어서 글라이드 패스 빔(Glide Path Beam)이 Capture되는 순서로 항공기는 ILS 코스에 오르게 된다. 글라이드 패스 전파에 의한 실제의 피치축의 콘트롤은 컴퓨터로 계산되어진 적절한 강하율이 되도록 증폭기 (2)로의 입력이 콘트롤되어진다.

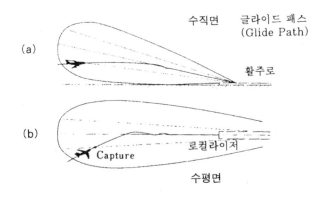

그림 9-16 ILS에 의한 유도

c. INS에 의한 유도

그림 9-17은 INS를 이용하여 자동 조종을 하는 계통도이다.

이때, 그림 (b)에서처럼 조종사는 미리 비행하려는 비행 코스를 INS에 입력한다. 이것은 출발지에서 목적지까지 통과하는 웨이 포인트(Way Point)를 INS에 입력하면 된다. 이것에 의해 INS의 컴퓨터(Computer)는 웨이 포인트에서 웨이 포인트로 가는 코스를 계산하고 설정한다.

한편, 실제로 항공기가 비행하고 있는 코스는 INS에 의한 위치 정보로서 시시각각 산출되어 컴퓨터에 피드 백되어지므로, 이 값과 코스 설정치와 비교하여 차이가 있으면 이것을 증폭기에 입력한다.

아래의 서보 시스템(Servo System)은 이 차이가 없어지도록 조종면을 움직여 수정하고, 항상 설정된 코스를 비행하도록 자동적으로 수정하며 비행하므로, 조종사는 가만히 있어도 된다. 이에 의해 태평양 횡단의 장거리 비행에서는 조종사가 항상 조종 핸들을 잡지 않아도 되므로 큰 워크 로드(Work Load)의 경감이 되었다.

이상이 오토 파일롯의 기본적인 설명이었는데, 실제의 계통은 증폭기의 게인(Gain)을 활주로로부터의 항공기의 위치에 의해 콘트롤하는 것(Gain Programing), 복잡한 시퀀스(Sequential Control)를 실수 없이 실행하기 위한 인터락크 회로(Interlock Cuircuit) 등의 기구가 포함되어 있다.

[참고] 증폭기의 게인 프로그래밍(Amplifier Gain Programing)

지상의 ILS 시설의 전파의 세기는 활주로에 다가감에 따라 점차로 감쇄되어진다. (오차가 커짐) 또 항공기가 활주로에 가까이 가면, 입력 변화에

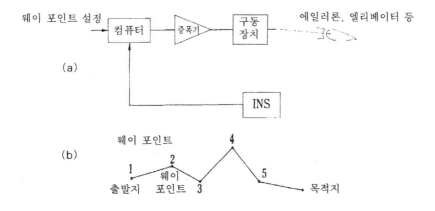

그림 9-17 INS에 의한 오토 파일롯

민감하게 따르게 되므로 항공기가 위험하게 된다. 이 때문에 증폭기의 게인(증폭도)을 항공기의 활주로로부터의 위치(이것은 마커 등에 의해 알수 있음) 또는 전파 고도계에서 절대 고도의 정보를 얻어 자동적으로 콘트롤하고 있다. 즉, 활주로에 가까이 감에 따라 증폭기의 게인을 적절하게 하여, 완만한 진입이 되도록 되어 있는 것이다.

또 오토 파일롯의 전체 시스템에 있어서 롤(Roll) 축과 피치(Pitch) 축은 다음 관계가 있다. 즉, 선회할 때 뱅크 때문에 양력(Lift)이 약간 감소하므로고도가 저하 되는것을 막기 위해 상승 조종면(Upper Control Surface)을 잡듯이, 선회 신호를 보낼 때에는 반드시 피치축(엘리베이터)에도 신호를 보내 양력을 보정하고 있다.

이 관계를 없애면 롤축과 피치축은 서로 독립된 것이 된다. 또, 불균형한 선회를 하기 위한 신호(이를 Turn Cordination Signal이라 함)를 러더의 콘트롤 서보(Rudder Control Servo)로 보내어 불균형한 선회를 가능하게 하고 있다. 이것은 보통 요 댐퍼(Yaw Damper)이 기능에 포함된다.

또, 오토 파일롯 시스템에 있어 중요한 조종면의 작용을 좋게 하는 기술 및 서보 계통의 안정화를 위한 기술 등이 사용되고 있다. 즉 항공기 자세가 급히 변화되어 조종사에 의해 수동 조작(Manual Control)을 할 경우, 빨리 콘트롤 휠(Control Wheel)을 잡아 회복해야 하듯이, 콘트롤 휠은 빨리 조작되어져야 한다.

한편, 자세가 선회되어 가고 수평 레벨로 돌아오기 전에 콘트롤 휠을 중립 위치(Neutral Position)로 돌려 항공기가 관성에 의해 오버 슈트(OVEr Shoot)되지 않도록 콘트롤 휠을 잡을 필요가 있다. 이같은 조종사의 메뉴얼 조작을 오토 파일롯에서도 완만하게 할 필요가 있다.

이제까지 설명했듯이 오토 파일롯의 서보 시스템을 구성한다고 하면, 과연 이 시스템은 안정적으로 작동하는가의 여부가 문제가 된다. 이는 빨리 콘드롤 휠을 작동시키려고 증폭기의 증폭도를 높여가면 그림 9-18(a)처럼 목표치에 대해 오버 슈트(OVEr Shoot)되는 것으로 이러한 상태는 바람직하지 않다.

이것을 피하기 위해 증폭도를 낮춰가면 그림 (b), (c)처럼 되어 진동은 없어지지만 목표치에 근접하기까지는 시간이 많이 걸린다.

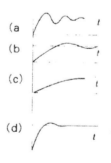

그림 9-18
일정한 목표치에 대한 응답(d)가 최량

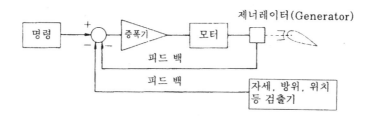

그림 9-19 오토 파일롯의 응답 성능 및 안정성을 개선하기 위해
제너레이터에서도 네가티브 피드 백을 함

다시 말해서 응답이 나빠져 쉽게 자세가 원래대로 돌아가지 않게 된다. 이같이 증폭기의 증폭도를 조정하는 것만으로는 응답 성능이 좋고 안정된 서보 시스템을 구성하기 어렵다.

그래서 이것을 개선하기 위해 이용되는 것이 그림 9-19과 같은 시스템이다. 이것은 기본 계통도에 제너레이터(Generator)를 추가하여 제너레이터를 모터로 구동시킴으로서 모터의 회전 속도에 비례하는 신호를 추출하여 이를 보통의 네가티브 피드 백(NegatiVE Feed Back)과 동시에 네거티브는 빨리 회전하려 한다. 그러므로, 이 빠른 변화율을 제너레이터가 감지하여 제너레이터부터의 신호가 커져 이것이 입력에 네거티브 피드 백되므로, 입력 신호를 그만큼 없애고 서보 모터가 빨리 회전하려 하는 것을 제동하게 된다. 그래서 안정화된 비율로 증폭도를 높여 응답을 좋게 할 수 있게 된다.

이렇게 하여 오토 파일롯의 응답을 좋게 하고 콘트롤 휠의 작동을 양호하게 함과 동시에, 서보 시스템이 불안정하게 되지 않는다. 이 결과, 일정한 목표치에 대한 응답 특성은 그림 9-18 (d)와 같이 완만하게 목표치에 도달하게 된다.

2) 운용

오토 파일롯은 항공기와 밀접한 관계에 있으므로 여러가지 형식의 오토 파일롯 시스템이 출현하고 있다. 여기서는 일반적이고 기초적인 운용에 대해 DC-9에 탑재되어 있는 오토 파일롯을 중심으로 설명하겠다. (그림 9-7의 오토 파일롯 콘트롤러를 참조)

A. 전력 공급 및 싱크로 모드

오토 파일롯을 인게이지(Engage) 하기 전에 먼저 전력을 공급할 필요가 있다. 전력을 공급해도 에일러론이나 엘리베이터는 작동되지 않는다. 즉, 오토 파일롯을 인게이지하기 전에 컴퓨터는 해당 항공기의 자세 및 방위 등을 알고 있을 필요가 있다. 그 이유는 오토 파일롯의 증폭기에 인게이지함과 동시에 불시에 과대한 입력이 되어 위험한 상태가 발생하지 않도록 하기 위해서이다. 전력이 공급되면 오토 파일롯의 컴퓨터는 각 센서에서 얻어진 피드 백 신호를 기초로 항공기의 자세, 방위 등을 추적하여 오토 파일롯 증폭기에 들어오는 입력 전압이 0(V)이 되도록 한다. 이 상태를 싱크로 모드(Sychro Mode)라고 부른다.

이 상태에서 다음의 오토 파일롯 인게이지로 간다.

또, 보통 각 구동 장치의 스위치는 ON으로 하고, 콘트롤러(그림 9-7)의 Turn Knob는 디텐트(Detent) 상태(중립 위치)로 해둔다.

B. 오토 파일롯 인게이지(Manual Mode)

오토 파일롯은 인게이지(Engage)하기 전에 다음의 조건이 필요하다.
① 이륙 후에 인게이지 한다.
② 충분히 트림(Trim)을 취한 뒤 인게이지 한다.
③ 항공기의 자세(Roll Pitch)가 있는 한계 내에서 인게이지 한다.

C. 콘트롤 기능

a. 롤축(Roll Axis)
① 헤딩 홀드 유지(Heading Hold)

뱅크각이 약 30°이내에서 오토 파일롯을 인게이지하면 오토 파일롯에 의해 점차로 항공기는 수평(Wing LeVEl)을 되찾게 된다. 그리고 날개 수평(Wing LeVEl)이 되었을 때의 방위를 취해 이 상태를 유지한다. 이 상태를 헤딩 홀드 모드(Heading Hold Mode)라고 한다. 이 모드에서는 방위가 일정하게 유지되므로 선회할 수 없다.

② 턴 노브 모드(Trun Knob Mode)

턴 노브를 사용한 콘트롤 기능에 대해서는 이미 설명한 것처럼 기본적인 콘트롤 기능으로 콘트롤러(그림 9-7)의 오른쪽 끝에 있는 Nav Selector를 TURN KNOB의 위치로 하여 턴노브를 디텐트(Detent:중립위치)에서 밖으로 좌우로 돌림으로서 할 수 있다. 턴노브가 중립 위치에 있을 때는 헤딩 홀드 모드가 되어 있다.

③ 헤딩 셀렉트 모드(Heading Select Mode)

선회할 때에는 턴노브를 이용해도 좋지만, 미리 설정한 방위로 향하게 해둘 경우는(그림 9-9) CDI 계기상의 설정 방위를 셋트한 뒤 콘트롤러(그림 9-7)의 헤딩 셀렉트 스위치를 ON으로 한다. 이때 턴노브는 디텐트 위치, NAV SELECTOR는 TURN KNOB의 위치에 둔다.

b. 피치축(Pitch Axis)

① 버티컬 스피드 모드(VErtical Speed Mode)

콘트롤러(그림 9-7)의 PITCH SELECTOR는 오토 파일롯을 인게이지 하기 전에 보통 VERT SPEED의 위치에 놓여진다. 오토 파일롯이 인게이지되면 그때의 상승률/하강률이 유지된다. 이 상승률/하강률을 바꿀 경우에는 콘트롤러(그림 9-7)의 상승률/하강률 콘트롤 휠(Control Wheel)을 상하로 움직이면 된다.

② 앨티튜드 홀드 모드(Altitude Hold Mode:고도유지)

항공기가 상승 또는 하강하여 희망하는 기압 고도에 근접한 뒤 콘트롤러(그림 9-7)의 PITCH SELECTOR를 ALT HOLD로 한다.

③ 피치 홀드 모드(Pitch Hold Mode)

난기류 속을 비행하는 경우는 피치의 변화가 심하므로, 이 모드를 사용하여 비행한다. 콘트롤러의 PITCH SELECTOR를 PITCH HOLD로 하면 실행된다.

위에서 오토 파일롯이 인게이지 수의 메뉴얼 모드를 대략 살펴보았다. 또, 오토 파일롯의 안정화 기능인 요 댐퍼(Yaw Damper) 또는 MTC는 보통 오버 헤드 판넬(OVEr Head Panel) 스위치로 작동시킨다. 요 댐퍼는 일단 오토 파일롯을 인게이지하면 오버 헤드 스위치에 관계없이 요 댐퍼의 기능이 계속된다.

D. 자동 조종 기능

자동 조종은 이미 설명한 바와 같이 VOR, ILS, INS등의 유도 정보를 기초로 하여 오토 파일롯에 의해 자동적으로 항공기를 비행시키는 것이다.

a. VOR에 의한 유도

VOR에 의해 유도를 할 경우에는 먼저 VOR 수신기를 지상 VOR국의 주파수에 맞춘 뒤 VOR국을 향한 코스 CDI로 설정한다. 앞서 설명한 이 VOR 코스에 캡춰(Capture)되게 하려면 턴노브를 움직이거나, 또 헤딩 셀렉트를 사용하여 설정 코스에 메뉴얼 모드로 기수 방위를 향하게 한 뒤 콘트롤러의 NAV SELECTOR를 NAV/LOC의 위치로 한다. 이것에 의해 롤축은 헤딩 홀드 모드가 되고 현재의 기수 방위가 유지된다. 이 단계가 암(ARM)이라 부르는 준비 단계이다. 점차로 설정된 코스에 근접하여 설정 코스의 약 ±2.5°의 범위에 달하면 캡춰의 단계가 되어 롤 컴퓨터(Roll Computer)에서 명령이 나와 선회가 시작된다. 그 뒤는 온 코스(ON Course)가 되도록 오토 파일롯에 의해 자동적으로 비행을 할 수 있게 된다. 지상 VOR 상공에 오면 VOR국에서 나오는 전파가 약해지므로, 이 사이는 VOR의 신호는 사용하지 않고 그때까지의 기수방위를 유지하여 VOR 상공을 통과한다. 다시 VOR의 강한 신호를 얻을 수 있게 되면 자동적으로 원래의 상태로 돌아가게 되어 있다.

b. ILS에 의한 유도(자동 진입 착륙)

ILS에 의한 유도는 먼저 로컬라이저(Localizer)에 의해 활주로의 중심선의 연장선상에 항공기를 유도한 뒤, 글라이드 패스(Glide Path)에 의해 2.5~3°의 강하각이 되도록 유도한다. 그 때문에 지상의 로컬라이저 시설의 전파는 글라이드 패스의 전파보다 더 멀리까지 발사되고 있다.

① 로컬라이저에 의한 유도

로컬라이저에 의해 항공기를 활주로 중심선의 연장선상에 오게 하기 위해서는 ILS 수신기를 지상 ILS국의 주파수로 맞추어야 한다. 그리고, 로컬라이저 코스를 CDI에 셋트한 뒤, 콘트롤러의 NAV SELECTOR를 NAV/LOC 또는 ILS의 위치를 둔다. VOR의 경우와 같이 Turn Knob 또는 Heading Select를 이용하여 로컬라이저의 전파를 타기 위해 기수를 돌린다. 이 단계가 암(Arm) 단계이다. 이어서, 로컬라이저 코스에 가까이 가서 로컬라이저빔의 중심에서 약 ±2.5°의 범위에 오게 되면 캡춰(Capture) 단계가 되어 선회가 시작된다. 그리고 그 뒤는 온 코스가 되도록 로컬라이저의 전파를 이용하여 온코스가 되면 오토 파일롯에 의해 자동적으로 비행하게 된다.

② 글라이드 패스에 의한 유도

글라이드 패스의 전파를 타기 위해서는 보통 고도 1,000ft 정도의 높이에서 강하 경로의 아랫쪽으로부터 글라이드 패스의 전파를 잡는다. 먼저, ILS 수신기를 지상의 ILS국에 동조시킨다. 이 조작은 이미 로컬라이저의 전파를 타기 위해 행해져 있다. 콘트롤러의 NAV SELECTOR를 이번에는 ILS의 위치에 놓는다. 이 단계는 암의 단계이다. 그리고 글라이드 패스의 전파가 수신되어 캡춰의 단계가 되면 피치 컴퓨터(Pitch Computer)는 강하 경로(글라이드 패스)에 탈 수 있도록 엘리베이터를 콘트롤하여 온 코스의 강하 경로에 항공로를 유도한다.

오토 파일롯에 의한 유도는 미들 마커 부근까지이다. 미들 마코(Middle Marker)의 위치는 진입 활주로 끝에서 약 1Km인 지점에 있고, 이 때의 항공기 고도는 60m이다. 이 위치는 대략 결심 고도(DH)로서 여기서 조종사는 활주로에 착륙하던지, 또는 진입을 다시 할 것인지를 결심하게 된다. 다시 말해서 시계가 나쁜 날씨라도 오토 파일롯을 이용하면 미들 마커 부근까지 항공기를 자동적으로 유도할 수 있다. 카테고리(Category) Ⅱ ILS 시설의 경우에는 인너 마커(Inner Marker) 부근까지 유도가 가능하다. 카테고리 Ⅲ ILS 시설에서는 자동 착륙까지 행할 수 있다. 단지 이때는 전파 고도계가 필요하며, 이 절대 고도(지면으로부터의 높이)를 기초로 착륙 전에 필요한 플레어 조작을 자동적으로 할 필요가 있다.

이와 같이 오토 파일롯은 조종사의 부담 경감 및 항공기의 안전한 운항 등에 매우 유효하며, 오늘날 항공기의 안전 운항에 있어서 매우 중요한 역할을 하고 있다.

9-3. 오토 스로틀 시스템(Autothrottle System)

B747형 항공기에 장비되어 있는 오토 스로틀 시스템은 주로 항공기가 강하, 진입, 착륙을 할 때에 항공기 속도를 미리 설정한 속도로 유지하는 장치이다.

그림 9-20에 나타낸 것같이 오토 스로틀의 서보 모터는 체인(Chain)으로 클러치 팩 어셈브리와 이어져 있고, 클러치 팩은 서보의 움직임을 4개 파워 레버(Power LeVEr)에 전한다. 파워 레버는 엔진 콘트롤 케이블로 각 엔진의 연료 조절 장치(fuel Control Unit)에 이어져 있고 연료의 유량을 바꾸어 엔진 추력을 조절한다.

오토 스로틀 시스템은 수동, 자동 조종의 어떤 경우에도 사용할 수 있으며 조종사가 수동으로 추력 설정을 하고 있을 때는 오토 스로틀을 인게이지한 대로라도 파워 레버에 31b 이상의 힘을 가하면 클러치가 파워 베버를 자유로이 움직일 수가 있다. 단, 그대로 손을 떼면 서보 모터가 원래의 위치까지 파워 레버를 되돌려 버리므로, 속도 설정을 다시 하던지 디스인게이지(Disengage)할 필요가 있다.

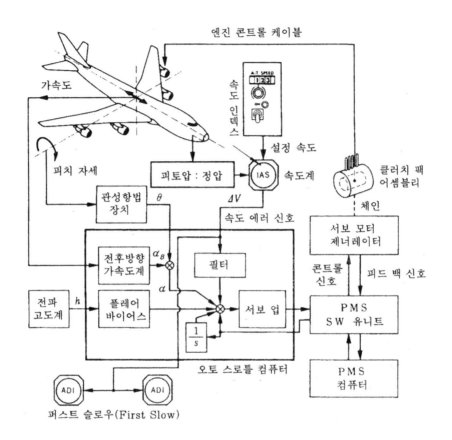

그림 9-20 오토 스로틀 시스템 계통

　오토 스로틀 시스템의 속도 설정은 오토 스로틀 콘트롤 판넬의 속도 설정 노브로 100kt에서 260kt까지 선택할 수 있다. 설정 속도는 판넬 위에 디지탈 표시됨과 동시에, 기장과 부조종사의 지시 대기 속도계의 속도 인덱스(Speed Index)가 설정 속도를 지시한다.

　실제의 지시 대기 속도와 설정 속도의 차이, 즉 속도 에러 신호는 기장쪽의 지시 대기 속도계에서 오토 스로틀 컴퓨터에 보내진다. 또, 이 신호는 ADI(자세계)에도 전달되고, 퍼스트 슬로우(First Slow)계에 표시된다. 실제의 속도가 설정한 속도보다 빠른 경우는 퍼스트쪽(윗방향)에 흔들린다. 2돗트(Dot)가 10kt에 상당한다. 속도차가 10kt을 넘으면 경보등이 앰버 라이트(Amber Light)로 지시된다.

오토 스로트 시스템은 오토 스로틀 판넬의 인게이지 스위치를 ON 위치로 하면 인게이지되고 라이트가 그린으로 점등한다.

조종사가 파워 레버에 손을 넣은대로 디스인게이지할 수 있게 되어 있으며, 다음 조작으로 디스인게이지할 수 있다.

① 오토스로틀 디스컨넥트 스위치(Disconnect Swith:No.1과 No.4의 파워 레버에 붙어 있다)를 누른다.
② AP/FD 고 어라운드 스위치(Go Around Swith:No.2와 No.3의 파워 레버에 장착되어 있다)를 누른다.

어떤 경우라도 자동 조종 장치의 모드(Mode) 표시기에 있는 오토 스로틀 경고등이 레드(Red)로 점멸하여 디스인게이지 중인 것을 알린다.

오토 스로틀 시스템에는 퍼스트 리미트 스위치와 아웃 리미트 스위치가 있으며, 4개의 파워 레버 중 가장 추력을 내고 있는 엔진(전방에 가장 가까운 곳)의 파워 레버가 포워드 리미트 스위치(Foward Limit Switch)에 도달하면 정지하여 그 이상으로 엔진 추력을 발생하는 일이 없도록 하고 있다. 반면, 가장 추력이 적은 엔진의 파워 레버(가장 아웃측에 있다)가 아웃 리미트 스위치(Out Limit Switch)에 도달하며 엔진 추력이 더 이상 최소로 되지 않도록 한다.

오토 스로틀 시스템의 기본 신호는 속도 에러 신호 ΔV이다. 오토 스로틀 컴퓨터는 속도 에러가 없어지는 방향으로 파워 레버를 움직인다. 컴퓨터에는 가속도계가 있어서 전후 방향(가로 방향)의 가속도를 검출하여 덤핑(Dumping)에 사용하고 있다. 예를 들면 실제 속도가 설정 속도보다도 4kt 늦어진 경우, 컴퓨터는 파워 레버를 전방쪽으로 밀면 가속하기 시작한다. 약 2kt/s의 가속도가 작용했을 때 파워 레버는 그 위치에서 정지한다. 얼마있지 않아 속도가 증가하고 속도 에러가 2kt까지 줄어들면 이번에는 가속도계의 출력이 속도 에러보다 커지고 약 1kt/s의 가속까지 파워 레버를 아웃으로 되돌린다. 이렇게 하여 서서히 레버를 되돌려서 최초의 위치에서 약간 전방쪽으로 정지하고 설정 속도를 유지한다.

가속도계는 컴퓨터 안에 있고 항공기에 직접 장치되어 있으므로, 항공기의 피치 자세에 상당하는 중력 가속도도 검출하고 있다. 그래서 INS에서 피치각을 컴퓨터에 보내고 중력 가속도를 보정하여 항공기의 전후 방향의 가속도 성분에 수정하여 사용하고 있다. 설정 속도와 실제 속도가 일치하고 있을 때, 항공기가 상승 자세를 취하면 가속도계에서는 중력 가속도 성분에 의해서 마치 가속하고 있는 것 같은 출력이 나오지만, 이것은 피치각으로 보정되어 가속도 성분은 "0"으로 수정되어 파워 레버는 움직이지 않는다. 상승에 따라서 속도가 저하하기 시작하면 처음 파워 레버를 전방쪽으로 밀면 항공기 속도를 유지한다.

자동 조종 장치의 자동 착륙 모드를 사용하고 있을 때는 전파 고도계의 고도가 53ft에 달하면 플레어(Flare)가 시작된다. 이대로 강하하여 30ft에 달하면 오토 TM로트 컴퓨터는 파워 레버를 2(도/s)의 속도로 아이들(Idle)까지 감속한다.

퍼포먼스 메네지먼트 시스템(PMS:Performance Management System)에 의한 속도 조절도 오토 스로틀의 서보 모터로 한다. PMS는 전파 고도계의 고도 2,500ft 이상에서 사용할 수 있으며 PMS를 사용할 때는 다음 조작이 필요하다.

① PMS의 상승, 순항, 강하의 모드를 선택한다.(착륙 모드에서는 사용할 수 없다)
② 피치 판넬로 설정 고도를 설정한다. (상승, 강하일 때는 1,000ft 이상 떨어진 고도)
③ 1계통의 플라이트 디렉터를 ON으로 하든지, 1계통의 자동 조종 장 치를 CMD로 인게이지한다.
④ 터뷰런스 스피드 모드 스위치(Turbulence Speed Mode Switch)를 PMS에 셋트한다.
⑤ 오토 스로틀 인게이지 스위치를 ON으로 한다.

이것으로 오토 스로틀 서보가 PMS를 디스인게이지하는 수단은 오토 스로틀의 디스인게이지 방법과 같다.

9-4. 요 댐퍼 시스템(Yaw Damper System)

보조 날개 서보 모터(Servo Moter)는 항상 항공기의 좌우 기울기를 잃도록 작용하여 날개를 수평으로 유지하며, 엘리베이터 서보 모터는 항상 수평 비행하도록 수평이라고 하는 목표치에 향하여 제어하고 있다. 그러면 러더(Rudder) 서보 모터는 항상 기수 방위를 일정하게 유지하는 작용을 하고 있는 것일까? 실제로는 이 기능을 다하고 있는 것은 보조 날개 서보 모터이며 방향타 서보 모터가 아니다. 방향타 서보 모터는 더치 롤(Dutch Roll)의 방지와 균형 선회(Coordinaterl turn)을 위해 이용되고 있다.

더치 롤은 롤링(Rolling)과 요잉(Yawing)을 동반한 주기 2~20초 정도의 불안정한 운동으로서 요잉을 멈추면 자연히 가라앉는다. 요잉은 요축의 움직임이므로 선회계 또는 요 레이트 자이로로 검출된다. 요 레이트 자이로(Yaw Rate Gyro)로 검출한

요각 속도 신호는 덧치 롤에 의한 성분만을 검출함로 0.05~0.5Hz의 밴드 패스 필터를 통한 후, 그림 9-21에 나타낸 것 같이 방향타를 제어하고 있다.

요 레이트 자이로의 출력은 선회에 의해서 생기는 레이트 신호와 더치 롤에 의한 신호가 포함되어 있다. 이중 더치 롤에 의한 신호는 기체 진동 주기의 0.05~0.5Hz 정도가 진동한 신호이다. 러더와 에일러론이 균형이 잘 맞아 균형 선회하고 있을 때, 레이트 자이로에서는 선회률에 비례한 거의 직류 출력이 얻어진다. 이 경우는 러더를 움직일 필요가 없으므로 요 컴퓨터로는 레이트 자이로의 출력중 직류 성분은 없애지 않으면 안된다. 이를 위해서 사용되고 있는 것이 밴드 패스 필터(band Pass Filter)이다. 요 덤퍼 컴퓨터로는 교묘히 더치 롤 신호만을 감지하여 방향타 서보 모터를 끼워서 러더를 움직이고 더치 롤을 방지하고 있다.

그림 9-21와 같은 요 댐퍼 시스템으로 더치 롤을 방지할 수 있는 것을 알 수 있었지만 왜 균형 선회를 할 수 있는 것일까? 오토 파일롯의 콘트롤러를 조작하여 에일러론을 움직여 선회 조작에 들어가면 기체에는 횡흔들림에 동반하여 선회 중심 방향으로 기수가 향하는 방향으로 러더를 조작한다. 이에 의해서 조금씩 요잉을 계속하여 수정하면 기체는 균형 선회를 시작한다. 이때 요 레이트 자이로의 출력은 거의 직류 성분만이 되고, 밴드 패스 필터를 통과할 수 없고 방향타는 정지하며 항공기는 균형 선회를 계속하게 된다.

보통, 오토 파일롯에는 요 댐퍼와 오토 파일롯 2개의 인게이지 스위치(결합 스위치)가 있으며 요 댐퍼만을 사용할 수 있게 되어 있고, 오토 파일롯을 사용할

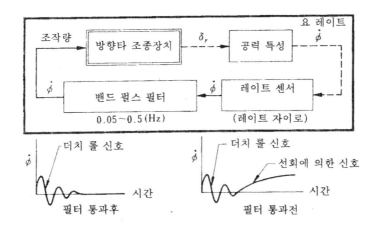

그림 9-21 요 댐퍼 컴퓨터 시스템

경우는 미리 요 댐퍼를 인게이지해 두지 않으면 안된다.

9-5. 싱크로나이제이션(Synchronization)

오토 파일롯에서 중요한 것은 인게이지(Engage)하거나 디스인게이지(Disengage)했을 때, 기체에 동요를 주지 않도록 잘 제어하는 것이 중요하며 이 작용을 하는 회로를 싱크로나이제이션 회로(Synchronization Circuit)라고 부르고 있다.

그림 9-22와 같은 피치 컴퓨터를 장비하고 있는 항공기가 상승하면서 오토 파일롯을 인게이지했을 경우를 생각해 본다. 최초 디스인게이지 상태로 비행하고 있었으므로, 엘리베이터 서보의 클러치는 디스인게이지되고 서보는 버티컬 자이로(VErtical Gyro)로부터 피치 신호로 회전하지만, 결국 싱크로에서의 위치 피드 백 신호와 같게 정지하고 있다. 이 상태로 인게이지하면 엘리베이터에는 아무런 변화가 없으므로 항공기는 인게이지했을 때의 피치 자세를 계속 유지한다.

그림 9-23와 같은 롤 컴퓨터를 장비하고 있는 항공기가 우선회하면서 오토 파일롯을 인게이지한 경우를 생각해 본다. 최초 디스인게이지의 상태로 비행하고 있었으므로 에일러론 서보의 클러치는 디스인게이지되어 서보는 단독으로 회전하고

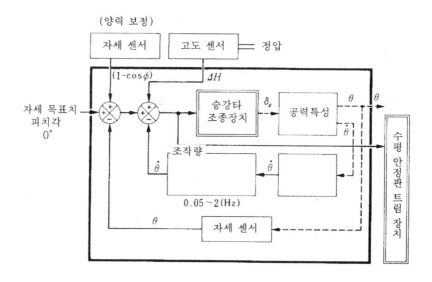

그림 9-22 피치 컴퓨터(Pitch Computer)

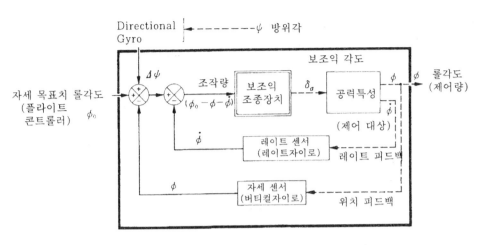

그림 9-23 오토 파일롯 롤 찬넬(Autopilot Roll Channel)

버티컬 자이로의 롤 신호에 따른 위치에서 정지하고 있다.

　이 상태로 인게이지하면 우선 자이로의 신호가 제거된다. 그때문에 항공기는 수평 방향으로 되돌아오기 시작하고 우 5°~6°까지 자세가 회복하면 다시 버티컬 자이로에 의한 제어가 시작되면 동시에 그때의 기수 방위로 유지하게 된다. 즉, 오토 파일롯을 인게이지하면, 롤 축은 그 자세를 유지하는 것이 아니고 날개가 수평 위치로 되돌아오는 것이다.

9-6. 오토매틱 스태빌라이저 트림 시스템
(Automatic Stabilizer Trim System)

　자동 조종 장치를 사용하여 비행하고 있을 때 피치 자세는 엘리베이터에 의해서 콘트롤되고 있지만, 연료 소비와 승객의 이동 등에 의해서 피치 트림에 이상이 발생하므로 엘리베이터가 약간 움직인 위치에서 트림을 잡을 수 있게 된다. 이럴 때 자동 조종 장치를 디스인게이지하면 엘리베이터는 독립 위치로 되돌아오므로 엘리베이터가 움직이고 있던 값만 미스 트림(Miss Trim)이 되고 기의 자세가 변화해 버린다. 이와 같은 현상을 피하기 위하여 엘리베이터가 어느 각도 이상 편위를 계속하면 수평 안정판을 움직여 트림을 잡고 엘리베이터가 중립 위치로 되돌아 오도록 하는 오토매틱 스태빌라이저 트림 시스템이 장비되어 있다. 트림 시스템은 2계통이 있으며 자동 조종 장치의 A채널을 시용하고 있을 때는 A 트림 시스템이 작동하고, B채널을 사용하고 있을 때는 B 트림 시스템이 작동한다. 양채널이 작동하고 있을 대는 A, B 트림 시스템이 작동하고, 한쪽의 시스템이 작동하고 있을 때는 남은 시스템은 언제라도 교체하여 트림할 수 있도록 스탠바이(Standy) 상태가 되어 있다.

　항공기가 저속으로 비행하고 있을 경우는 엘리베이터가 다소 편위하여 엘리베이터의 효과가 나쁘므로, 수평 안정판을 움직여 트림을 잡을 필요는 없다. 그러나 고속으로 비행하고 있을 경우는 엘리베이터가 다소 편위하여 엘리베이터의 효과가 나쁘므로, 수평 안정판을 움직여 트림을 잡을 필요는 없다. 그러나 고속으로 비행하고 있을 경우는 엘리베이터의 효과가 좋으므로 약간의 엘리베이터 편위라도 빨리 수평 안정판으로 트림하지 않으면 디스인게이지 했을 때 항공기는 크게 자세를 바꾸어 버린다. 또 중심 위치에 의해서도 엘리베이터의 효과가 다르므로 중심 위치도 트림을 취하기 시작하는 점을 결정하는 조건이 된다. 그래서 오토매틱 스태빌라이저 트림 시스템에서는 그림 9-24에 나타낸 것 같이 타담 검출기(Artificial Feel System)에서의 타감 신호(Feel Signal)와 조타각 검출기(Control Surface Angle Detector)에서 타각 신호(Control Signal)는 오토매틱 스태빌라이저 트림 유니트(이하 ASTU 약칭)로 보내진다. ASTU에서는 타감 신호와 타각 신호를 비교하여, 다음과 같은 때 수평 안정판을 움직여 트림을 취한다.
　① 저속일 때(타감이 가볍게 타감 장치의 출력이 200psi일 때), 엘리베이터가 2.5° 이상 연속하여 5초 이상 움직였을 때 트림을 취한다.
　② 고속일 때(타감이 무겁게 타감 장치의 출력이 2,100psi일 때), 엘리베이터가 0.3°이상 연속하여 5초 이상 움직였을 때 트림을 취한다.

　타감 장치(Feel Unit)의 타감 검출기(FSI)와 조타면(Control Surface)의 타각 검출기(Control surface Dector)는 암 회로와 콘트롤(Control)회로의 2중계가 되어 있고, 수평 안정판의 오작동을 방지하고 있다.

　ASUT의 움직임은 모니터 회로에 의해서 감시되고 있으며 다음과 같은 이상이 발생했을 때 중앙 계기판에 있는 경고등이 앰버(Amber)로 지시되며 오토매틱 스태빌라이저 트림 시스템이 작동하지 않음을 나타낸다.
　① 암이나 콘트롤의 조종 신호가 편방만 나올 때, 또는 트림이 방향이 다른 신호를 내고 있을 때는 8초 후에 점등한다.
　② ASTU의 트림 지시가 발생해도 수평 안정판이 12초 이내에 움직이기 시작않을 때 점등한다.

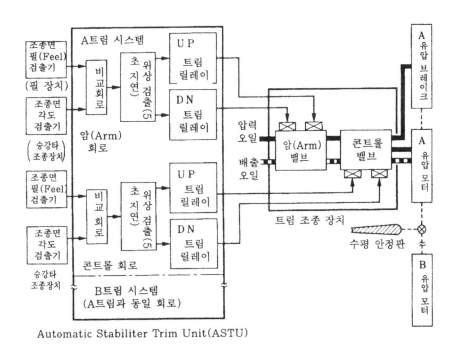

Automatic Stabiliter Trim Unit(ASTU)

그림 9-24 오토매틱 스태빌라이저 트림 계통

9-7. 고도 경보 장치(Altitude Alert System)

항공기는 언제라도 계기 비행 방식(Instrument Flight Rules:IFR)으로 비행하는 일이 많고, 비행 고도와 상호 간격은 항공 교통 관제(Air Traffic Control:ATC)에서 지정된다. 비행중의 항공기의 고도와 위치는 지상의 2차 감시 레이다로 부터의 질문에 대하여 항공기의 ATC 트랜스폰더가 응답하여 지상에서 감시하고 있지만, 수많은 항공기를 관제하는 필요상, 항공기가 ATC에 의해 지정된 고도를 충실히 지키는 것으로, 니어미스(nearmiss)와 공중 충돌 등의 사고를 미연에 막고 있다.

고도 경보 장치는 지정된 비행 고도를 충실히 유지하도록 개발된 장치로 관제에서 비행 고도를 지정될 때마다 수동으로 고도 경보 컴퓨터에 고도를 설정하고, 그 고도에 접근했을 때, 또는 그 고도에서 이탈했을 때, 경보등과 경보음에 의해서 파일롯에게 주의를 재촉하는 장치이다.

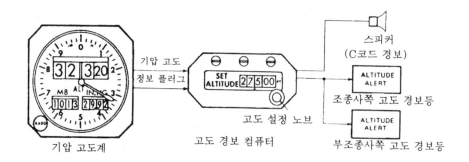

그림 9-25 고도 경보 장치의 구성

그림 9-25에 고도 경보 장치의 예를 나타낸 것이다. 기압 고도계에서 기압 고도와 경보 플래그가 고도 경보 컴퓨터에 보내져 있다. 파일롯은 관제에서 비행 고도를 지정할 때마다, 이 컴퓨터의 고도 설정 노브를 사용하여 비행 고도를 설정한다. 고도 경보 컴퓨터는 설정 고도와 기압 고도의 차이에서, 각 파일롯의 계기판에 경보등을 점등하고, 또 2초간 C 코드의 경보음을 울린다. 기압 고도계에 이상이 생겨 경보 플래그가 나왔을 경우, 고도 경보 컴퓨터도 에러(Error)를 낼 위험이 있으므로 동시에 경보 플래그를 내어서 작동을 중지한다.

고도 경보 장치의 작동예를 그림 9-26에 나타낸다.

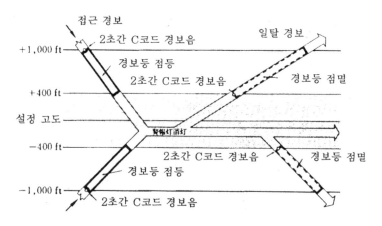

그림 9-26 고도 경보 장치의 작동

① 접근 경보
설정한 고도에 접근할 경우의 경보로,
- 1,000ft 근접에서 경보등이 점등하여 2초간 C코드의 경보음이 나온다.
- 400ft 근접에서 경보등이 소등한다.
② 일탈 경보
  설정한 고도에서 일탈했을 경우의 경보로,
- 400ft 이상 일탈하면 경보등이 점멸하여, 2초간 C코드의 경보음이 나온다.
- 1,000ft 이상 일탈하면 경보등이 소등한다.

지금까지 설명한 것은 극히 평균적인 고도 경보 장치의 작동 예이고 기종에 따라서는 약간 다른 동작을 하는 장치도 있고, 고도 경보 컴퓨터의 고도 설정 노브는 플라이트 디지털과 오토 파일롯의 고도 설정 노브와 연동으로 되어 있는 경우도 있다.

9-8. 퍼포먼스 매네지먼트 시스템
(Performance Management System : PMS)

1973년 가을의 제1차 오일 쇼크 이래 연료의 가격은 상승을 계속하고, 이제 민간 항공 운송 사업에 있어서 연료비 절감은 최대의 관심사가 되고 있다. 그래서 조금이라도 연료 소비를 절감하는 것을 목적으로 다음과 같은 대책을 강구하고 있다.
  ① 엔진 부품의 교환, 수리에 따른 성능 회복
  ② 기체 표면을 매끄럽게 하여 또 기밀성을 높이는 것에 의한 저항의 감소
  ③ 좌석의 경량화, 가벼운 내장재의 사용 등에 의한 중량 삭감
  ④ 좌석수를 늘려 제공 좌석 수의 증가
  ⑤ 항법 계기의 정밀도를 향상하여 비행 고도와 속도의 정확한 유지

그리고 나머지는 연료 소비가 적은 비행 방법을 선택하는 것이 중요한 문제가 된다.
  항공기는 정해진 순항 고도를 유지하도록 엔진 추력을 조정하여 비행하고 있지만, 실험에는 외기 상태의 약간의 변동으로 속도가 미묘히 변화하고 있다. 이 속도 변화를 인간의 손으로 콘트롤하려고 하면 빈번히 파워 레버를 움직이는 것이 되고 결과적으로 연료를 많이 소비하게 된다. 이것은 자동차의 운전에서 액셀 페달을

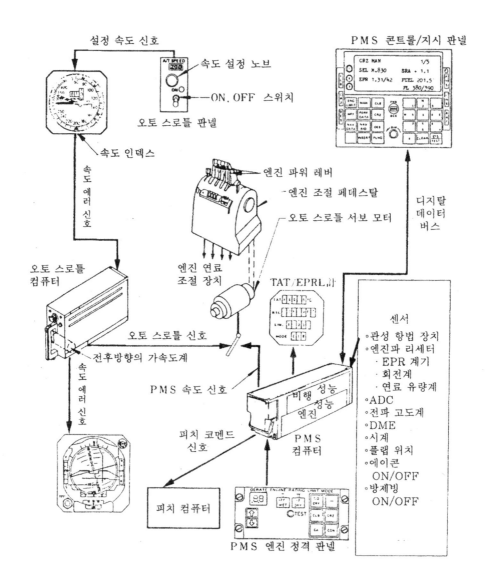

설정 속도 신호

PMS 콘트롤/지시 판넬

속도 설정 노브

—ON, OFF 스위치

오토 스로틀 판넬

속도 인덱스

속도 에러 신호

엔진 파워 레버

엔진 조절 페데스탈

오토 스로틀 서보 모터

디지탈 데이터 버스

오토 스로틀 컴퓨터

엔진 연료 조절 장치

TAT/EPRL계

오토 스로틀 신호

전후방향의 가속도계

PMS 속도 신호

비행 성능 엔진 성능 PMS 컴퓨터

센서

ㅇ관성 항법 장치
ㅇ엔진파 리세터
· EPR 계기
· 회전계
· 연료 유량계
ㅇADC
ㅇ전파 고도계
ㅇDME
ㅇ시계
ㅇ플랩 위치
ㅇ에이콘
ON/OFF
ㅇ방제빙
ON/OFF

피치 코멘드 신호

피치 컴퓨터

PMS 엔진 정격 판넬

그림 9-27 보잉 747 항공기의 오토 스로틀 시스템과 PMS

끊임 없이 움직여서 가감속하면 연료소비가 증가해버리는 것과 같은 것이다. 그래서
비행중에 가장 연료 효율이 좋은 고도와 비행 속도를 컴퓨터로 산출하여 그 고도와
속도의 유지로 컴퓨터에 맡기자라고 하는 사고에 기초하여 개발된 것이 포먼스

매니지먼트 시스템(PMS)이고, 1979년에서 1981년에 걸쳐서 급속히 실용화되기 시작하고 747형기, L-1011형기, 737형기 등에 장비되기 시작했다.

PMS 컴퓨터에는 항공기의 비행 성능표와 엔진 성능표가 기초 데이터로서 기억되고 있다. PMS 컴퓨터는 각각의 비행 상태를 에어 데이터 컴퓨터와 엔진 계기류와 관성 항법 장치 등에서 비행 정보로서 받고 있고 기억하고 있는 기초 데이터와 현재 비행중인 정보를 비교하여 다음과 같은 작용을 하고 있다.

① 가장 연료 효율이 좋은 속도, 고도를 산출한다.

② 산출한 데이터를 자동 조종 장치와 오토 스로틀 시스템에 전하고 기체와 엔진의 가속도를 피하면서 최적인 비행 경로를 유지한다.

PMS 컴퓨터는 속도 제어를 오토 스로틀 시스템의 서보 모터를 사용하여야 하고 피치 방향의 제어는 자동 조종 장치의 피치 컴퓨터로 하며, 코스의 변경등 가로 방향의 제어는 관성 항법 장치를 통하여 스테어링 시그널(Strieering Signal)을 컴퓨터에 보내어 제어하고 있다

항공기 속도가 증가하는 중인 경우에 PMS 컴퓨터는 우선 엘리베이터를 조작하여 항공기를 순조롭게 상승하게 하고 속도를 일정하게 유지한다. 거꾸로 속도가 감소하고 있는 중일 경우는 항공기를 강하시키고 속도를 일정하게 유지하도록 한다. 단, 상승, 하강의 한도는 120ft로, 이 범위는 속도를 일정하게 유지하고 있지 않을 때 처음 파워 레버를 움직여서 속도 조정을 한다. 이렇게하여 달성되는 연료 절감은 조종사가 수동으로 조종할 경우에 비하여 약 1% 정도이다. 더욱이, PMS는 최적 하강 개시점에서 공항으로 가장 연료소비가 적은 나는 방법으로 강하할 수도 있고 이것으로 약 0.5% 정도 연료 절감을 할 수 있다고 전망하고 있지만, 이것에는 항공 교통 관제 기관의 협력이 필요하다.

제10장 오토랜드 시스템(Autoland System)

10-1. 오토매틱 랜딩 시스템(Automatic Landing System)의 원리

오토랜드를 적용한 최초의 항공기는 일정한 무게를 매단 2개의 줄(10ft와 20ft)이 준비되어 있어서, 항공기가 활주로에 접근하면서 줄에 매단 무게가 지면에 접촉해서 스프링 장력을 잃으면 조종실에 지시등을 켜지게 작용된다.

또 다른 형태의 장비는 랜딩 기어 밑에 일정한 각도로 레버를 설치하고 이 레버를 콘트롤 칼럼(Control Column)에 연결시켜서 접지(touch Down) 바로 전에 콘트롤 칼럼을 후방으로 움직여서 조종사가 이 지점에서 엔진을 정지시키는 방식이 있다.

위의 2가지 방식은 1960년대 초에 사용되었던 방식으로 현재는 발전을 거듭해서 완전한 오토랜드 능력을 갖게 되었다.

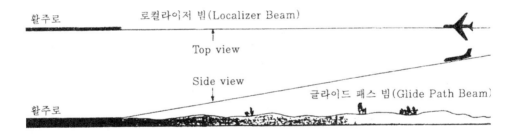

그림 10-1 진입 항공로의 항로

기본적인 원리는 지상의 ILS로부터의 신호를 오토 파일럿(Auto Pilot)에 입력시켜서 강하중에 항공기의 피치(Pitch)와 롤(Roll) 기능을 조종한다.

위의 그림은 로컬라이저 빔(Localizer Beam)과 글라이드 패스(Glide Path)를 따라서 착륙하는 항공기의 항로를 나타낸 것이다.

이 빔 신호(Beam Signal)는 로컬라이저(Localizer)와 글라이드 슬롭(Glide Slope)이다. 로컬라이저는 활주로와 일치된 상태를 나타내는 빔이고 글라이드 슬롭은 강하로(Descent Path)를 지시해 준다.

10-2. 오토랜드의 필요조건

자동 접근(Automatic Approach)과 오토랜딩(Auto Landing)에서 항공기는 지면과 아주 근접하므로 시스템의 신뢰성과 보조 시스템이 충분히 뒷받침 되어야 한다. 시스템은 계속 모니터링(Monitering)해야 하고 중대한 고장시에는 즉시 조종사가 조종해야 한다.

① 시스템의 여유도(System's Redundancy)에 결함이 있거나 여유도가 떨어지면 경고(Warin)을 주어야 한다.(그림 10-2)

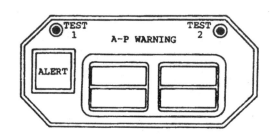

그림 10-2 시스템 경고 판넬

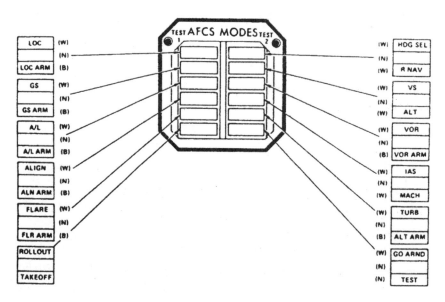

그림 10-3 모드 어넌시에이터 인디케이터
(Mode Anunciator Indicator

② 신호 결함(Signal Fault)으로 인하여 다른 위험스러운 상황을 나타내서는
   안된다.
③ 항공기에 지나치게 적재해서는 안된다.
④ 오토랜드 시스템에 고장이 발생해도 추가의 조종을 필요로 해서는 안된다.
⑤ 롤(Lateral Control)은 제한된 범위내에서 감소시켜야 한다.
⑥ 작동 모드는 항상 지시되어야 한다.(그림 10-3)

아래 그림 10-4에서 그림 10-8까지는 접근과 오토랜딩 모드(Autolanding
Mode)지시의 순서를 나타낸 것이다.

그림 10-4 오토랜드 모드

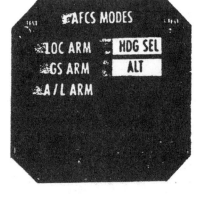

그림 10-5 인게이지 후

그림 10-6 글라이드 슬롭 인게이지 후의 A/L
인게이지

그림 10-7 Flare Engage 후

10-3. 시스템 모니터링(System Monitoring)

어프로지 랜드 시스템(Approach Land System)은 몇 개의 채널이 동시에 작동하므로, 크로스 채널(Cross Channel)과 인라인(In-line)을 모니터링을 해서, 만약 한 가지 신호가 제한치를 넘으면 그 채널을 제외시킬 수 있는 수단이 있어야 한다.

두 채널이 비교될 때 정해진 한계를 넘으면 이것이 콤패리슨 워닝 시스템(Comparison Warning System)에 의해서 모니터된다.

플래그(Flag)와 블라인드(Blind) 등도 신호(Signal)와 정보(Information)의 유효성을 확인하는데 사용된다.

플래그는 흔히 그림 10-9에서처럼 정상일 때 시야에서 사라지게 된다.

만약 입력(Input)을 잃게 되면 솔레노이드가 비자화되어 플래그가 나타난다. 페일 라이트(Fail Light)의 지시는 시스템 결함을 지시한다.

오토 파일럿은 만약 인게이지먼트 (engagement)가 요구 조건에 맞지 않 거나 조종사가 수동으로 오토 파일럿을

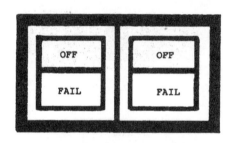

그림 10-8

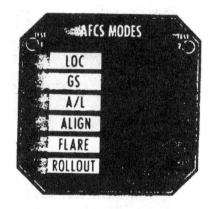

그림 10-9

그림 10-10

오버라이드(OVErride)할 때는 분리된다. 이런 경우에 시스템은 가청(Oral)과 시각 경고를 준다.

10-4. 어프로치 카테고리(Approach Category)

이와 관련된 표준은 ICAO에 의해서 정해진 것으로 항공기가 안전한 상태로 접근을 수행할 수 있는 항공기의 성능에 관계되고 조종사의 능력, 오토랜딩에 적합한 ILS, 유도로 경화와 같은 지상 보조 시설 등가 관계된다.

모든 카테고리(Category)에 사용되는 2가지 용어는 다음과 같다.

① 결정고도(Decision Height)

② 활주로 시계거리(Runway Visual Range)

1) 결정고도

결정고도는 피트(ft) 단위로 지시되는 고도로 조종사는 필요한 시계기준(Required Visual Reference)을 확보하지 않는 한 이 고도 이하로 강하할 수 없다.

이 고도는 전파 고도계(Radio Altimeter)에 의해서 얻어진다.

2) 활주로 시계 거리

이 기준은 착륙 방향에서 활주로의 착륙등(Landing Light)을 볼 수 있는 최대 거리를 말한다.

이 정보는 ATC에 의해서 무선으로 정보를 얻는데 최초의 활주로 시계 최신 정보를 조종사에게 제공한다.

그림 10-11은 결정 고도와 활주로 시계 거리를 기준으로 한 것이고 카테고리의 차이점을 볼 수 있다.

A. CAT 1

그림 10-11에서 보는 것처럼 CAT 1 프로파일(Profile)은 결정 고도가 최소200ft이고 활주로 시계 거리가 800m로 접근 성공이 거의 확실하다.

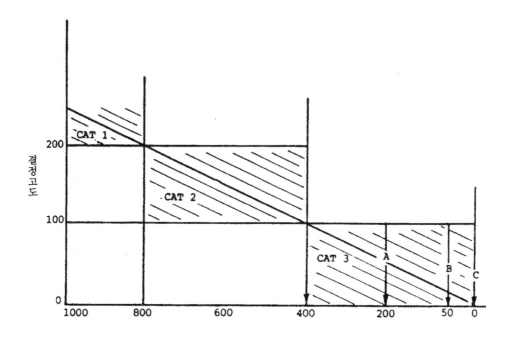

그림 10-11 활주로 시계 거리(Runway Visual Range)

B. CAT 2

이 범위는 결정 고도가 200ft 활주로는 시계거리가 800m에서 400m까지로 접근 성공이 거의 확실하다.

C. CAT 3A

이 범위에서의 운용은 시계 거리가 최소 200m로 최종 착륙 단계에서 외부의 시계 기준(External Visual Reference)으로 활주로를 따라서 착륙할 수 있다.

D. CAT 3B

이 카테고리는 활주로 시계거리 50M인 상태로 활주로나 유도로 표면을 충분한 시계 상태로 착륙할 수 있다.

E. CAT 3C

이 카테고리는 외부의 기준 없이 착륙할 수 없다.

10-5. 오토랜드 시스템(Autoland System)의 종류

오토랜드 시스템의 종류로는 주로 다음의 3가지 시스템이 사용된다.
① 트리플랙스(Triplex System)
② 듀얼 시스템(Dual System)
③ 듀얼-듀얼 시스템(Dual-Dual System)

1) 트리플랙스 시스템(Triplex System)

그림 101-12 일반적인 트리플랙스 시스템의 스케매틱이다.
시스템이 복잡하므로 여기서는 피치 채널(Pitch Channel)에 대해서만 설명한다.

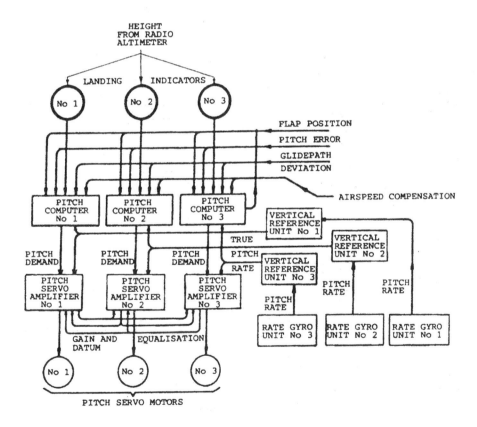

그림 10-12 오토 파일럿 피치 채널

피치 채널(Pitch Channel)은 3개의 독립적인 컴퓨팅 서브 채널(Computing Sub-Channel)을 갖고 있고 각각의 서브 채널은 항공기를 콘트롤하기에 충분한 파워(Power)를 갖고 있다.

균등화(Equalization)는 각각 시스템에서 서브 채널 사이의 불일치를 제거해서 만약 하나의 서브 채널이 나머지 두 채널에서 요구하는 같은 신호를 보내지 않으면 이 채널은 자동적으로 차단된다.

위 그림은 (a), (b), (c)는 각각 심플랙스 시스템(Simplex System), 듀플랙스 시스템(Duplex System), 트리플랙스 시스템(Triplex System)을 나타낸다.

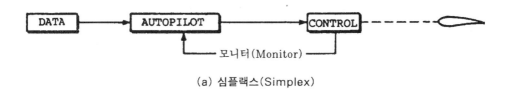

(a) 심플랙스(Simplex)

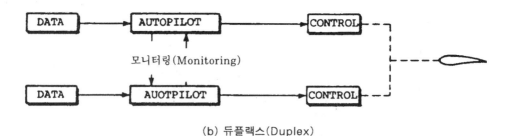

(b) 듀플랙스(Duplex)

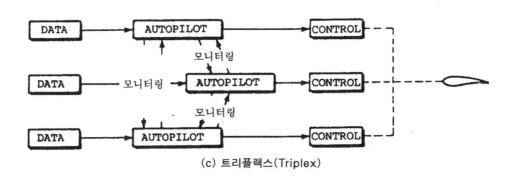

(c) 트리플랙스(Triplex)

그림 10-13 트리플랙스(Triplex)

각각의 서브 채널은 하나의 스위치로 인게이지(Engage)되고 트리플랙스, 듀플랙스 혹은 심플랙스 인게이지는 어느 축으로든지 가능하다.

만약 한쌍의 신호 사이에 중대한 불일치가 발생하면 지시는 래치(Latch)되고 이 정보가 조종실로 보내진다.

트래플랙스 시스템의 지시기 3개의 3서브 채널이 인게이지되고 결함(Fault)이 없으면 이것은 시스템이 카테고리 Ⅲ 운용에 사용될 수 있음을 나타내는 것이다.

2) 시스템 리던던시(System Redundancy)

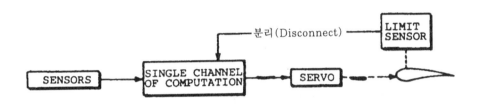

그림 10-14 페일/소프트(Fail/Soft)

위 그림은 페일 작동 시스템(Fail Operational System)의 최소 상태로 이 상태를 페일 소프트(Fail Soft)라고 한다.

오토 파일롯은 순항중에 최소한 페일/소프트(Fail/Soft) 상태이다.

페일/소프트 상태(Fail/Soft Status)는 시스템의 안전성을 해치지 않고, 그리고 비행로에서 크게 편위되지 않으면서 결함을 견딜 수 있는 능력을 말한다.

그 다음 단계가 페일/패시브(Fail/PassiVE)로써 이 상태는 시스템이 결함을 발견하고 경고를 주어서 자동적으로 오토 파일롯이 디스인게이지(Disengage)되어, 이 때 가속력을 제한하거나 비행로 편위를 최소가 되게 한다.

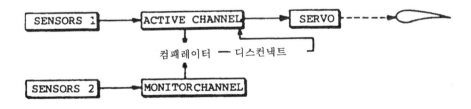

그림 10-15 페일/패시브(Fail PassiVE)

　오토랜드 모드(Autoland Mode)는 두 채널인 페일/패시브 모드를 그림 10-15와 같이 사용할 수 있다.

　페일/작동 스테이터스(Fail/Operational Status)가 결함인 경우에 시스템이 페일/패시브 스테이터스로 전환되어 이 상태는 적절한 경고와 오토 파일럿 성능을 저하시키지 않아야 한다.

　리던던시의 정도를 표1을 통해서 알 수 있는데, 이 표는 CAT Ⅲ 오토랜딩중의 페의/작동 시스템(Fail Operational System)어 관계된 것이다. 시스템이 페일/작동 상태로 되기 위해서는 4개의 컴퓨터 채널 모두가 작동되고 정해진 한계 내에서 서로 트랙킹(Tracking)되어야 한다.

　시스템의 오토 파일럿 기능은 페일/소프트(Fail/Soft), 패일/패시브(Fail/PassiVE) 혹은 패일/작동 상태(Fail/Operational Status) 등이 있고 각각의 스테이터스 선택은 작동 모드 선택에 좌우된다.

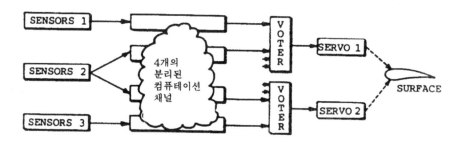

그림 10-16　페일/작동(Fail/Operation)

오토 파일럿	순항 비행	Fail/Operational	Fail/Passive	Fail/Soft
				선택채널 A,B
시스템	Apprach Land	Normal (채널 A와 B가 인게이지됨)	첫번째 페일/작동 실패 후 자동적으로 선택	
			채널 A와 B를 수동으로 선택	

표 10-1

10-6. 듀얼(Dual)과 듀얼-듀얼(Dual-dual) 작동 시스템

여기서는 오토 파일럿 듀얼-듀얼 시스템을 살펴보기로 한다. 이것은 2개의 독립된 오토 파일럿을 사용한다. 피치 축(Pitch Axis)의 오토 파일럿은 엘리베이터/스테빌라이저 서보(elevator/Stabilizer Servo)의 관계되는 채널을 조종하는 명령을 제공한다.

롤 축(Roll Axis)의 오토 파일럿은 에일러론 서보(Aileron Servo)에 관계되는 채널을 조종하는 명령을 제공한다. 순항 작동(Cruise Operation)중에 오토 파일럿 중의 하나만이 인게이지 되지만, 오토랜드 모드(Autoland Mode)에서는 2개의 오토 파일럿이 동시에 인게이지(Engage)된다.

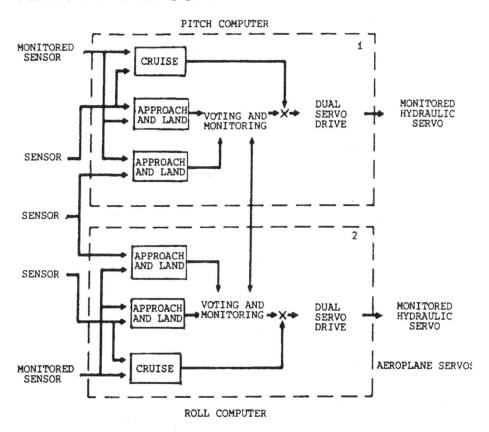

그림 10-7 듀얼과 듀얼/듀얼 시스템(Dual and Dual-Dual System)

싱글 오토 파일럿(Single Autopilot)에서 스템은 2개의 컴퓨터로 구성되는데 각각 피치와 롤로 각 축(Axis)에 하나의 채널을 구성한다.

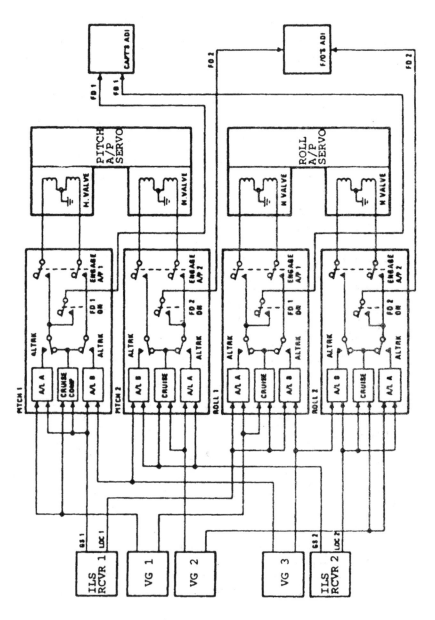

그림 10-18 듀얼/듀얼 시스템

  각각의 컴퓨터는 그림 10-17과 같이 3개의 계산 채널(Computational Channel)로 나뉘고 2개는 어프로치/랜드(Approach/Land)이고 하나는 순항(Cruise) 채널이다.

  순항 컴퓨테이션(Cruise computation)은 어프로치/랜드 트랙 모드(Approach/Land track Mode)가 인게이지되기 전까지 모든 출력 기능(Output function)을 조종한다.

  어프로치/랜드 트랙 모드가 인게이지 된 후에는 순항 컴퓨테이션은 차단되고 2개의 동일한 병렬 어프로치/랜드 채널이 출력 기능을 조종한다. 만약 2번째 오토 파일럿이 인게이지되면 분리된 4개의 채널이 피치 채널에 4개는 롤 채널(Roll Channel)에 연결되어 항공기를 조종한다.

1) 순항 모드 형태(Cruise Mode Configuration)

  입력(Input)과 반응을 통해서 순항 상태를 살펴보자.

  버티칼 자이로(VErtical Gyro)로 부터의 자세 기준 신호(Attitude Reference Signal)는 순항 센서(Cruise senser)로부터의 신호와 결합되어 컴퓨터의 순항 컴퓨테이션 섹션(Cruise Computation Section)에서 오토 파일럿 콘트롤을 위해 처리된다.

  하나의 오토 파일럿 컨트롤 채널(Qutopilot Control Channel)고장시에는 디시인게이지(Disengage)되고, 다른 결함과 관계없는 채널이 인게이지 되어 같은 기능을 제공한다.

  코맨드 형태(Command Configuration) 중에 각 오토 파일럿은 하나의 순항 컴퓨테이션의 성능을 가지지만 이 성능은 모두 모니터된다. 인게이지된 오토 파일럿을 트립(Trip)시키는데 결함(Fault)의 상태에 따라 기본적인 형태가 결정된다. 위 그림은 듀얼-듀얼 시스템의 스케메틱이다.

2) 오토랜드 형태(Autoland Configuration)

  오토 파일럿의 오토랜드 형태는 자동적으로 로컬라이저(Localizer)와 글라이드 슬롭(Glide Slope)을 통해서 항공기가 착륙할 수 있게 한다.

  이 기능은 동시에 인게이지되는 2개의 오토 파일럿에 의해서 행해진다.

  오토 파일럿이 페일/작동 스테이터스(Fail/Operation Status)에 있으면 4개 동일하지만 서로 분리된 컴퓨테이션(Computation)이 각각의 서보(Scrvo)를 위해

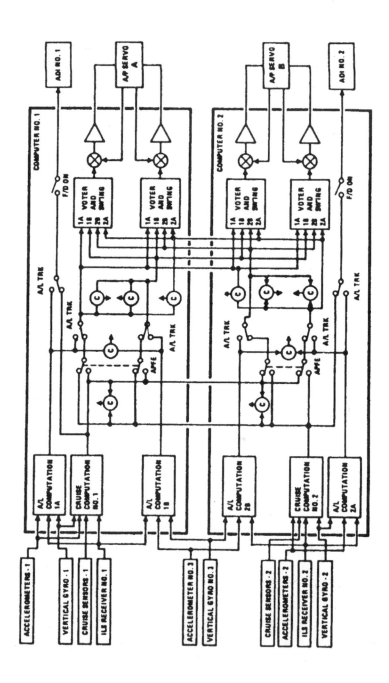

그림 10-19 피치 및 컴퓨터(Pitch and Roll Computer)에서
컴패레이터로 가는 신호와 보터(Voter)의 영향

피치 코맨드(Pitch Command)와 롤 코맨드(Roll Command)를 발생시킨다.

서보 명령(Servo-Command)으로 보내지기전에는 계산된 출력(Computed Output)은 컴패레이터(comparator)에 의해서 모니터할 수 없고 보터(Voter)을 통해서 명령 출력(Command Output)을 위한 최적의 계산 된 신호(Comuted signal)를 선택한다. 컴퓨테이션 출력(Computation Output)을 위한 컴패래이터와 보터의 사용은 과소 현상(transient)에 따른 주파수의 단점을 최소화시켜 준다.

페일/작동 스테이터스의 첫 번째 결함은 성능의 저하를 가져오지 않지만, 오토 파일럿은 페일/패시브 스테이터스로 바뀐다. 두 번째 결함은 오토 파일럿이 디스인게이지(Disengage)되거나 혹은 기본적인 형태(Basic Configuration)로 가게 한다.

그림 10-19는 2개의 피치 컴퓨터나 2개의 롤 컴퓨터로부터의 신호가 컴패레이터(Comparator)로 공급되고 보터(Voter)의 스위칭(Switching)에 영향을 미치는 것을 보여준다.

10-7. 오토랜드의 최소 필요 조건-어프로치 (Approach)

아래의 사항들은 CAT 3A의 어프로치-랜드(Approach-land)를 위한 최소 필요 조건들이다.

- 모드 콘트롤(Mode Control) 지시
- 지시를 위한 오토매틱 모드(Automatic Mode)의 암
- 두 개의 분리된 ILS 무선 리시버(Radio ReceiVEr)
- 성능 저하 경고 지시
- 오토 파일럿 분리의 가청 경고(Performance Deviation Warning)
- 자세 기준이 크로스 책크(Cross-Check)와 피치 표시
- 유효한 스탠바이 허리즌(Standby Horizon)
- 2개의 전파 고도계(Radio Altimeter)가 장착
- 윈드 쉴드에 이용할 수 있는 레인 리펠런트(Rain Repellent)
- 오버 슈트(OVErshoot)와 복행 (Go Around)

1) 일반적인 접근

항공기가 안개 상태의 복잡한 공간에 접근할 때, 오토 파일럿 스테이터스(Autopilot Stauts)는 계속 순항 모드(Cruise Mode)이다.

항공기의 헤딩(Heading)은 VOR 래디얼(Radial)이나 INS 트랙(Track)을 통해서 혹은 수동으로 입력시킨 헤딩이다.(HDG Select)

만약 항공기가 트래픽(Traffic)으로 복잡하면 ATC는 항공기가 홀딩 포인트(Holding Point)에 있도록 지시하고, 착륙한 항공기와 충분한 거리를 확보하면 활주로를 향한 원하는 헤딩을 준다.

이것이 콤파스에 설정되고 오토 파일럿은 설정된 콤파스 헤딩과 항공기의 헤딩 사이에 차이를 감지해서 이 에러 신호(Error Signal)를 사용해서 항공기를 원하는 코스로 가게 한다.

어프로치(Approach)는 다음의 순서대로 이루어진다.
· 어프로치와 로컬라이저 캡춰(Localizer Capture)
· 글라이드 슬롭 캡춰(glide Slope Capture)
· 만약 측풍이 불면 활주로에 일치시킨다.
· 플래어(Flare)
· 터치다운(Touchdown)

2) 로컬라이저 프리캡춰 인터셉트
   (Localizer Precapture Intercept)

그림 10-20은 오토 파일럿 인게이지 판넬로 네비게이션 모드/코스 셋팅(Navigation Mode/Course Setting)을 할 수 있다.

NAV 레시버 튜닝 판넬(ReceiVEr Tunuing Panel)은 각각 좌우측에 있다. 위 그림에서 각각의 번호는 다음과 같다.
① 오토 파일럿이 코맨드(Command)에 있고 두 개의 FD(Flight Director)가 ON
② 네비게이션 리시버가 ILS 주파수에 맞추어져 있다.
③ 양쪽 코스 윈도우(Course Window)에 인바운드 코스(Inbound Course)를 설정한다.
④ 어프로치-랜드 스위치가 ON 상태이고 지시등이 켜져 있다. 이 상태에서 LOC ARM-GS ARM-A/L ARM이 나타난다. 선택된 롤과 피치 모드가

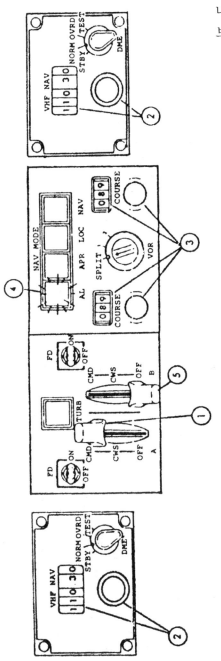

나타난다.(HDG Select와 ALT HOLD가
보인다)

① CMD와 / 혹은 최소 하나의 FD 스위치가
   ON된 상태에서의 AP
② 양쪽의 NAV RECEIVER를 ILS 주파수에
   맞춘다.
③ 양쪽 코스 셀렉터 로컬라이저 인바운드
   프론트 코스(Locailizer Inbound Front
   Course)에 설정한다.
④ A/L 스위치 선택

그림 10-20 NAV/MODE/COURSE Setting 특징이 있는 A/P 인게이지 판넬

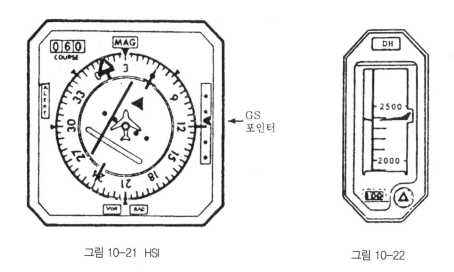

그림 10-21 HSI 　　　　　　　　　　그림 10-22

⑤ 두번째 오토 파일럿이 코맨드에 설정된다.
　　HSI(Horizontal Situation Indicator)는 활주로 기준을 지시하고 글라이드 슬롭 포인터(Glide Slope Pointer)는 기준보다 위이거나 글라이드 슬롭보다 아래이다.

　　결정 고도 버그(Decision Height Bug)는 결정(Decision) 혹은 경보고도(Alert Height)에 설정된다.
　　위 그림에서 보면 디지털 윈도우(Digital Window)에 100피트 이하를 지시하고 있고, 버그(Bug)는 항공기의 고도 때문에 보이지 않는다.

3) 로컬라이저 캡춰(Localizer Capture)

　　로컬라이저 캡춰에서 롤 모드(Roll Mode)는 항공기를 조종하는데, 사용된 후 자동적으로 바뀌고 LOC ARM이 LOC로 바뀐다.
　　오토 파일럿은 항공기를 로컬라이저에 일치시키고 트랙킹(Tracking)을 시작한다.
　　이 지점에서 오토 스로틀(Auto throttle)을 어프로치 스피드 콘트롤(Approach Speed Control)에 설정한다.

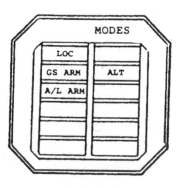

그림 10-23

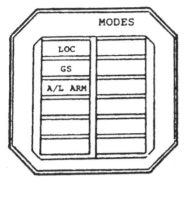

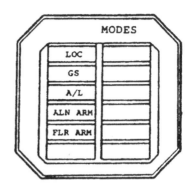

그림 10-24   그림 10-25

4) 글라이드 슬롭 캡춰(Glide Slope Capture)

글라이드 슬롭 캡춰에서 GS ARM이 GS로 바뀌고 ALT HOLD가 사라진다.

오토 파일럿은 항공기를 조종해서 글라이드 슬롭 상태로 피치 다운(Pitch Down)을 시켜 강하(Descent)를 시작하고 글라이드 슬롭 포인터(Glide Slop Pointer)는 중앙에 있어야 한다.

1,500피트 전파 고도(Radio Altitude)에서 30초간 GS 캡춰가 되고 A/L ARM이 A/L로 바뀌고 항공기는 듀얼-듀얼 형태(Dual-Dual Configuration)로 된다.

ALN ARM과 FLARE ARM이 나타나서 오토랜드를 위해서 일치(Align)과 플레어(Flare) 기능이 암(Armed)된 상태를 지시한다.

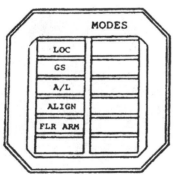

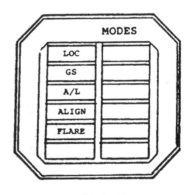

그림 10-26   그림 10-27

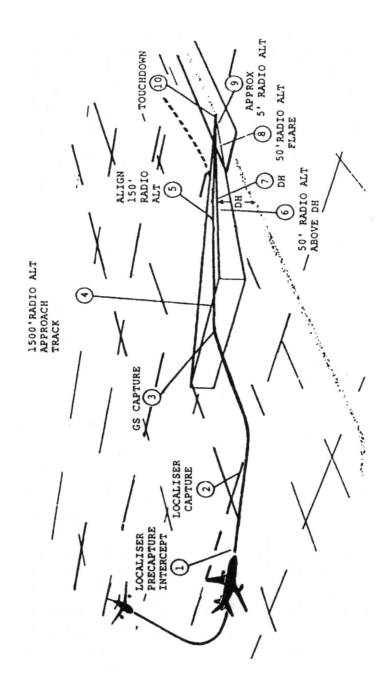

그림 10-28 오토랜드(Auto Land) 중의 접근 형태

150피트 전파 고도에서 ALN ARM은 ALIGN으로 바뀐다.

이 고도(150ft RA)에서 오토 파일롯은 롤과 요슬립(Yaw Slip)을 행하여 크랩 앵글(Crap Angle)을 모두 제거해서 항공기와 활주로를 일치시킨다.

일부의 항공기에서는 더 낮은 고도에서 행하고 오로지 러더(Rudder)만을 사용한다.

결정 고도 설정보다 50피트(전파고도) 높은 고도에서 오랄 톤(Aural Tone)이 시작되고 버그 세팅(Bug Setting)에서 접근하면서 주파수가 증가한다. DH 버그 세터에서 오랄 톤은 정지되고 전파 고도계에 있는 DH 지시 등이 켜진다. (그림 10-22)

50ft 전파 고도에서 FLARE ARM에서 FLARE 모드로 바뀐다. (그림 10-27) 피치 신호는 전파 고도계를 기준으로 하므로 강하율(Rate of Descent)이 고도에 비례해서 감소한다. 오토 파일럿은 항공기를 플레어시키고 착륙을 시도한다. 만약 스로틀이 인게이지되어 있으면 스로틀(throttles)은 추력을 아이들(Idle)까지 감소시킨다.

그림 10-28은 오토랜드 절차의 접근 과정을 나타낸다. 점선은 오버슈트(OVErshoot)나 복생을 지시한다. 이것은 오로지 오토랜드 접근의 예를 나타내는 것으로, 다른 시스템은 다른 기준을 사용하지만 기본적으로 비행과정(Flight Profile)은 비슷하다.

10-8. 터치다운 모드(Touchdown Mode)

접지(Touchdown)하기 전 5ft 전파 고도에서 날개의 수평 명령이 보내지고 롤 아웃(Roll Out) 계산이 시작되어 ROLL OUT 사인이 모드 지시계에 나타난다. 스티어링 명령(Steering Command)으로 항공기가 활주로 중심선을 따라 활주하게 한다.

1) 터치다운에서의 자동 기능

터치 다운에서 3가지의 오토매틱 기능(Automatic Function)이 발생하는데 다음과 같다.

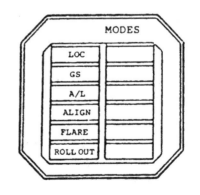

그림 10-29 Mode Indicator

·그라운드 스포일러(Ground Spoiler) 전개
·오토 스로틀(A/T)이 그라운드 아이들(Ground Idle) 위치로 움직이고 분리된다.
·노스다운 피치 바이어스(Nose Down Pitch Bias)가 플레어 컴퓨레이션(Flare Comparation)에 더해져서 조종된 노스 다운 레이트(Nose Down Rate)(대략 2"/Second)가 되어 충격적인 접촉을 피한다.

10-9. 롤 아웃 모드(Roll Out Mode)

터치 다운 후에 유도(Guidance)는 로컬라이저 디비에이션 신호(Localizer Deviation Signal)를 사용한 러더(Rudder)에 의해서 이루어지고, 요 레이트(Yaw Rate)를 감지해서 댐핑(Damping)이 이루어진다.

속도가 떨어지면서 러더는 효율이 떨어지므로 디비에이션 신호는 스티어링 가능한 노스휠에 가해져서 노스 휠 스쿼드 스위치(Nose Wheel Squart Switch)가 자화될 때 노스 휠을 작동시킨다.

이 모드는 오토 파일럿이 OFF되어 분리되기 전까지 계속 작동한다.

터치 다운 성능은 다음의 한계 내에 있어야 한다.

·활주로 중심선으로 ±18ft
·접지 지점(Nominal touchdown)으로부터 ±200ft

전파 고도계는 흔히 실제 활주로보다 낮게 0에 설정해서 확실한 착륙을 할 수 있게 한다.

10-10. 그라운드 롤 계기

그라운드 롤(Ground Roll)과 관련된 계기는 상당히 정밀해야 한다.

착륙 형태에서 시스템은 착륙을 모니터해서 롤 아웃(Roll Out) 절차를 조종한다. 이것은 또한 CAT 3 상태로 이륙하는 동안 사용될 수 있는데 이 경우는 모니터링 할 수 없지만, 조종사가 조치할 수 있는 방향 유도 정보(Directional Guidance Information)을 공급하다.

2개의 시스템이 관련되는데 이것은 다음과 같다.

·PCD(Paravisual Display)
·GRM(Ground Run Monitor)

1) 파라비주얼 디스플레이(Paraviual Display)

PVD 시스템은 다음과 같이 구성된다.

· 컴퓨터
· 2개의 지시 장치
· 경고 판넬(Warning Annunciator)
· 2개의 콘트롤 판넬

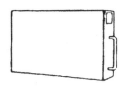

그림 10-30 PVD 컴퓨터

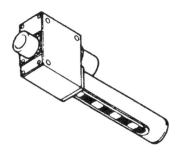

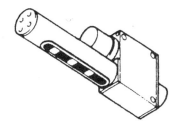

그림 10-31 PVD Display Unit

구성품의 위치는 다음과 같다.

· 컴퓨터 : 전자 베이(Electronics Bay)

· 컨트롤 판넬 : 오버 헤드 판넬에 고정되어 있고 경고등은 조종실 대쉬보드(Dash Board)에 위치한다.

· CDU(Control Display Unit) : 윈도우 바로 밑의 조종실 아이브로우 판넬(Eyebrow Panel)에 위치한다.

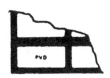

그림 10-32 PVD 주의 및 경고등

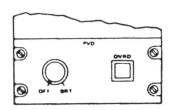

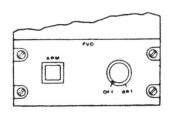

그림 10-33 PVD 콘트롤 판넬

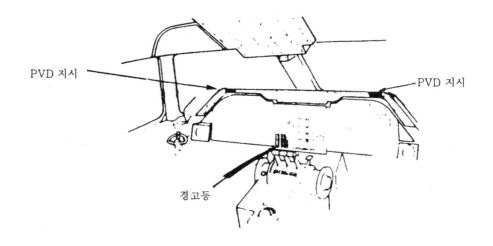

PVD 지시

PVD 지시

경고등

그림 10-34 PVD 지시 및 경고등 위치

PVD 지시 장치(그림 10-31)는 조종사에게 리더 패달(Rudder Pedal)이나 노스 휠 스티어링 콘트롤(Nose Wheel Steering Control)중 현재 사용해야 할 것을 지시해 준다.

이 명령은 회전 헬리컬 스트립(Helical Strip)을 통해서 지시되며 이것은 회색과 검은색의 마치 이발소 표시와 유사한 폴(Pole)이다. 이 폴은 PVD 컴퓨터로부터의 에러 신호(Error Signal)에 따른 방향에 대해 작동되는 서보모터에 의해서 구동된다.

이 헬리컬 패턴 폴(Pole)의 회전은 한 방향으로 흐르는 인상을 주거나 혹은 다른 인상을 주게 되는데 모두 서브 모터의 회전 방향에 좌우된다. 이것의 목적은 조종사가 폴의 운동 방향에 따라서 에러(Error)를 수정해서 항공기를 조종하도록 하는 것으로 에러가 0일 때는 폴이 회전하지 않는다.

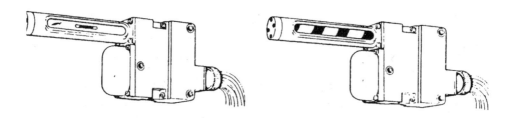

그림 10-35 셔터(Shutter)의 작동

폴의 회전 신호는 로컬라이저 편위와 함수 관계를 이룬다. 만약 편위(Deviation)가 없으면 항공기는 활주로 중심선에 있는 것으로 폴은 고정된다.

그림 10-35는 셔터가 닫힌 것과 열린 예를 보여 주는 것으로 사용하지 않거나 비정상일 때는 셔터가 닫힌다.

시스템이 암(Arm)이 되고 사용될 수 있을 때 레터러 스티어링(Lateral Steering) 명령이 터치 다운후에 지시되어 롤 아웃 유도(Roll Out Guidance)가 되고 오토 파일럿 유도(Autopilot Guidance)가 되고 오토 파일럿 유도(Autopilot Guidance)는 사라진다.

만약 이륙 모드(Take off Mode)가 선택되면 래터럴 스티어링 명령은 이륙 활주 중에 이용할 수 있다.

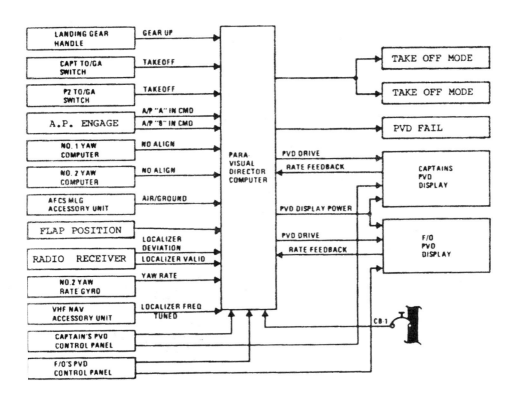

그림 10-36 PVD 컴퓨터의 입력과 출력

2) 스티어링 컴퓨테이션(Steering Computation)

다음 그림은 PVD 컴퓨터로 가는 Input/Output을 나타내고 있다. PVD 작용의 2가지 모드는 다음과 같다.
· 롤 아웃(Roll Out)
· 이륙(Take off)

롤 아웃 모드에서 지시(Display)는 터치다운에서 자동적으로 이용할 수 있고, 이륙 모드에서 시스템 로직(System Logic)은 콘트롤 장치(Control Unit)를 여는데 Air/Ground 센싱, 플랩 위치, 오토 파일럿 인게이지먼트 스테이터스와 함수 관계를 이룬다.

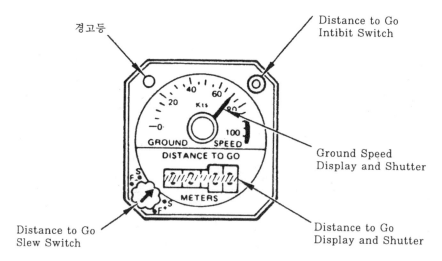

10-11. 그라운드 런(Ground Run) 모니터 시스템

그라운드 런 모니터는 이륙과 활주중에 지면 속도(Ground Speed)와 남은 활주로 거리를 지시한다.

그림 10-38 지상작동 모니터의 센서

그림 10-38과 같이 지시계(Indicator) 메인 휠 센서 신호를 지면 속도와 가야 할 거리로 전환시킨다.

그림 10-38은 센서(Senser)이며 이것은 액슬(Axle)에 장착되어 휠이 rpm을 모니터하고 이 rpm을 계기의 다이알 지시로 전환시킨다.

지상 활주로(Ground Run) 전에 조종사는 슬로윙 스위치(Slowing Swith)를 사용해서 윈도우(Window)에 가야할 거리를 세트 시킨다. 디스턴스 투고 인티비트 스위치(Distance to go Intibit Switch)는 이륙시작 위치에 도달하면 조종사에 의해서 사용된다.

이륙 시작 위치에 도달할 때 스위치를 눌러서 ON시킨다. 항공기가 움직이기 시작하면서 휠 센서는 펄스를 만들고 이 펄스는 본래 설정된 거리에서 뺀다. 이 카운트다운(Countdown) 과정을 계속해서 0에 이를 때까지 반복한다.

페일 플래그(Fail Flag)는 파워 OFF와 파워 결함 상태에서 가야 할 거리를 나타낸다. 좌측 상단의 지시등은 휠 센서의 결함을 지시한다. 지면 속도 지시계는 휠 센서로부터의 신호를 받는다. 세팅 콘트롤(Setting control)을 F위치에 설정하면 지면 속도 지시를 점검하는데 대략 100Knot에서 녹색 밴드(Green Band)내에 있어야 한다.

10-12. 모니터(Monitor)

여러 가지 모니터가 오토 플라이트 시스템(Auto Flight System)과 관계된 결함을 탐지하고 분리(Isolate), 지시한다.

2가지 종류의 모니터링은 다음과 같다.

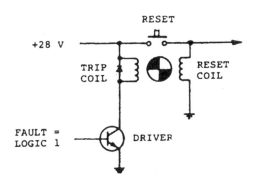

그림 10-39 폴트 모니터(fault Monitor)

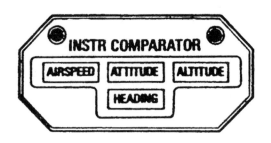

그림 10-40

·정비 보조
·오토 파일럿의 성능과 스테이터스(Fail/Operational, Fail/PassiVE, Fail/Soft)

폴트 모니터(Fault Monitor)는 그림 10-39와 같이 마그네틱 래칭 지시계(Magnetic Latching Indicator)의 형태를 취한다.

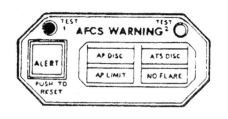

그림 10-41

세트 기능은 결함 자체에 의해서 이루어지는 것으로 결함이 일시적인 것이라도 지시계와 연결된다.

수동 세팅에 의해서 지시계를 원점으로 설정하지만 만약 결함이 명백하면 재설정 이후에도 다시 나타난다.

그림 10-41과 같은 회전 프리즘 지시계 (Rotating Prism Indicator)는 콤파스-자이로-ADC와 같이 시스템간의 비교를 모니터한다. 이 밖에도 아래 그림과 같이 오토파일럿 경고 지시계(Autopilot Warning Indicator)가 있다.

기본적인 모니터링 기술은 신호비교이다.

독립적이지만 동일한 입력 기준차가 두 대의 컴퓨터로 들어가서 각각의 컴퓨터에서 비교된다. 각각이 컴퓨터에서 출력되는 동일한 계산은 서로 비교된다.

결함(failure)은 입력 센서, 시스템 컴퓨터, 서보 등에서 제외되는데 그림 10-42와 같이 Input/Out 컴패레이터 혹은 컴페레이터 트립(Trip)의 조합에 좌우된다.

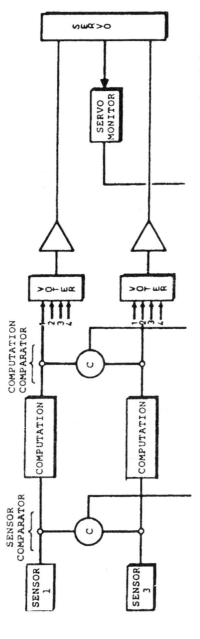

이런 종류의 비교를 크로스 채널 모니터링 (Cross-Channel Monitoring)이라고 하고, 또다른 형태의 한 가지가 인라인 모니터링(In-line Monitoring)이고 여기서는 직접 입력과 출력이 비교되어 유효한 신호를 발생시킨다. 만일 싱글 컴퓨테이션 (Single Computation)이 컴퓨터에 제공되면 입력 신호와 계산된 출력은 컴퓨터 사이에 크로스 피드(Cross Feed)시켜서 컴퓨터끼리 비교가 이루어진다.

이 기술은 컴퓨터의 입력 센서 시스템에서 결함을 분리시킨다. 듀얼(Dual) 혹은 듀얼/듀얼 선택에서 첫번째 모니터링 라인은 크로스 채널(Cross Channel) 혹은 인라인(In-line)이다. 이 절차는 특별히 결함있는 채널을 분리(Isolate)시킨다.

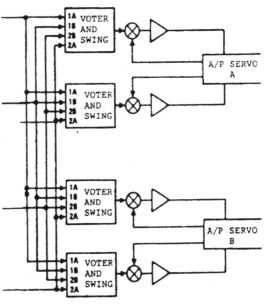

그림 10-42

그림 10-43

위 그림에서 신호가 보터(Voter)에 입력되는데, 이것의 목적은 극히 낮거나 높은 신호를 제거하고 나머지의 대략적인 평균 위치를 주게 된다. 이 방법은 최종 신호가 평균 수치(Mean Value)를 확실히 얻게 된다.

오토 파일럿이 유효 채널(Valid Channel)을 잃어서 셀프 테스트(Self Test)가 되지 않거나 혹은 완전히 잃어서 오토 파일롯 결합 어너시에이터(그림 10-44)가 다른 색[적색 혹은 엠버(Amber) 색깔]으로 지시된다.

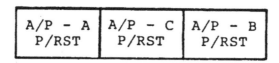

그림 10-44

10-13. 결함 상태(Failure Condition)

항공기의 전지식 플라이트 콘트롤 시스템은 비행중에 계속 결함 상태를 식별할 수 있어야 할 뿐만 아니라 오토 파일럿이 어프로치(Approach Land)를 수행하는 기능도 가져야 한다.

A/P - A P/RST	A/P - B P/RST	A/P - C P/RST

그림 10-45

성능 저하를 가져오는 것은 조종실의 경고 판넬에 모니터하고 지시되어야 한다.
위 그림은 3가지의 오토 파일럿 시스템을 나타낸다.
① 엠버(Amber) 등이 깜빡거림은 컨트롤에서 하나 이상의 채널을 잃은 상태
② 적색등이 계속 켜져 있는 상태는 셀프 테스트의 유효성을 잃은 상태
③ 적색등의 깜박거림은 피치(Pitch), 롤(Roll) 혹은 2가지의 컨트롤을 모두 잃어서 오토 파일럿의 분리(Disconnect)를 가져온다.

좀더 자세한 예를 들어 보자.

오토 파일럿 컴퓨터가 지상에서 스위치 ON되면 오토랜드를 위한 자체 모니터링을 시작하는데, 예를 들어 듀얼/듀얼의 선택에서도 상승/순항/강하는 싱글 채널이 된다.

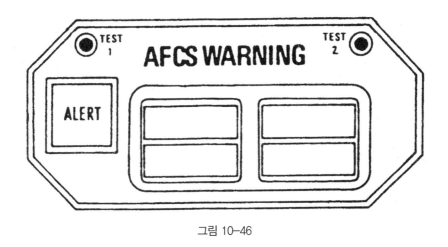

그림 10-46

그림 10-46은 일반적인 경고 판넬이고 그림 10-47은 가능한 경고 지시 내용들이다.

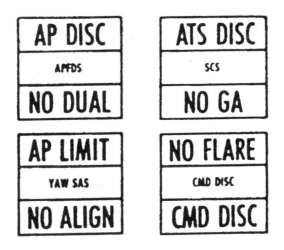

그림 10-47

10-14. 전자식 플라이트 시스템
(Avionic Flight Control System : AFCS)

A. 경고(Warning)

이 경고는 조종사에게 시스템 상황(System Status)의 변화나 모드(Mode)가 항공기 조종에 이용될 수 없음을 지시하는데 사용된다.

경고 메시지는 다음과 같다.

a. AP DISC

이 경고는 오토 파일럿 분리를 지시하고 인게이지먼트 레버(Engagement LeVEr)가 OFF된다.

오토 랜드(Autoland) 중에 두 개의 오토 파일럿이 인게이지 된 상태에서 하나의 오토 파일럿을 잃는 것은 AP DISC 메시지를 나타나게 하지 않는다. 그렇지만 페일/작동(Fail/Operation)에서 페일/패시브(Fail/PassiVE)로의 역전환은 No Dual 메시지를 나타나게 한다.

b. AP LIMIT

이것은 만약 피치 오토 파일럿이 컨트롤 시스템 잼(Control System Jam), 피치 트림 런 어웨이(Pitch Trim Runaway) 혹은 조종사의 서보 어버라이드(OVErride)에 의해 기계적으로 분리된 것을 지시한다.

c. NO ALIGN

이 메시지는 조종실에 오토랜드 작동중에 오토매틱 얼라인 메뉴버(Automatic Align ManoeVEr)가 행해지지 않음을 경보해 주는 것이다.

d. ATS DIST

이 경고는 오토 스로틀(Auto Throttle)이 수동으로 분리(Disengage)되거나 결함이 있을 때 켜진다.

e. NO GA

노고 어라운드 경고(No Go Around Warning)는 접근(Approach)을 포기하기로 결정 한 후에 항공기를 상승시킬 수 없는 시스템의 불능을 지시한다.

f. NO FLARE

이 경고는 오토매틱 플레어 메뉴버(Automatic Flare ManoeVEr)가 오토랜드 중에
행해질 수 없음을 경보해준다.

g. CMD DISK

명령 분리(Command Disconnect)는 흔히 모드의 상실에 따르는 것으로 오토
파일럿은 기본적인 형태를 갖게 된다. 흔히 이 것은 또다른 모드의 선택에 의해서
바로 잡을 수 있다.

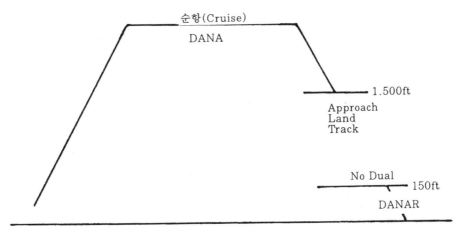

그림 10-48

h. DNAN-NO DUAL-DANA RECALL

3개의 경고가 오토 파일럿 시스템의 페일/작동 성능의 저하를 지시한다. 이
모니터링은 전 비행 구간에 걸쳐 행해지고 경고는 비행중에 특정 기간만 이루어진다.

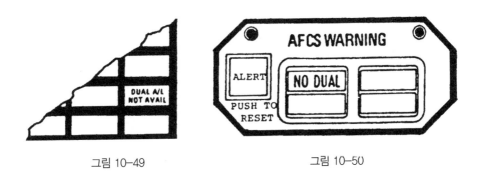

그림 10-49   그림 10-50

순항 과정은 그림 10-48과 같이 이륙에서부터 어프로치 랜드 트랙 1,500ft(듀얼/듀얼의 시작)까지로 정의한다.

어떤 시스템 성능의 저하는 DANA 지시를 하는데 이 DANA는 Dual Auto-Land Not Available를 뜻한다.

어프로치(Approach)는 1,500ft에서 150ft 사이로 정의하고 어떤 시스템의 성능 저하는 No Dual 경고를 준다.

착륙 단계(Landing Phase)는 150ft에서 활주로 표면까지로 정의하고 황주(Roll Out)가 시작되면 DANA와 No Dual 지시가 시작된다.

항공기 속도가 90Knot 이하이거나 혹은 오토 파일럿이 분리될 때 DANA가 켜지는데 이것을 DANA Recall이라고 부르고 이것은 150ft 고도와 지상활주(Roll Out) 사이에서 발생한다.

어프로치 랜드 모드(Approach Land Mode)와 1,500ft나 그 이하에서 오토 파일럿이 인게이지지된 상태 일 때 로칼라이저(Lacalizer)와 글라이드 슬롭(Glide Slop)으로부터의 편위는 ILS 편위 경고등 (ILS Deviation Warning Light)을 켜지게 한다.

지시등으로 가능 GS 신호는 50ft RA가 로칼라이저 5ft RA에서 시작된다.

그림 10-51

10-15. BITE(Built in test Equipment)

최근 항공기의 컨트롤 시스템은 첨단 디지털 컴퓨터를 사용하여 데이터 트랜스퍼(Data Transfer)는 일정하다. 이것의 장점은 배선이 줄어서 중량이 절약되지만, 한 가지 단점은 이런 시스템의 테스트에 별개의 방법이 필요한 점이다. 이런 시스템의 결함 분석은 BITE(Built in Test Equipment)로 알려 진 자체 모니터링 기능을 통해서 이루어진다.

이 방법은 콘트롤 장비 자체에 회로(Circuitry)가 있어서 발생할 수 있는 어떤 결함을 식별하고 확인하고 저장할 수 있다. 여기서는 5가지의 BITE 예를 설명했다.

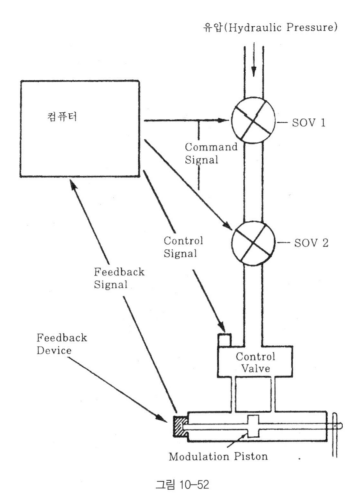

유압(Hydraulic Pressure)

컴퓨터

Command
Signal

SOV 1

Control
Signal

SOV 2

Feedback
Signal

Feedback
Device

Control
Valve

Modulation Piston

그림 10-52

1) Example 1

그림 10-52는 컨트롤 시스템으로 컴퓨터 명령 신호로 조종명(Control Surface)을 움직인다. 스위치가 ON되고 시스템의 자동적으로 인게이지되기 전에 자체 점검이 이루어진다.

위 그림에서 유압(Hydraulic Pressure) 차단 밸브(Shut-off ValVE : SOV) 1에 공급되고, 오픈(Open) 명령 신호(Command Signal)가 컴퓨터로부터 주어지고 SOV 2는 계속 닫혀 있으므로 유압이 이 지점에 머물러 있다. 콘트롤 신호가 콘트롤 밸브(Control ValVE)로 보내져서 움직이지만, SOV 2가 열리지 않고 혹은 모듈레이팅 피스톤(Modulating Piston)이 반응할 수 없어서 피드백(Feed Back) 장치는 신호를 보내지 않는다.

이 첫번째 점검이 SOV 2가 이상없음을 확인해 준다.

SOV 1이 닫히고 SOV 2가 열려서 다시 신호가 콘트롤 밸브로 보내지지만, SOV 1이 모듈레이팅 피스톤을 닫아서 반응하지 못하므로 이것이 SOV 1이 정상임을 지시한다. SOV 1과 SOV 2명령으로 열리고 신호가 컨트롤 밸브로 보내져서 움직이고 피드백 장치가 반응하므로 컴퓨터 자체 테스트 기능이 SOV의 정상 상태를 확인하고 콘트롤 밸브와 퍼드백 장치가 작동된다.

2) Example 2

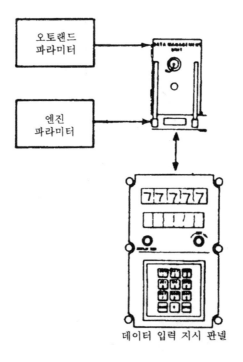

데이터 입력 지시 판넬

그림 10-53

위에서 모니터링 시스템이 오토랜드와 엔진 정상 기준치(Engine Health Parameter)에 따른 저장된 결합을 기억한다.

이것의 특징은 엔진의 결함/경향(Fault/Tread) 발달을 기록해서 엔진 교환으로 진행되기 전에 수정할 수 있다. 여기서 어떻게 데이터를 불러들이고 식별하는지 살펴보자.

이 특징은 플라이트 데이터 레코더 시스템(Flight Data Recoder System)의 처리를 기다리는 것과는 대조적으로 순간적으로 식별할 수 있는 점이다.

데이터 입력 판넬은 정보 입력은 5개의 숫자 7로 구성된다. 이 7자의 의미는 그림 10-54에서와 같다.

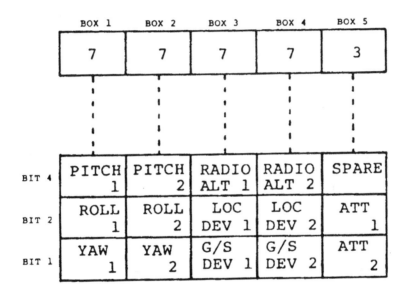

그림 10-54

첫번째 좌측 박스 밑의 각각의 박스는 바이트 수(Bit Value), 즉 4, 2, 1을 의미한다. 만약 3개의 진술이 모두 맞고 고장이 없으면, 즉 P1+R₁+Y1이고 전체 바이트 수는 7로 첫번째 박스와 같다. 만약 7이 아니고 5이면 7에서 5를 빼면 이것이 BIT 4이고 하나의 스패어(Spare)가 있으므로 전체 수치는 3이다.

3) Example 3

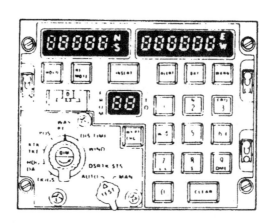

그림 10-55

위 그림은 INS(Internal Navigation System)의 CPU(Control Display Unit)를 나타낸다.

경고등의 작동에서 스위치는 DSTRK/STS로 선택하면 코드(Action Code)가 우측 상단에 나타나는데, 이 코드는 코드 북(Code Book)에서 찾아볼 수 있다.

테스트 스위치를 작동시키면 코드는 고장시의 코드(Malfunction Code)로 변하고 이 때 이 코드는 코드 북(Code Book)에서 찾아볼 수 있다.

4) Example 4

다음 그림은 콘트롤 시스템 컴퓨터로 결함을 불러들이는 완전한 자체 점검 특징과 기억 저장이 있다. 판넬에 DISPLAY TEST 버튼이 있으며, 이것은 자체 점검을 실실하고 코드 88-8을 나타낸다. 3개의 스위치/지시등이 컴퓨터가 점검을 통과하면 반짝거린다.

플라이트 데이터 리콜(Flight Data Recall)을 누르면 비행중에 저장된 시스템 결함을 불러낸다.

이것은 5초의 간격을 두고 지시계에 표시되며 전방 데칼(Decal)의 코드를 보고 식별할 수 있다. 센서/컴퓨터 스위치 지시등을 누르면 센서와 콤퓨터 점검을 실시한다.

모멘터리 테스트
푸쉬 버튼

Switchlight
(비행중 불러들인
정보를 버린다)

Switchlight
테스트 컴퓨터와 센서

Guarded Switchligh
슬로(Slew) 테스트 서

테스트 지시계
(Display Test가
나타난다.)

테스트 로드 리스

테스트 지시 플래:

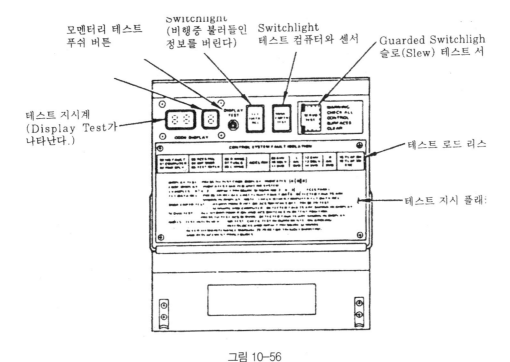

그림 10-56

5) Example 5

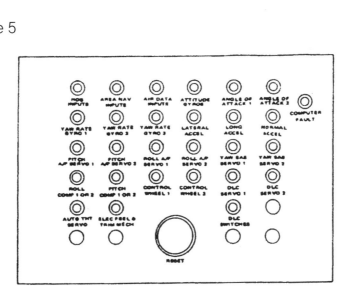

그림 10-57

컴퓨터의 전방 판넬에 있는 작은 원은 각각 특수한 기능을 잃으면 래치 업(Latch Up)된다.

만약 결함이 일시적이거나 수리되면, 혹은 작은 원(Dolls-eye)이 리세트(Reset)후에 다시 들어오지 않으면 항공기가 지면을 떠난 후에 수동으로 리세트 시킨다.

제11장 비행 관리 시스템(FMS)

종래의 항공기 제어 시스템은 항법 시스템, 조종 시스템, 추력 제어 시스템, 또는 비행 상태 표시 시스템과 같이 기능별로 나누어 몇 개의 시스템으로 구성되어 있었다. 그러나 몇해 전부터 이같이 나뉘어진 개개의 시스템을 하나의 종합 시스템(Total System)으로 유기적으로 결합시키려고 하는 경향이 강해져 그 결합 범위도 점차로 확대되고 있다. 이와 같이 비행 시스템 전체를 종합적으로 관리하는 것은 항공기를 운항함에 있어서 다음과 같은 몇 개의 개선을 가져올 것이라고 기대된다.

① 조종사가 항공기 조종 업무에서 해방되어 워크 로드(Work Load)가 현저히 감소한다.

② 자동 항법의 실현에 의해 휴먼 에러(Human Error) 위험성이 감소하고 비행 안정성이 향상된다.

③ 컴퓨터 제어에 의해 연료 효율이 가장 좋은 경제적인 운항이 가능하다. 이와 같은 항공기 시스템의 효율화를 컴퓨터를 이용하여 실현하려고 한 것이 비행 관리 시스템(Flight Management System : FMS)이다.

11-1. FMS의 종류

FMS는 제조자에 따라 명칭이 다르고 기능에도 차이가 있으나, 크게 나누어 정보를 표시하는 어드바이서리(Advisory)형과 이것이 조종 시스템과 연결된 것이 있다. 후자를 가리켜 일반적으로 FMS라고 부르기도 한다. 어드바이서리형은 PAS(Performance Advisory System)라고도 불리우며, FMS로서는 가장 간단한 시스템이고 항공기 중량, 외기 온도, 바람 등의 정보에 의해 가장 경제적인 고도나 속도를 계산하여 표시하고 조종사는 이것을 오토 파일롯이나 스로틀의 설정에 이용한다. 이 시스템은 현재 일부의B707, 727형 항공기나 소형 제트 항공기 등에 탑재되어 있다. 이것을 더 발전시킨 것이 후자의 좁은 의미에서의 FMS이다.

해당 FMS는 항공기의 오토 스로틀(Auto Throttle)이나 오토 파일롯(Auto Pilot)을 직접 제어하고, 더 나아가 최신식의 FMS는 항법 시스템과도 연결되어 있다. 이들은 조종사를 항공기의 조종 계통에서 해방시켜 워크로드(Work Road)를 경감함과 동시에 보다 정밀한 경제적 운항을 실현하려고 한 것이다

[참고] B767/757 등에 탑재된 최신형 FMS 만큼 기능은 광범위하지 않으나, FMS로서의 기능 중, 연료 조절을 위한 최적 비행 속도, 고도의 계산과 이에 기초한 비행 제어 시스템의 제어, 그리고 수직면 내에서의 최적 비행의 실현을 도모한 시스템을 특히 PMS(Performance Management System)라 하며 최신형 FMS와 구별하는 경우가 있다. PMS는 B747, DC-10 등의 제트 항공기에 장비되어 있다.

11-2. FMS의 계통도 및 기능

FMS가 표준 장비로서 채택된 최초의 민간 항공기는 1980년대 전반에 등장한 이른바 제4세대의 제트 항공기라 불리우는 B767/757형 및 A310형이다. 해당 FMS는 최적의 고도나 속도를 계산하여, 이에 근거하여 오토 파일롯이나 스로틀을 자동 제어하고 최적 비행을 하게 하는 기능 외에 VOR/을 시스템 등 항법 시스템으로 부터의 정보에 기초하여 사전에 임의로 설정되어진 루트를 자동 비행하는 기능(RNAV 기능)도 가지고 있다. 또 표시 장치는 전자 기술을 도입하여 다기능 표시가 되는데, 현재 가장 진보된 FMS의 하나라고 말할 수 있다.

여기서는 이중 B/767/757에 탑재된 FMS의 예를 들어 설명한다.

B767/757의 FMS는 그림 11-1에서처럼 항공기 중량, 엔진 데이터, 고도, 외기

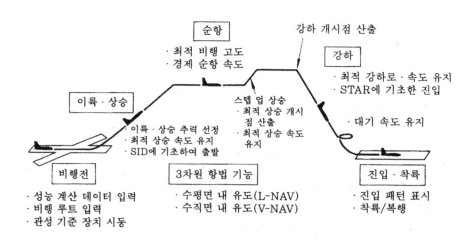

그림 11-1 FMS의 기능

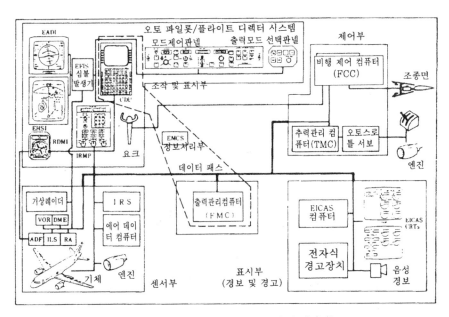

약호   ADI   : Attitude Director Indicator(자세 지시계)
       HSI   : Horizontal Situation Indicator(수평 위치 지시계)
       RDMI   : Radio Distance Magnetic Indicator(무선거리 자력 방위 표시)
       IRS   : Inertial Reference System(관성 기준 시스템)
       IRMP   : IRS-Mode Selector Panel(IRS 모드 선택 판넬)
       RA   : Radio Altimeter(전파 고도계)
       EICAS   : Engine Indication & Crew Alerting System(엔진 지시 및
       승무원 경보 시스템)
       FMCS   : Flight Management Computer System(CDU와 FMC로
       되어 있고 FMS의 중심을 이룸)

그림 11-2 비행 관리 시스템의 블록도

온도, 위치 등이 정보를 이용하여 이륙에서 착륙까지의 전비행 영역에 걸쳐, 가장 연료 소비가 적은 비행 속도와 비행 경로를 비행 관리 컴퓨터(Flight Management Computer : FMC)로 계산하여 그 출력에 의해 비행 제어 컴퓨터(Flight Control Computer : FCC)나 추력 관리 컴퓨터(Thrust Management Computer:TMC)를 작동시켜, 항공기를 자동적으로 목적지까지 유도한다. 또 동시에, 비행 상태 감시용으로 전자 비행 계기 시스템(Electronic Flight Instrument System : EFIS)에 항법 데이터가 표시된다. 즉, 본 FMS에서는 그림 11-2의 블록도 또는 그림 11-3의 계통도에서 보듯이 종래 개개의 기능을 하던 각종 센서 계통, 비행 제어 계통,

표시 계통의 각 장치를 전체 시스템으로서의 연결 결합하여 연료 소비가 최소로 되고 최적 비행 경로를 자동 비행할 수 있도록 한 것이다. 이것에 의해 조종사는 항공기의 조종 업무에서 해방됨과 동시에 FMS가 적절한 항행 정보를 항상 적절한 형태로 제공함에 따라 비행 관리자로서 항공기의 안전 확인 업무에 전념할 수 있게 되었다.

다음은 FMS 각 부의 기능에 대해 설명한다. (그림 11-3 참조)

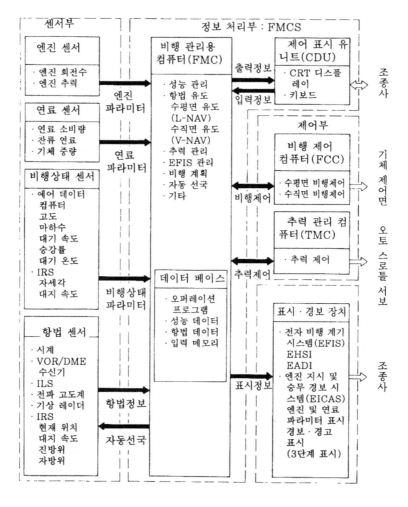

그림 11-3 비행 관리 시스템의 계통도

1) 센서부

센서부는 엔진 상태에 관계된 데이터(Engine Sensor), 연료의 소비량이나 잔류량에 관한 데이터(연료 센서), 항공기의 속도나 고도, 자세 등에 관한 데이터(비행 상태 센서), 항공기의 위치에 관한 데이터(항법 센서) 등 필요한 정보를 꺼내어, 비행 관리 컴퓨터(FMC)에서 처리 가능한 형태로 변환하여 제공한다.

2) 정보 처리부

정보 처리부는 비행 관리 컴류터(FMC)와 제어 표시기(Control Display Unit : CPU)로 되어 있다. CDU(그림 11-4)는 조종사와 FMC의 접점이 되는 것이며, 키보드를 사용하여 조종사가 FMS의 작동 모드를 선택하거나 FMC에 저장되어 있는 데이터를 읽기 위해 사용된다. 또, CDU의 디스플레이 상에는 비행 계획, 비행 성능, 파일롯에 대한 어드바이서리 데이터가 항상 표시되어지도록 되어 있다. 한편, FMC는 FMS의 중추를 이루는 것으로 다음과 같은 기능을 가지고 있다.
  · 상승, 순항, 하강과 전비행 범위에 걸쳐 항공기를 최적인 고도, 속도로 운항기 위해 각종 계산이나 예측을 하는 성능 관리 기능
  · 항공기의 수평면 내 및 수직면 내에 있어서 위치 제어를 하는 항법 유도 기능
  · 엔진 추력이 설정을 하는 추력 관리 기능
  · 전자 계기 시스템(EFIS)의 표시를 관리하는 EFIS 관리 기능

그림 11-4 컨트롤 디스플레이 유니트

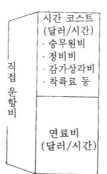

그림 11-5 직접 운항비

A. 성능 관리 기능

FMC에는 항공기를 최적의 방법으로 운항하기 위한 항공기의 비행 성능 관리 기능이 포함되어 있고 전비행 범위를 통해 상승, 순항, 하강이라고 하는 각 비행 단계마다 최적의 운항 계산과 예측이 행해진다. 아래에 이 계산과 예측의 원리에 대해 간단히 설명한다.

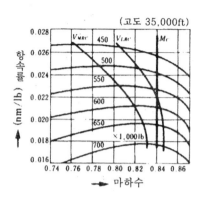

그림 11-6 B747의 항속률

그림 11-5과 같이 항공기의 운항에 직접적으로 필요로 하는 경비(직접 운항비)는 연료비와 그 밖의 운항 유지비(승무원비, 정비비, 항공기 감가상각비 등)으로 나누어 진다. 즉,

직접 운항비(달러/시간) = 연료비(달러/시간)+운항을 유지하기 위한
시간 코스트(달러/시간) --------(11-1)

으로 나타난다. 이것을 최소로 억제하는 것이 경제적인 최적 운항 실현을 위한 최종적인 목표이다. 식(11-1) 중에서 먼저 연료비를 최소로 하기 위한 운항 방식에 대해 생각해 보자.

그림 11-6은 항공기 속도와 항속률의 관계를 B747의 예로 나타낸 것이다. 항속률이란, 자동차의 연료비에 상당하는 것으로 연료 1파운드당 비행 거리(NM)를 말하는데, 이 값이 클수록 적은 연료 소비로 장거리 비행할 수 있다는 것을 의미한다. 그림 11-6에서 알 수 있듯이 항속률은 항공기 중량에 따라 달라지며, 비행 고도에 따라서도 변화한다. (그림은 고도 35,000ft일 때의 상태를 나타낸 것) 그림에서 V_{MRC}

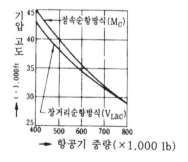

그림 11-7 B747의 최적 비행 고도

그림 11-8 스텝 업 순항 방식

각 중량에 있어 항속률이 가장 큰 속도를 연결한 것으로 연료 소비가 최소이고 비행 거리가 최대가 되는 속도를 나타낸 것이다. 연료 소비량은 최소로 하기 위해서는 이 V_{MRC}에서 비행하는 것이 좋지만, 그림과 같이 해당 속도는 매우 늦은 속도이므로 고속을 특징으로 하는 제트 항공기에는 적합하지 않다. 그래서 실제 운항에 있어서는 보통, 그림의 V_{LRC}는(장거리 순항 속도)는 M_C (정속 순항 속도)가 순항 속도로서 채택된다. 이중, V_{LRC}는 $V_{max}MRC$에 비해 항속률이 1% 저하되는 속도로 V_{MRC}에 비하면 꽤 빨라지지만, V_{MRC}와 같이 연료 소비에 의한 항공기 중량 감소에 따라서 계속적으로 비행 속도를 떨어뜨리도록 추력을 조정해야 하므로 조종사의 워크 로드가 커진다. 한편, M_C은 일정한 마하수를 유지하며 비행하는 것으로, V_{LRC}에서의 순항에 비해 연료 소비는 조금 많아지나 조종사의 조작이 용이한다. 이와 같은 이유에서 연료 가격이 비교적 낮은 시대에는 속도 M_C에 의한 순항이 표준적인 운항 방식이 되어 왔다.

더욱이 최근에는 보다 경제적인 운항 달성을 위한 다음과 같은 연구가 행해지고 있다. 즉, 제트 항공기의 항속률은 일반적으로 고도가 높아질수록 좋아지지만, 고도가 높아지면 엔진 효율이 저하하는 등 좋지 않은 요인도 있어 어떤 고도에서 극한에 달한다. 이 고도를 최적 비행 고도라고 하며, 순항 방식(속도)과 항공기 중량에 의해 정해진다. 이 상태를 나타낸 것이 그림 11-7이고, 중량이 경감함에 따라 이 고도는 높아진다. 이와 같은 점을 고려하여 항공기 순항 방식은 그림 11-8에서와 같이 비교적 단거리일 때만 정고도 순항 방식이 이용되고, 장거리 순항일 때는 연료 소비에 따른 항공기 중량 감소에 따라 단계적으로 고도를 높이는 스텝 업(Step up) 순항 방식(관제 비행 고도는 같은 방향에서 2,000ft 이상의 고도차를 내게 되어 있어 고도를 서서히 올리지 못한다)이 이용된다.

이상에서 연료비를 최소로 하기 위해서는 속도 VMRC 에서도 최적 비행 고도를 비행하는 것이 가장 좋음을 알았다. 그러나, 상기한 바와 같이 VMRC 에서는 속도가 늦어 고속 제트기에는 적합하지 않을 뿐만 아니라, 비행 시간이 길어져 식(11-1)의 시간 제트기에는 적합하지 않을 뿐만 아니라, 비행 시간이 길어져 식(11-1)의 시간 코스트(Cost)가 증가하여 결과적으로 직접 운항비가 최소화 되지 못한다. 보통, 직접 운항비가 최소가 되는 속도는 V_{MRc} 보다 조금 빠른 속도(이 속도를 경제 순항 속도 MECON라 함)가 된다. 식(11-1)에서 알 수 있듯이 MECON 은 시간 코스트가 낮은 경우에는 V_{MRc}에 가깝고,

$$\text{INM당 운항 비용(달러/NM)} = \frac{\text{직접 운항비(달러/시간)}}{\text{대지 속도(NM/시간)}} \quad -----(6-2)$$

반대로 높으면 V_{MRc}보다 매우 빠른 속도가 됨을 예상할 수 있다.

한편, 항공기를 1NM 비행시키는데 필요한 운항 비용은 위의 식으로 나타내진다.

그림 11-9는 운항 비용과 순항 속도의 관계를 나타낸 것으로 M_{ECON}에서 이 비용은 최소가 된다.

위에서 말한 것처럼 최적 속도를 경제 순항 속도로 비행하려면 항공기 중량, 바람, 외기 온도, 연료비와 시간 코스트의

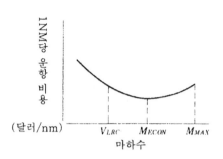

그림 11-9 경제 순항 속도

비(코스트 지수라 함)와 같은 시시각각 변화하는 요소를 고려한 뒤, 복잡한 계산을 거쳐 최적치를 구해야 하지만, 조종사가 항공기에서 계산에 의해 이것을 구하는 것은 불가능하다. 그래서 디지털 컴퓨터(Disital Computer)를 이용하여 이것을 실행하게 한 것이 FMC의 성능 관리 기능이다. FMC는 산출한 최적 비행 고도 및 경제 순항 속도의 신호를 비행 제어컴퓨터(FCC) 및 추력 관리 컴퓨터(TMC)에 보내고 항공기를 자동적으로 해당 고도 및 속도로 유지함과 동시에 순항 시간이 길어지면 자동적으로 스텝 업(Step up) 순항을 한다.

위에서 항공기가 순항시에 경제적 운항 방식에 대해 설명했는데, 상승이나 강하시에 있어서도 FMC에 의해 최적의 상승 방식 및 강하 방식이 실현되어진다.

상승에 대해서는 종래에는 지시 대기 속도(Indicated Air Speed:IAS)가 일정히 상승하여 이 값이 순항 마하수와 같아진 시점에서 일정 마하수로 상승 하는 것이 보통이었으나, FMC에 의해 최대 상승률에서의 상승이나 가장 경제적인 최적 상승이 가능하게 되었다. 이들은 외기 온도, 속도 및 중량에 좌우되며 FMC에 의한 계산에 의해 최초로 가능하게 된 것이다.

또, 강하에 대해서도 종래에는 조종사가 예측한 강하 시점에서 엔진 추력을 아이들(Idle)에 걸어 강하를 시작했지만, FMC의 도입에 의해 강하 종료점이 위치와 고도로부터 정해지는 강하 개시점에서 직접 운항비가 최소가 되는 강하 속도를 유지하며 강하하는 것이 가능하게 되었다. 이밖에 강하율이 일정한 강하도 가능하게 되었다.

추가적인 FMC의 주요한 기능의 하나로 조종사가 사전에 전체 비행 경비를 최소가 되게 비행 계획을 설정하는 것도 가능하게 되었다.

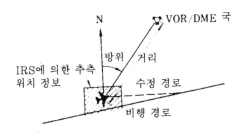

N

VOR/DME 국

IRS에 의한 추측
위치 정보

방위 거리

수정 경로

비행 경로

위에 설명한 외에 두가지의 DME국을 이용하여 각 DME로
부터의 거리로 위치를 결정하는 방법도 가능하다.

그림 11-10 수평면에 있어서의 위치 결정

B. 항법 유도 기능

　FMC의 항법 유도 기능은 3차원 RNAV기능(전술)을 가지고 있어서 수평면 내 및
수직면 내에 있어 비행 경로를 자유롭게 설정하고 이 경로에 따라 항공기를 유도할
수 있다. 이 중 항공기의 수평면에 있어서의 위치는 그림 11-10에서처럼 관성 기준
시스템(IRS)에서 얻어진 자기의 위도, 경도 정보를 VOR/DME국으로부터 고정밀도의
정보에 의해 수정하여 결정한다. 또 수직면에서의 위치는 에어 데이터 시스템(ADS)
및 IRS로부터의 고도 정보로 구해진다. 이와 같이 얻어진 위치 정보에서 미리
설정된 비행 경로에 대한 항공기의 벗어남을 계산하여 이 이탈 정도에 따라 FCC에
항공기를 바른 위치로 돌리기 위해 유도 신호를 제공함으로서 자동 비행을 가능하게
하고 있다. 또, 이 위치 정보는 동시에 전자 비행 계기 시스템(EFIS)에도 제공되고

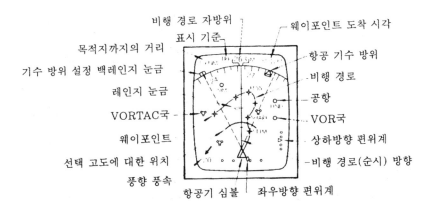

비행 경로 자방위
표시 기준

웨이포인트 도착 시각

목적지까지의 거리

항공 기수 방위

기수 방위 설정 백레인지 눈금

비행 경로

레인지 눈금

공항

VORTAC국

VOR국

웨이포인트

상하방향 편위계

선택 고도에 대한 위치

비행 경로(순시) 방향

풍향 풍속

항공기 심볼 좌우방향 편위계

그림 11-11 항법 데이터의 표시(EHI 맵 모드)

조종사에 대해 표시된다. FMC에는 미리 수많은 공항, 항공로상의 점(Waypoint) 등의 항법 데이터 및 공항의 SID(Standard Instrument Departure : 표준 계기 출발 방식), STAR(Standard Terminal Arrival Route : 표준 도착 경로) 등을 기억시킬 수 있으며, 이들 데이터를 C여DP 지시할 수 있다. 출발시에 조종사가 비행 계획을 기초로 이들 데이터를 이용하여 하나의 루트를 설정하면, FMC는 이들 항법 데이터를 차례로 꺼내어 이것에 기초하여 항공기를 유도해 간다. 항법 데이터는 그림 11-11과 같이 전자식 수평 위치 지시계(Electronic Horizontal Situation Indicator:EHSI) 상에 지도 표시가 되어 있으므로, 조종사는 이것을 가시하면 비행 경로와 항공기의 위치를 쉽게 파악할 수 있다. 더욱이 FMC는 항공기가 비행 경로를 나아감에 따라 VOR/DME 수신기가 이미 선정한 지상국을 순서대로 자동 선국해 가는 VOR/DME 자동 선국 기능을 가지고 있다.

C. 추력 관리 기능

제트 항공기의 추력은 엔진의 회전수나 압력비(Engine Pressure Raio:ERP)로 정해지는데, 최적 추력은 항공기 중량, 외기 온도, 고도 및 이륙, 상승, 순항, 강하 등의 각 페이즈(Phase)에 따라 다르다. FMS에서 추력은 FMC로부터의 추력 제어 명령에 따라 TMC에서 계산되어진다. 또 계산 결과는 그림 11-12와 같이 FMC를 매개로 EICAS(Engine Indication & Crew Alerting System : 엔진 지시 및 승무원 경보 시스템)상에 표시되도록 되어 있다.

D. EFIS(전자 비행 계기 시스템)
관리 기능

EFIS는 종래의 자세 지시계(ADI), 수평 위치 지시계(HSI) 대신 항공기의 자세, 위치 등을 그래픽 디스플레이(Graphics Display)로 표시하는 것으로 EFIS에서 이들은 각기 EADI(Electronic ADI), EHSI (Electronic HSI)라고 불리운다. FMS 내부의 각종 정보는 디지털 정보로서 처리되어 최종적으로는 모든 CDU에 숫자

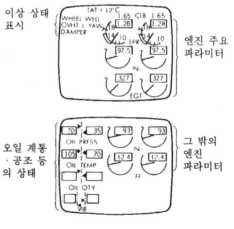

그림 11-12 EICAS의 표시

또는 문자로 표시 가능하지만, EFIS에서는 종래 계기에 가까운 표시가 가능한 화상
표시 방식을 채용하고 있다. FMS에서는 소요되는 계산 기억 데이터를 EFIS의 심볼
발생기에 보내어 여기서 비디오 신호로 변환하여 영상화하고 있다.

3) 표시부

　FMS의 표시부는 조종사의 비행 관리용으로 FMS가 기억, 계산한 정보를
문자·숫자 표시, 또는 그래픽 디스플레이로서 표시하는 곳이다. 표시부는 다음의
시스템으로 구성되어 있다.
　① EFIS(전자 비행 계기 시스템)
　　·EHSI(전자식 수평 위치 지시계)
　　·EADI(전자식 자세 지시계)
　② EICAS(엔진 계기 및 승무원 경보 시스템)

　표시 정보는 불필요한 정보, 또는 조종사에게 혼란을 초래할 만한 정보를
삭제하고 조종사의 비행 관리에 그대로 사용 가능한 정보만을 적절한 표시 방식으로
표시함으로서, 조종사의 워크 로드(Work Load)를 감소시켜 안정성을 향상하도록
고려되고 있다.

A. EFIS
　EFIS의 표시기는 EHSI와 EADI로 되어 있고 그 구성은 그림 11-13과 같다.
표시기에는 기계식 계기 대신 브라우누관(CRT)에 채용되어 있고 종래의 자세,
위치 등의 정보외에 FMC와 직결되어 비행 관리용의 많은 정보 표시가 가능하다.
표시 방식은 문자·숫자 및 심볼 부분에 대해서는 스트록 스캐닝(Stroke
Scanning)방식으로 그 외의 공간, 지면 등의 면 부분은 텔레비전과 같은 래스터
스캐닝(Raster Scanning) 방식을 이용하여 영상이 잘 보이게 하였다. 그 외에 특히
외광 반사, 어른거림, 번짐 등을 방지하기 위해 여러가지 조치가 취해지고 있다.

a. EHSI
　EHSI는 그때 그때의 비행 정보 및 수평면 내의 유도 정보를 컴퓨터로 작성하여
표시하는 것이다. EHSI에는 몇개의 표시 모드가 있다. 크게 나누면 그림 11-14와
같다.

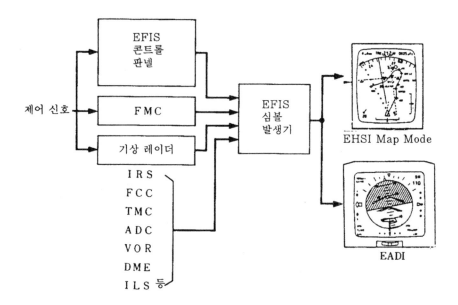

그림 11-13 EFIS의 구성도

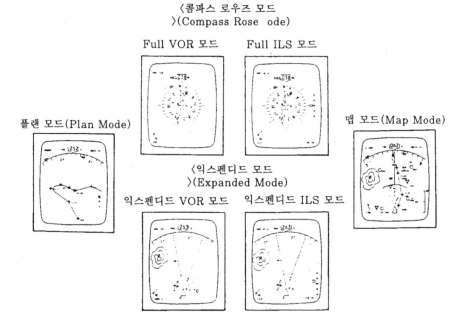

그림 11-14 EHSI의 구성도

① 플랜 모드(Plan Mode:비행 계획 경로 전체를 표시)
② 콤파스 로우즈 모드(Compass Rose Mode:Full VOR/ILS 모드라고도 하며, 종래의 HSI와 같은 표시)
③ 익스펜디드(Expanded) VOR/ILS 모드(종래의 HSI 표시 중에서 기수 방향만을 확대 표시)
④ 맵 모드(Map Mode)

이중 그림 11-11에서의 맵 모드는 FMS로서 가장 특징적이고 중요한 기능을 가지고 있다. 이 모드에서는 비행중의 항공기의 위치를 사전에 중심에 놓고 공항, VOR/DME국, 웨이 포인트 등의 위치, 비행 경로, 비행 방위 외에 다음의 웨이 포인트까지의 거리와 소요 시간, 풍향, 풍속, 예측 비행 경로, 예정 비행 고도와의 차 등 30종류에 가까운 최신 정보를 7색의 컬러로 표시할 수 있다. 또 필요한 경우, 기상 레이더의 영상도 중첩 표시 가능하다. 이것에 의해 이제까지 조종사가 머릿속에서 그려오던 항공기의 3차원 위치, 비행 경로가 직접 표시로 확인할 수 있게 되어 항법은 매우 쉽게 되었다.

d. EADI

그림 11-15과 같이 EADI에도 약 20종류의 정보가 칼라로 표시된다. EADI에는 종래의 ADI와 같이 항공기의 자세 정보(피치각, 롤각)가 영상 표시되는 것 외에 동시에 전파 고도, 전압 한계 고도, 대지 속도, 오토 파일롯(Auto Pilot)이나 오토 스로틀(Auto Throttle)의 작동 모드 등도 표시된다.

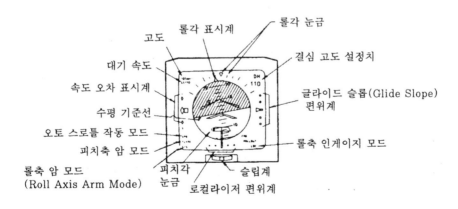

그림 11-15 EADI의 표시

B. EICAS

그림 11-12과 같이 EICAS는 종래의 엔진 계기 대신에 엔진 운전 상태를 표시함과 동시에 엔진 계통을 포함한 항공기의 각 계통에 발생하는 이상 상태를 경보 표시하는 기능도 가진다. EICAS의 표시기는 상하2개로 나뉘어지며, 보통 상측의 브라운관에은 N$_1$(저압 로우터 회전수), EGT(배기 개스온도) 등 주요 엔진 파라미터가 하측에는 N$_2$(고압 로우터 회전수), FF(연량 유량) 등 그 밖의 파라미터가 표시된다. 그리고 어떤 브라운관이 고장난 경우는 정상적인 브라운관에 모든 정보가 일괄 표시되도록 안전 조치가 처해져 있다. 또, 이상 상태 표시는 표11-1처럼 그 긴급도에 따라 색구분이 되어 있고, 문자 및 숫자로 표시된다. 표시 정보 중 가장 새로운 데이터는 각 카테고리의 최상부에 표시되도록 되어 있다.

EICAS의 도입에 따라 표시의 집약화, 최적화가 도모되었고 종래 개별적으로 있던 계기, 라이트(Light)등 100개가 가까운 부품이 감소하여 경보의 수가 격감하는 등 승무원의 워크 로드가 현저히 경감되고 있다.

4) 제어부

제어부는 비행 제어 컴퓨터(FCC)와 추력 관리 컴퓨터(TMC)로 구성되어 있다. FCC는 FMC에 의해 만들어진 조종 명령을 받아, 계산을 하여 항공기의 조종면(Control Surfaces)을 조절한다. FCC는 모드 제어 판넬과 함께 오토 파일롯/플라이트 디렉터 시스템(AFDS)으로서, 플라이트 디렉터용의 명령 신호를 주어 조종사를 원조하고 또 조종사의 지시에 따라 속도, 고도, 기수 방위 등을 설정, 유지하는 기능을 가지고 있다.

TMC는 FMC로 부터의 추력 제어 명령에 따라 최적의 엔진 추력을 계산하여 그것에 의해 엔진의 스로틀을 조정하고 항공기의 속도를 가감한다. 또, TMC와 조종사와의 접점의 역할을 하는 것으로 추력 모드(Thrust Mode) 선택 판넬이 설치되어 있다.

11-3. FMS의 운용

보통의 운항에 있어서 B767/757에 탑재된 FMS의 조작 방법 및 동작의 상태는 앞에 나온 그림 11-11의 각 비행 단계마다 다음과 같이 된다.(이하 그림 11-12의 블럭도 참조)

A. 비행전(Pre Flight)

① 승무원은 CDU에 의해 FMS의 데이터 베이스(Data Base)가 최신의 것인지를 확인하고, CDU의 키를 눌러 항공기 중량, 순항 고도, 비행 루트 등의 데이터를 입력한다. 이 동안, EFIS의 EHSI 상에는 비행 경로, 통과 지점이 표시된다.

② CDU에 의해 FMC에 현재 위치의 위도, 경도를 입력하고 IRS를 작동시킨다.

③ 엔진을 시동하고 각 시스템의 스위치를 ON 또는 AUTO로 한다. 조종실(Cock Pit) 중앙의 EICAS에는 엔진 파라미터 및 필요에 따라 전원,유압, 에어 컨디셔닝, 그밖의 시스템의 상태가 표시된다.

B. 이륙(Take Off)

① 추력 모드 선택 판넬(그림 11-16)로 이륙 추력을 선택한다. [추력에는 MAX(최대), DERATE(저감)-1, DERATE(저감)-2의 3종류가 있다.

② 관제탑으로부터 이륙 허가를 받으면 AFDS 모드 제어 판넬(그림 11-17)의 N₁버튼을 누른다. 그러면 스로틀이 자동적으로 이륙에 필요한 위치까지 가서 이륙이 시작된다. 이 동안, EADI에는 FDD로부터 계산되어진 기수의 방위와 피치의 코멘드가 표시된다.

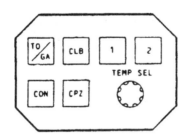

그림 11-16 추력 모드 선택 패널

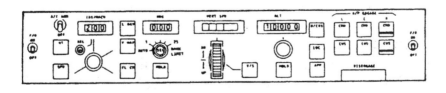

그림 11-17 오토 파일롯/플라잇 디렉터 시스템(AFDS) 모드 패널

③ EIDI의 코멘드 바(Command Bar)가 항공기의 일으킴 및 상승 개시 할 때의 피치각을 나타내므로 이것에 따라 이륙 조작을 한다.

C. 상승(Climb)

① 랜딩기어를 리트랙트(Retract)한 뒤, 모드 제어 판넬의 LNAV(Lateral Navigation : 수평 항법) 버튼을 누르고, 플랩을 리트랙트 한뒤 VNAN(VErtical Navigation : 수평합법) 버튼을 누른다.

② 고도가 1,500ft에 달하면 추력 모드 선택 판넬로 상승 추력을 선택한다. [추력에는 MCLT(최대 상승 추력), DERATE(저감)-1, DERATE(저감)-2의 3종류가 있다.]

③ 그후에는 오토 파일롯, 오토 스로틀이 항공기를 자동적으로 콘트롤한다.

D. 순항(Cruise)

① 예정된 순항 고도에 달하면 FMS의 모드가 자동적으로 전환되어 완만하게 수평 비행으로 바뀐다.

② 항공기가 최적 속도가 되도록 FMC가 추력을 조정하고 항공기는 계획된 경를 비행한다.

③ 순항중은 CDI에 성능 데이타가 항상 표시된다. 스텝 업 비행에 의한 연로 절감 효과, 최적 고도로 표시 가능하다.

④ EHSI 상에서는 기상 레이더나 비행 경로의 데이타가 표시 가능하다.

⑤ 비행 고도의 변경은 CDU에 새로운 고도를 입력함으로서 자동적으로 행해진다. 모드 제어 판넬로 새로운 고도를 선택하는 것도 가능하다.

E. 강하(Descent)

① FMC는 최적인 강하 개시점(Top of descent)을 산출하여 EHSI상에 표시한다.

② 모드 제어 판넬로 미리 원하는 고도(순항 고도 이하)를 선정해 두면 강하 개시점에 달하여 자동적으로 강하를 시작한다.

③ 보통 10,000ft 이하에서는 항공기 속도는 240KIAS로 조절된다.

F. 홀딩(Holding)

① 승무원이 홀딩 픽스(Holding Fix)의 위치를 입력하면 자동적으로 홀딩이 들어간다. 이때, 홀딩 패턴(Holding Pattern)은 EHSI 상에 표시된다.

② 임의의 홀딩 패턴을 비행하려 하는 경우는 레그 타임(Leg Time), 레그
  디스턴스(Leg Distance)를 지시한다.

G. 진입(Approach)

① ILS 어프로치에서는 로컬라이저(Localizer)를 포착하면 LNAV가 해제, 글라이드
  슬롭(Glide Slope)을 포착하면 vnav이 해제되어 오토 플라이트의 어프로치
  모드(Approach Mode)가 된다.
② EADI에는 로컬라이저나 글라이드 슬롭 코스로 부터의 항공기의 이탈이
  표시되고 EHSI의 맵 모드(Map Mode)에는 FMC에 입력된 어프로치 코스가
  표시된다.

H. 착륙·지상 활주

① 착륙의 카테고리는 CATⅢ b까지 가능하다.
② 착륙시, 항공기는 리더(Rudder) 및 스티어링(Steering) 기능에 의해 자동적으로
  활주로 중심 상에 오게 된다.
③ 브레이크는 자동적으로 작동되며 스로틀 리버서(Throttle reVErse : 역추력
  장치)는 수동에 의해 작동되어진다.

I. 고 어라운드(Go Around)

① 착륙 전에 G/A(고 어라운드)를 선정하면, 스로틀을 자동적으로 G/A에 대응하여
  추력 위치까지 이동하고, 항공기는 현속도·방향대로 상승률 2,000ft/분이
  될때까지 완만하게 이륙된다.

제12장 기타 보조 항법 장치

12-1. 항공기 사고에 관한 장치

항공기 사고가 일어난 경우, 승객이 타고 비행하는 민간 항공기였을 때는 그 사회적 영향은 매우 크다. 그 때문에 같은 사고의 재발 방지를 위해 사고 원인의 규명이 철저히 조사되지만, 항공기가 크게 파괴되어 조종사가 사망한 경우 등에는 사고 원인이 명확히 규명되지 않을 가능성이 크다. 그러므로 다시 유사 사고가 일어날 가능성이 있으므로 최대 이륙 중량 5.7t 이상의 민간 항공기가 경우에는 항공법에 다음과 같은 장치를 탑재하도록 의무화하여 사고 원인 규명을 용이하게 하고 있다.

A. 음성 기록 장치(CVR : Cockpit Voice Recorder)

조종사가 교신하는 통신 내용, 조종실 내에서의 대화, 엔진 등의 백 그라운드 노이즈(Back ground Noise)가 기록된다. 이 장치는 비행 목적으로 엔진이 시동된 때부터 비행이 종료한 뒤 엔진을 정지시킬 때까지 항상 작동시켜 놓은 것을 의무화하고 있다. 이 때문에 앤드리스(Endless) 녹음 테이프를 이용하여(Metal Tape) 오래된 녹음을 소거해가며 새로운 녹음을 하고 사고가 발생한 시점부터 거슬러 올라가 최종 30분의 기록만을 남기게 하고 있다.

B. FDR(Flight Data Recorder) 또는 DFDR(Digital flight Data Recorder)

FDR 또는 DFDR은 항공기의 상태(기수 방위, 속도, 고도 등)을 기록하는 것이다. DFDR은 FDR을 디지탈(Digital)화한 장치로서 정보를 디지탈화하여 기록하는 것으로, 최근의 항공기에 종래의 FDR 대신 탑재되고 있다. 현재의 항공법에서는 FDR이 아니라 DFDR의 탑재가 의무화되어 있지만, DC-8, B727, D737, DC-9처럼 1969년 9월 30일 이전에 형식 증명을 취득한 항공기는 FDR을 탑재하는 설계로 되어 있으므로 FDR의 탑재를 경과 조치로서 당분간 인정하고 있다.

이 장치는 이륙을 위해 활주를 시작한 때부터 착륙해서 활주를 끝낼 때까지 항상 작동시켜 놓아야 한다. 이 때문에 FDR의 경우에는 엷은 스테인레스 재질의 테이프(Stainless Tape)에 다이아몬드 기록 침으로 긁어가며 기록한다. 1회 기록하면 소거하는 것이 불가능하므로 길이 200ft의 테이프를 사용하여 400시간 녹음을 할 수 있게 되어 있다.

DFDR은 CVR과 같은 금속의 앤드리스 자기 테이프(Endless magnetic Tape)를 사용하며 사고 발생시점에서 거슬러 올라가 25시간 전까지의 기록을 남기도록 하고 있다. 이들 장치는 사고시의 충격이나 화재 등에 비교적 안전한 동체 후방에 장착되는 것이 보통이다.

C. 기타

그밖에 항공기 사고 해명에는 무관하지만 항공기가 불시착한 경우 불시착 위치를 알리기 위해 항공기를 구명 무선기(ELT:Emergency Locator Transmitter)가 탑재되어 있다.

1) 음성 기록 장치(CVR, Cockpit Voice Recorder)

사고가 발생했을 때, 나중에 회수가 가능하도록 하기 위하여 자기 테이프는 내진, 내열성의 캡슐(Capsule)에 봉해져 있다.(캡슐은 1,100℃의 온도에 30분, 1,000g의 충격에 0.011초, 해수, 제트 연료 속에서 48시간 잠겨 있어도 견딜 수 있게 되어 있다. (그림 12–1)

전원은 항공기 전원의 비상 버스(Emergency Bus)로부터 취하며 한쪽 엔진을 시동하면 파킹 브레이크 OFF시 자동적으로 전원이 들어간다.

그림 12–2는 녹음장치의 계통도이다. 녹음은 4채널 방식으로 되며 각 채널은 그림 12–2의 내용이 녹음된다.

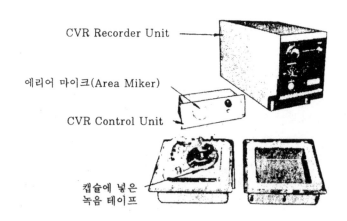

CVR Recorder Unit

에리어 마이크(Area Miker)

CVR Control Unit

캡슐에 넣은
녹음 테이프

그림 12–1 CVR 외형

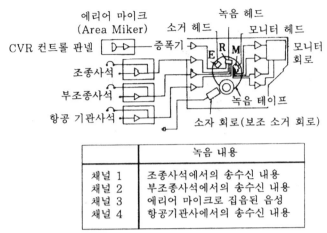

그림 12-2 CVR 녹음 계통도

녹음 내용	
채널 1	조종사석에서의 송수신 내용
채널 2	부조종사석에서의 송수신 내용
채널 3	에리어 마이크로 집음된 음성
채널 4	항공기관사에서의 송수신 내용

2) FDR

FDR에는 표 12-1의 데이타가 엷은 금속성 테이프(폭 5in, 길이 200ft) 위에 다이아몬드침으로 기록한다. CVR과 같이 테이프는 사고시에도 기록이 보존되도록 온도 1,100℃에서 30분, 1,000g의 충격에 0.005초, 바닷물속에 6시간 잠겨 있어도 견딜 수 있게 되어 있다.

Data	기록의 범위	Data Souse
a. 기압 고도	−1,000ft~ +5,000ft	Pitot-Static System
b. 대기 속도	100~450kt	
c. 자방위	전방위	보통 №2 Compass System
d. 수직 가속도	−3~+6g	FDR용의 Accelerometer
e. 시간	1분마다 기록	내장된 Clock
f. 항공교통 관제기관 과 연락한 시간	송신을 보내고 있을 때 기록된다.	통신 장치
g. 변경, 날짜		조종실 내에 장착되어 있는 Trip&Date Encoder

표 12-1 FDR에 기록된 데이터

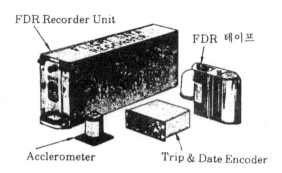

그림 12-3 FDR 외관도

각 데이터 소스(Data Source)로부터의 신호에 의해 다이아몬드 침을 움직여(즉 8채널) 기록되어진다. 그림 12-4는 기록 상태를 나타낸 것이다.

이 데이터는 아날로그(Analog) 신호이므로 판독은 확대 장치를 써서 5~50배 정도로 확대하여 행한다.

3) DFDR

DFDR은 FDR과 달리 금속성의 자기 테이프에 디지탈 신호로 기록해간다. (이 테이프는 25시간 분의 앤드리스 테이프(Endless Tape)로서 CVR과 같이 특수한 캡슐에 들어 있어서 고온, 충격, 해수 등에 견딜 수 있게 되어 있다) 따라서, 기록 가능한 양은 FDR이 8채널인 것에 비해 DFDR은 최대 63채널까지 가능하다. 즉 기록되는 데이터는 FDR에서 기록되는 데이터 외에 다음과 같은 데이터의 기록도 의무화되어 있다.

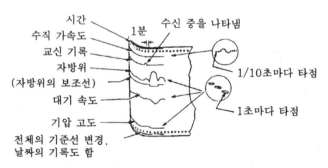

〔참고〕 기압 고도, 대기 속도, 자방위는 1초마다 1회
수직 가속도는 1초마다 10회 타각된다.

그림 12-4 FDR의 금속판에의 기록

피치 자세

롤 자세

횡 가속도

러더 페달(Rudder Pedal)의 조작량

컨트롤 휠(Control Wheel)의 조작량

조종륜(Flap)의 조작량

플랩의 변위량

발동기의 출력 또는 추력

그림 12-5는 시스템의 계통도이다. 항공기 각 부에 들어 있는 센서(Sensor)에서 FDAU(Flight Data Acquisition Unit)에 데이터가 들어오면 이들 데이터는 아날로그 신호가 있고 이것을 먼저 디지탈 신호로 변환하여 미리 정해둔 순서에 따라 DFDR에 직렬 데이터로 기록해 간다. 그림 12-6은 데이터가 기록되는 모습인데 12비트에서 1Word로 하여 이것이 64Word 모이면 서브 프레임(Sub Frame)으로 하여 서브 프레임이 4개 모이면 메인 프레임(Main Frame)과 같은 형태로 기록해간다.

서브 프레임 내의 64Word 중 최초의 1워드는 4개의 서브 프레임을 식별하는데 사용된다 데이터는 나머지 63Word에 미리 정해진 순서대로 기록된다. 서브 프레임 한개가 약1초의 시간에 해당되며 이 서브 프레임의 기간에 최대 63개의 데이터의 샘플 값을 기록할 수 있다. 따라서, 메인 프레임에서는 각 데이터의 4개의 샘플 값이 얻어진다. 이와 같이 점차적으로 기록되어 간다. 이들 데이타를 읽기 위해서는 전용

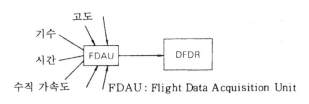

FDAU : Flight Data Acquisition Unit

그림 12-5 DFDR 계통도

그림 12-6 DFDR의 데이티의 기록 양식

계산기를 이용하여 컴퓨터가 읽을 수 있는 데이터로 하기 위해 코드 전환 등을 하여 컴퓨터용 테이프로 변환한다. 그리고, 이 데이터를 다시 컴퓨터를 이용하여 데이터를 아날로그 신호로 출력하거나 또는 10진수로 변환하여 프린트(Print)한다. 표 12-2는 판독예이다.

Time GMT	CAS (ft)	PR ALT (ft)	Mach
0.27	304.1	23651.	0.709
	304.1	23614.	0.709
	304.0	23579.	0.708
	304.4	23544.	0.708
0.27	304.7	23507.	0.709
	304.8	23472.	0.708
	305.3	23435.	0.709
	305.3	23400.	0.708
0.28	305.3	23365.	0.708
	305.4	23330.	0.708
	305.7	23296.	0.708
	305.7	23259.	0.707
0.28	305.9	23219.	0.707
	306.2	23176.	0.707
	306.5	23131.	0.707

표 12-2 DFDR의 독취 예

4) 항공기용 구명 무선기
(ELT : Emergency Locator Transmitter)

항공기가 불시착과 같은 사고를 당하면 그 위치를 찾는 것은 매우 어렵다. 이에 대비하여 조난 위치를 알리기 위한 무선으로 그 위치를 알리는 ELT가 개발되어 있다.

A. 작동 원리
ELT는 항공기가 조난당했을 경우에 사용하는 긴급 통신이므로 주파수는 긴급 주파수로서 할당되어진 주파수 121.5MHz(상업용) 및 243MHz(군용)의 2종류 전파를 송신한다. 장치를 작동시키려면 수동으로도 가능하나 자동적으로도 송신이 시작된다.

◀(a) 휴대용 ELT

▲(b) 구명 보드용 ELT

그림 12-7 ELT 작동 예   그림 12-8

자동적으로 작동되는 종류는 다음과 같다.
① 항공기의 종방향에 5~7g이 약 15㎲동안 움직인 경우에 스위치가 작동하는 것.
② 해수에 떠있는 경우는 자동적으로 밧데리가 작동하여 송신이 된다.

  변조는 그림 12-9에서와 같이 오디오 주파수를 주기적으로 변화시키고 있다.
장비는 그림 12-10에서와 같이 항공기 각부에 고정 또는 운반 가능하도록 부착되어
있는 것과 해상 비행을 하는 경우의 ELT는 구명 보트에 부착되게 되어 있다.
  출력은 300mW 정도로서 48시간 동작이 가능하다. 유효 범위는 고도 등에 따라
달라지기도 하지만 약 20NM이다.
  표 12-3은 여러가지 타입의 ELT의 개요이다.

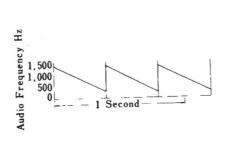

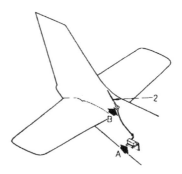

그림 12-9 ELT의 변조 주파수 (오디오 주파수)   그림 12-10 ELT를 고정하여 붙인 경우

종 류	규 격 명	작 동 조 건	개 요
ELT(P) Emergency Locator Transmitter Personnel Type	TSO-C91 (RTCA DO-145)	수동 또는 자동(기체의 종방향에 5~7g이 11~ 17 μs간 움직였을 때 스 위치가 작동)	파일롯 휴대용, 파라슈트 장착용
ELT(AP) ELT Automatic Portable Type	TSO-C91 (RTCA DO-147)	수동(원격 스위치에 의한 작동을 포함) 또는 자동[ELT(P) 의 자동과 같다]	기체에 장착되는데, 긴급시에는 떼내어 휴대할 수 있다.
ELT(AF) ELT Automatic Fixed Type	TSO-C91 (RTCA DO-147)	위와 같음	기체가 파손된 경 우라도 기능하며, 기체 미부에 장착, 고정된다.
ELT(AD) ELT Automatic Deployable Type	TSO-C91 (RTCA DO-147)	위와 같음	해상 비행을 하는 비행기에 장비(주로 구명 보트에 장비) 프로팅 타입
ELT(S) ELT Survival Type	TSO-C91 (RTCA DO-146)	수동 또는 물에 뜨면 자동적으로 작동	작동과 동시에 기외 로 방출된다. 프로팅 타입

표 12-3 항공기용 구명 무선기의 종류 및 개요(TSO-C91에 의한 구분)

12-2. 광역 측위 장치(NAVSTAR/GPS)

GPS(Global Positioning System)는 1987년에 운용 개시된 전세계를 커버하는 위성 항법 장치로서 이용자는 위성에서의 전파 시간을 측정하는 것에 의해 측정 위치를 안다. 그림 12-11과같이 이용자는 위성 1과의 거리 L_1을 얻으면 위성 1을 중심으로 한 거리 L_1의 구면상에 위치하고 있는 것이 된다. 다음에 위성 2, 위성 3과의 거리 L_2, L_3을 얻으면, 각각의 구면의 교점이 이용자의 3차원 위치(위도 λ, 경도A, 고도 H에서 나타나는 위치)이다. 실제로는 이용자의 수신기의 시계와 위성 시계와의 사이에 있는 오차를 수정하므로 위성 4도 필요하고 4개의 위성을 이용하여 처음 위치와 표준시의 결정이 이루어진다.

항공기가 GPS를 사용한 경우는 선회에 의해 위성이 기체의 그늘이 되고 전파를 수신할 수 없게 되는 것이 예상되므로 5개의 위성을 사용하여 1(s)마다 측정하는 위치가 될 것이다.

이 장치의 이용자는 전파를 발사하는 일없이 위성의 전파를 수신할 뿐, 측위를 할 수 있으므로 이용자의 수에 제한이 없다. 바꾸어 말하면 비우호국이라도 이 장치를 사용할 수 있으며 그 때문에 위성 궤도의 높이, 궤도 정보 등은 고도인 암호 부호로 송신되고 있지만 암호 부호의 일부는 공개되어 있다. 또한 자동차와 배의 측위와 제작 등에 이용되기 시작하고 있다.

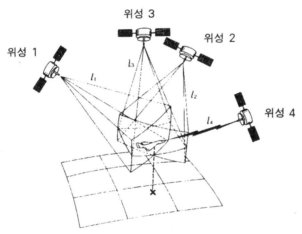

(위도 : λ, 경도 : A, 고도 : H, 표준시 : HT)

그림 12-11 GPS(광역 측위 시스템)의 원리

GPS는 그림 12-12와 같이 우주 부분, 제어 부분, 이용자 부분의 3개 부분으로 구성되어 있다. 우주 부분은 그림 12-13에 나타낸 것같이 3개의 궤도에 각 8개의 위성을 배치한 합계 24개의 위성으로 구성되어 있다. 위성의 궤도 높이는 약20,000(Km)이며 궤도 주기는 12시간이다. 이 배치에서는 지구상 어디라도 항상 7~9개의 위성을 관측할 수 있다.

GPS 위성에서는 전리층에서의 전파 오차를 없애기 위해서 1,575.42(MHz)와 1,277(MHz)의 전파가 발사되고 있다. 이것들의 전파는 의사 잡음(Pseudo Noise)에 의해 스펙트럼 확산 변조되고 있고 이용자는 위성의 의사 잡음을 만들어내어 수신

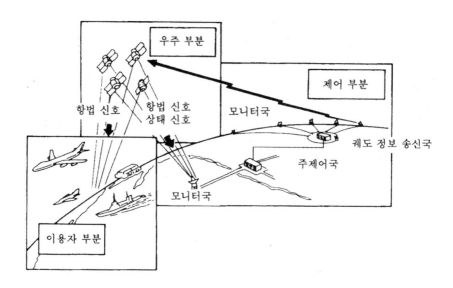

그림 12-12 GPS의 구성

전파를 해독하여야 한다. 위성 신호에는
크리어 어퀴지션 신호(Clear Acquisition
Signal)와 정밀 측정 신호(Precision
Signal)가 있으며, 어느 것이나 암호화되어
있다. 이것들의 신호에는 위성의 궤도
데이터, 시간, 보정용 데이터, 전위성의
역 등의 항법 데이터가 포함되어있다.
이용자는 크리어 어퀴지션 신호와 정밀
측정 신호의 해독 방법을 알고 있으면,
위성까지의 거리를 산출할 수 있고,
또한 위성에서 보내지는 항법 데이터
본래의 위치의 산출을 할 수 있다. 크리어
어퀴지션 신호를 이용한 경우의 측위

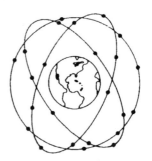

24개의 위성으로 구성
궤도 높이 : 약 20,000Km
궤도 주기 : 약 12시간

그림 12-13

정도는 100m 정도, 정밀 측정 신호를 이용할 경우의 측위 정도는 약 10m라고
일컬어지고 있으며, 민간에 개방하는 것은 크리어 어퀴지션 신호 부분뿐이다. 크리어
어퀴지션 신호만으로 GPS는 VOR/DME와 같은 정도를 얻을 수 있다.

12-3. 실속 경보 장치 (Stall Warning System)

수평 비행중 서서히 조종간을 당기면 날개의 받음각은 점차로 증가하여 항공기 속도는 서서히 감속한다. 이 경향은 언제까지나 계속되는 것이 아니며 어느 받음각(실속각 : Angle of Stall)에서 속도는 최소치(실속 속도 : Stalling Speed)에 달하고 기체의 진동(버펫:Buffet)등의 약간 징조가 보인 후에 돌연 기수 하양, 조종면 효능의 악화가 생긴다. 이것을 실속이라고 한다. 여기서 조종간을 중립 위치로 되돌리면 항공기능 강하하면서 가속하고 얼마 지나지 않아 원래의 속도에 도달하여 실속에서 탈출한다. 실속 속도는 고도와는 관계없으며 기체 중량과 플랩 각도에 의해서 정해지고 지시 대기 속도(IAS)계로 읽을 수 있다.

실속 경보 장치는 실속의 징조인 버펫(Buffet)을 만들기 전에 플랩 다운(Down)에 비하여 날개의 받음각이 너무 클 때 승무원에게 실속 속도에 계속 접근하는 것을 조종간에 진동을 주어서 알려주는 경보 장치로서 받음각 센서, 플랩 각도 센서, 실속 경보 컴퓨터로 구성되어 있다.

그림 12-14에 나타낸 것이 베인형(Vane Type)의 받음각 센서로서 항공기축에 평행으로 동체에 장치되어 있으며, 베인(Vane)은 공기 흐름에 따라 움직이고 이것이 싱크로(Synchro)에 전해져 항공기 축과 상대각(받음각)을 검출한다.

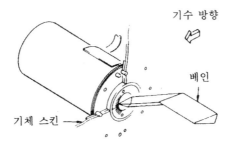

그림 12-14 베인형 받음각 센서

실속 경보 장치의 구성 예를 그림 12-15에 나타내었다. 받음각 센서로 검출된 받음각 신호는 플랩 각도 센서에 보내지고 여기에서 받음각과 플랩 각도 신호의 차가 만들어진다. 이 신호가 실속 경보 컴퓨터로 보내져 미리 정해진 각도에 달하면 조종간에 장치된 진동 모터에 전압을 공급하여 조종간을 진동시켜 실속 속도에 접근하고 있는 것을 알려준다.

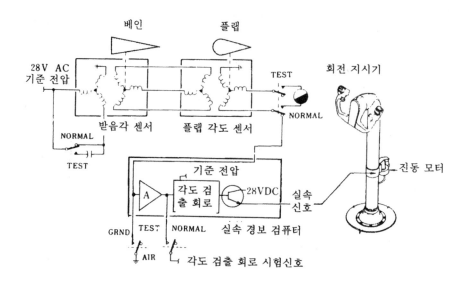

그림 12-15 실속 경보 장치의 구성 예

　항공기가 지상에 있을 때는 베인이 자중에 의해 늘어져서 이상한 신호가 발생하는
일이 있으므로 AIR/GRND 릴레이로 신호를 접지하여 컴퓨터가 작동하지 않도록
한다. 이것으로는 지상에서 실속 경보 컴퓨터가 정상으로 작동하는가를 시험할 수가
없으므로 따로 자기 진단 기능(Self Test Function)을 가지게 하고 있다.
　테스트 스위치를 TEST 위치로 하면 받음각 센서의 기준 전압의 "1"상(Single
Phase)에 콘덴서가 접속되므로 단상 유도 모터의 원리에 의해 회전 지시기가
회전하여 받음각 센서와 플랩 각도 센서가 접속되어 있는 것을 나타낸다. 실속 경보
컴퓨터에는 테스트 스위치를 통하여 각도 검출 회로 시험 신호가 가해져 각도 검출
회로가 작동하여 조종간의 진동 모터를 구동시키고 기능이 정상인 것을 확인할 수
있다.

찾아보기

저자 약력

최 병 수 금오공고 졸
산업대 졸
항공통신자격증 소지
전자기기자격증 소지
현재 대한항공 근무중

최 태 원 동래고 졸
울산대 졸
미국 Northrop Institute of Technology 졸
미국 FAA 항공 정비 면허 소지
미국 UniVErsity of Southern California 대학원
United Flight Tech 근무

김 성 욱 서울공대 졸
미국 Nortthrop 대학원 졸
USC에서 전자공학 박사과정

항공전자

2016년 1월 25일   재판 발행
저 자   최병수·최태원·김성욱
발행처   청 연
주 소   서울시 금천구 시흥대로 484(2F)
등 록   제 18-75호
전 화   02) 851-8643
팩 스   02) 851-8644

정 가 : 25,000원